# 工业网络与组态技术项目式教程

主　编　殷　欢
副主编　戴花林
参　编　徐　姗　田　泉　罗大海

北京理工大学出版社
BEIJING INSTITUTE OF TECHNOLOGY PRESS

## 内容简介

机电控制类学生主要就职于智能装备的组装、调试、维护等岗位，工业控制网络与触摸屏控制技术是传统设备升级与改造的关键技术之一。本书以昆仑通态自动化软件科技有限公司 MCGSTPC 触摸屏、西门子 S7－200 Smart 系列 PLC 和 S7－1200 系列 PLC 为平台，介绍了 MCGS 嵌入版的画面组态、PLC 编程、上下位机通信、常用现场总线技术、工业以太网技术等内容。

本书基于工学结合的指导思想，项目以模块化教学的方式从认知、安装、操作到编程应用，按照一体化模式进行编写，尽量贴近生产实际，将工业应用实例抽取出来进行一定处理以满足大多数学校的教学实施要求，采用知识技能、素质素养双轮驱动，同时融入 1＋X 职业技能证书及职业技能竞赛案例。

本书可作为各类职业院校、技工院校机电一体化、电气自动化、智能控制技术等相关专业的教材，也可作为工程技术人员的自学用书或参考用书。

本书配有微课视频、实训案例，扫描书中二维码即可观看。



**图书在版编目(CIP)数据**

工业网络与组态技术项目式教程 / 殷欢主编. -- 北京:北京理工大学出版社,2023.6

ISBN 978－7－5763－2516－4

Ⅰ.①工…　Ⅱ.①殷…　Ⅲ.①工业控制计算机－计算机网络－教材　Ⅳ.①TP273

中国国家版本馆 CIP 数据核字(2023)第 115576 号

**责任编辑**：钟　博　　**文案编辑**：钟　博
**责任校对**：周瑞红　　**责任印制**：施胜娟

**出版发行** / 北京理工大学出版社有限责任公司
**社　　址** / 北京市丰台区四合庄路 6 号
**邮　　编** / 100070
**电　　话** / (010) 68914026（教材售后服务热线）
(010) 68944437（课件资源服务热线）
**网　　址** / http://www.bitpress.com.cn

**版 印 次** / 2023 年 6 月第 1 版第 1 次印刷
**印　　刷** / 涿州市新华印刷有限公司
**开　　本** / 787 mm×1092 mm　1/16
**印　　张** / 14.5
**字　　数** / 342 千字
**定　　价** / 65.00 元

# 前言

在“中国制造 2025”的大背景下，随着工业现场数字化改造和智能化转型的发展，工业网络与组态控制技术成为传统设备升级改造的关键技术之一。机电控制类专业主要面向智能制造工程技术人员、电气工程技术人员、自动控制工程技术人员等职业，智能设备的设计、安装、调试、运维、技术改造以及工业数据采集与可视化等岗位（群）。工业控制网络与触摸屏组态技术是学生胜任这些岗位所需要的重要职业能力之一。

西门子 S7 -200 SMART 系列 PLC 和 S7 -1200 系列 PLC 是西门子公司推出的小型可编程序控制器产品，在我国市场占有较高的份额，广泛应用于工业控制中；组态软件 MCGS 是昆仑通态自动化软件科技有限公司研发组态软件系统，是国产工业组态控制软件中比较主流的品牌之一。MCGS 具有功能完善、操作简便、可视程度高、可维护性好等优点，可灵活组态 PLC、智能仪表、数据采集模块等硬件设备。

本书贯彻落实党的二十大精神，以培养造就德才兼备的高素质人才为宗旨，基于工学结合的指导思想，项目以模块化教学的方式从认知、安装、操作到编程应用，按照一体化模式进行编写。为深入实施科教兴国战略、人才强国战略、创新驱动发展战略，在项目构建方面，依据岗位群能力需求及课程标准，选取企业案例及技能大赛项目并进行一定处理以适合日常教学，对标《智能制造生产管理与控制 1 + X 职业技能等级标准》，在知识技能培养的同时注重思政元素的融入，以增强学生的爱国情怀、报国信念、工匠精神、创新意识，构建了德技并重、循序渐进的项目内容。在项目编排上，采用任务描述—知识储备—任务实施—拓展提升—练习提高—项目评价的模式进行项目编写。在内容的表现上，本书力求图文并茂，并配套数字化网络在线课程，包括微课视频、教学课件和技能训练题库等资源，从而多形式立体化呈现教材内容。

本书共有六个项目，项目一主要介绍 MCGS 嵌入版工控组态软件和 MCGSTPC 的结构和硬件接口，同时讲解通信基本概念及串口通信等基础通信知识。项目二介绍 MCGSTPC 简单应用实例，主要讲解触摸屏画面编程，如按钮、指示灯、简单动画、上下位机通信设置和调试等知识。项目三介绍 MCGS 动画组态工程实例，主要讲解数据报警、图表显示、安全机制、用户事件和库函数等知识。项目四介绍 MCGSTPC 进阶应用实例，主要讲解 MCGSTPC 在模拟量控制系统中的应用。项目五主要介绍工业中应用广泛的 MODBUS 通信，包括

MODBUS TCP 和 MODBUS RTU 两种通信方式，同时简要介绍了自由口通信。项目六结合新一代智能物联网触摸屏介绍 PROFINET 通信实例。

本书由殷欢主编，戴花林副主编，徐姗、田泉、罗大海参编，殷欢编写了任务 1.2、任务 3.2、任务 5.2 及全书的组织编写、统稿和审核等工作；戴花林编写了任务 1.1、任务 4.2；徐姗编写了任务 2.2 和任务 4.1；田泉编写了任务 5.1 和项目六；罗大海编写了任务 2.1，戴花林和罗大海共同编写了任务 3.1。在本书的编写过程中，江苏汇博机器人股份有限公司提供了项目素材。

本书适合教师在授课、课程设计及毕业设计过程中使用，同时也可作为自学参考书籍。

因编者水平有限，书中难免存在错误和不足之处，敬请广大读者批评指正。作者电子信箱地址：33081978@ QQ. com。

**编　者**

**2023 年 4 月**

# 目录

# 项目一 MCGS 嵌入版组态软件及TPC7062 触摸屏的认识

引导语

中国制造业体量庞大，增长迅速，2011—2022 年连续 12 年保持世界第一制造业大国地位。工控组态软件结合工业网络、PLC、智能仪表等硬件的控制系统，以小型化、智能化、信息化、高灵活性和高开发效率为特点，广泛应用于各种工业场合，是提升工业智造水平不可或缺的一部分。随着中国制造业向高端制造持续转型，国家及地方层面政策对工业信创的支持力度大，我国组态软件企业强化核心技术自主研发，市场占有率逐步提升。科技兴则民族兴，科技强则国家强，唯有坚持自主创新、追求卓越，才是工业强国的必经之路。

## 任务 1.1 MCGS 嵌入版组态软件初识

### 任务目标

知识目标：

（1）认识 MCGS 组态软件的主要功能及组成；

（2）了解 MCGS 嵌入版组态软件的组态开放环境和模拟运行环境两大体系结构。

技能目标：

能够进行 MCGS 嵌入版组态软件的安装。

素养目标：

培养基于国产品牌的爱国精神，厚植爱国主义情怀。

工控组态软件概论

### 知识储备

### 1.1.1 组态及组态技术的发展

组态（Configure）的含义是“配置”“设定”“设置”等，是指用户通过类似“搭积木”

的简单方式来完成自己所需要的软件功能，而不需要编写计算机程序。“组态”有时也称为“二次开发”，组态软件就称为“二次开发平台”。

随着计算机硬件条件和软件条件的成熟、智能化仪表的普及以及对可视化监控的要求，通用的计算机监控系统软件——组态软件诞生了。在组态概念出现之前，要实现某一任务，都是通过编写程序（如使 BASIC、FORTRAN 等语言）来完成的，编写程序不但工作量大，周期长，而且容易犯错，不能保证工期。组态软件的出现解决了这个问题，过去需要几个月的时间才能完成的工作，通过组态软件几天就可以完成。

国外组态软件主要有万维公司（Wonderware）的 InTouch、GE FANUC 智能设备公司的 IFix、悉维特集团（Citect）的 Citech 4、西门子公司的 WinCC 等；国内组态软件主要有北京昆仑通态自动化软件科技有限公司的 MCGS、北京亚控科技发展有限公司的组态王（King View）、北京三维力控科技有限公司的力控监控组态软件等。

### 1.1.2 MCGS 嵌入版组态软件的基本知识

#### 1. MCGS 组态软件的概念

MCGS 软件的安装与功能介绍

MCGS（Monitor and Control Generated System，通用监控系统）是一套用于快速构造和生成计算机监控系统的组态软件，它能够在微软公司的各种 Windows 平台上运行，通过对现场数据的采集处理，以动画显示、报警处理、流程控制和报表输出等多种方式向用户提供解决实际工程问题的方案。它充分利用了 Windows 图形功能完备、界面一致性好、易学易用的特点，比以往使用专用机开发的工业控制系统更具有通用性，在自动化领域有着更广泛的应用。

#### 2. MCGS 组态软件的整体结构

MCGS 组态软件包括组态环境和运行环境两个部分。组态环境相当于一套完整的工具软件，帮助用户设计和改造自己的应用系统。用户在 MCGS 组态环境中完成动画设计、设备连接、控制流程编写、工程打印报表编制等全部组态工作后，生成扩展名为“. mcg”的工程文件，又称为组态结果数据库。其与 MCGS 运行环境一起，构成了用户应用系统，运行环境是一个独立的运行系统，它按照组态结果数据库中用户指定的方式进行各种处理，完成用户组态设计的目标和功能。MCGS 组态软件的整体结构如图 1－1－1 所示。

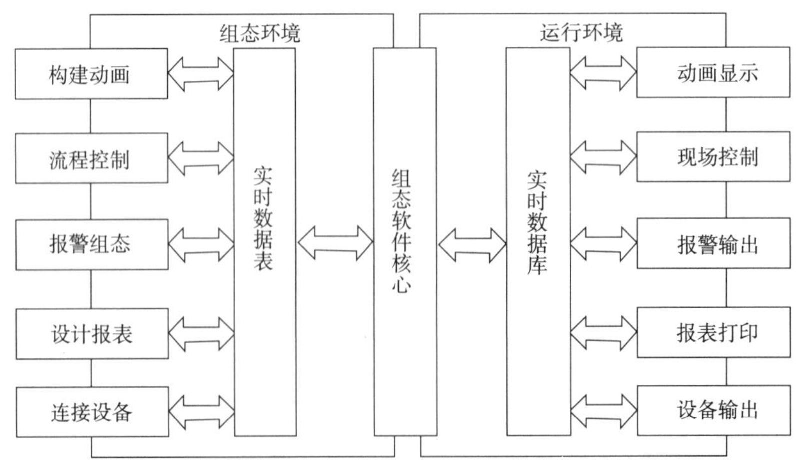


图 1－1－1　MCGS 组态软件的整体结构

实时数据库是 MCGS 嵌入版系统的核心。它相当于一个数据处理中心，同时也起到公用数据交换区的作用。组态环境和运行环境通过实时数据库进行数据交换。

MCGS 嵌入版系统使用自建文件系统中的实时数据库来管理所有实时数据。从外部设备采集来的实时数据被送入实时数据库，系统其他部分操作的数据也来自实时数据库。实时数据库自动完成对实时数据的报警处理和存盘处理，同时根据需要把有关信息以事件的方式发送给系统的其他部分，以便触发相关事件，进行实时处理。因此，实时数据库所存储的单元，不只是变量的数值，还包括变量的属性及对变量的操作方法。

### 3. MCGS 嵌入版组态软件的组成

MCGS 嵌入版组态软件由主控窗口、设备窗口、用户窗口、实时数据库和运行策略 5 个部分组成，如图 1－1－2 所示，每个部分分别进行组态操作，完成不同的工作，具有不同的特性。

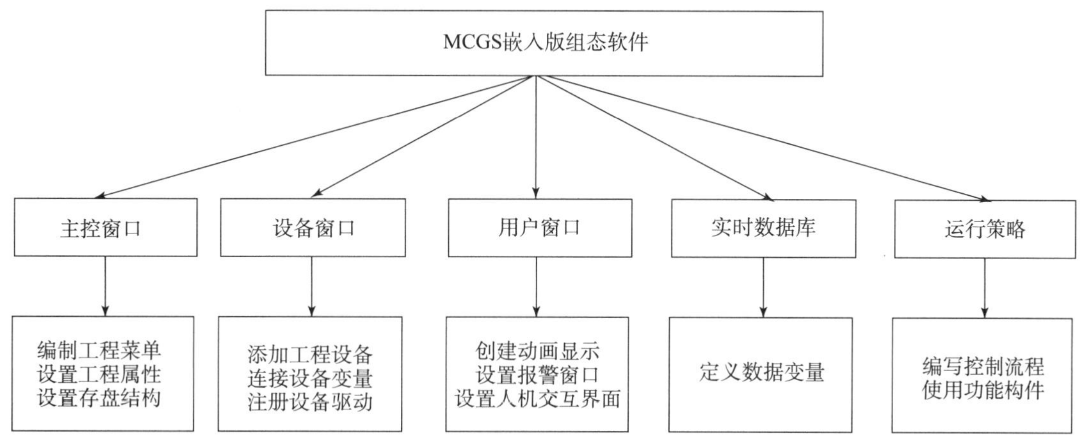


图 1－1－2　MCGS 嵌入版组态软件的组成

1）主控窗口是工程的主窗口和主框架

在主控窗口中可以放置一个设备窗口和多个用户窗口，负责调度和管理这些窗口的打开或关闭。主要的组态操作包括定义工程的名称、编制工程菜单、设计封面图形、确定自动启动的窗口等。

2）设备窗口是连接和驱动外部设备的媒介

设备窗口专门用来放置不同类型和功能的设备构件，通过设备构件把外部设备的数据采集进来并送入实时数据库，或把实时数据库中的数据输出到外部设备。

3）用户窗口主要实现数据和流程的可视化

用户窗口主要用于设置工程中的人机交互界面，如生成各种动画显示画面、报警输出、数据图表等。

4）实时数据库是 MCGS 嵌入版系统的核心

实时数据库是工程各个部分的数据交换与处理中心，它将 MCGS 工程各个部分连接成有机的整体。在本窗口内可定义不同类型和名称的变量，作为数据采集、处理、输出控制、动画连接及设备驱动的对象。

5）运行策略是对系统运行流程实行有效控制的手段

运行策略主要完成工程运行流程的控制，包括编写控制程序，选用各种功能构件，如定时器、数据提取、配方操作，历史曲线等。

4. MCGS 嵌入版组态软件的功能特点

1）简单的可视化操作界面

MCGS 嵌入版组态软件采用全中文、可视化、面向窗口的开发界面，以窗口为单位，构造用户运行系统的图形界面，使 MCGS 组态工作既简单直观，又灵活多变，符合中国人的使用习惯和要求。

2）较强的实时性、良好的并行处理性能

MCGS 嵌入版组态软件以线程为单位，对在工程作业中实时性强的关键任务和实时性不强的非关键任务进行分时并行处理，使 PC 广泛应用于工程测控领域成为可能。

3）丰富、生动的多媒体画面

MCGS 嵌入版组态软件以图像、图符报表和曲线等多种形式，为操作员及时提供系统运行中的状态、品质及异常报警等有关信息；MCGS 嵌入版组态软件还为用户提供了丰富的动画构件，每个动画构件都具有一个特定的动画功能。

4）开放式结构、广泛的数据获取和强大的数据处理功能

MCGS 嵌入版组态软件采用开放式结构，提供多种高性能的 I/O 驱动；支持 Microsoft 开放数据库互连（ODBC），有强大的数据库连接能力；全面支持 OPC（OLE for Process Control）标准，即可作为 OPL 客户端，也可以作为 OPC 服务器，可以与更多的自动化设备连接。

5）完善的安全机制

MCGS 嵌入版组态软件提供了良好的安全机制，为多个不同级别的用户设定了不同的权限。

6）强大的网络功能

MCGS 嵌入版组态软件支持 TCP/IP、MODEN、RS－458/RS－422/RS－232 等多种网络体系结构。

7）多样化的报警功能

MCGS 嵌入版组态软件提供多种不同的报警方式，具有丰富的报警类型和灵活多样的报警处理函数。

8）实时数据库为用户分步组态提供极大方便

MCGS 嵌入版组态软件由主窗口、设备窗口、用户窗口、实时数据库和运行策略 5 个部分组成。

9）支持多种硬件设备，实现“设备无关”

MCGS 嵌入版组态软件针对外部设备的特征，配备设备工具箱，定义多种设备构件，建立系统与外部设备的连接关系，赋予相关的属性，实现对外部设备的驱动和控制。

10）方便控制复杂的运行流程

MCGS 嵌入版组态软件开辟了运行策略窗口，用户可以选用系统提供的各种条件和功能的策略构件，也可以创建新的策略构件，扩展系统的功能。

## 1.1.3 MCGS 嵌入版组态软件的安装

在 MCGS 昆仑通态官网上下载 MCGS_7.7 嵌入版组态软件安装包，打开安装包，运行安装程序“Setup. exe”文件，弹出 MCGS 嵌入版组态软件安装界面，如图 1－1－3 所示，然

后在弹出的界面中单击“下一步”按钮，随后安装程序提示指定安装目录，用户不指定安装目录时，默认安装到“D:\MCGS”目录下，单击“确定”按钮开始安装。安装过程大约持续几分钟，安装完成后，在弹出的对话框中（如图 1-1-4 所示）单击“完成”按钮，Windows 操作系统的桌面上添加了图 1-1-5 所示的两个图标，分别用于启动 MCGS 组态环境和运行环境。

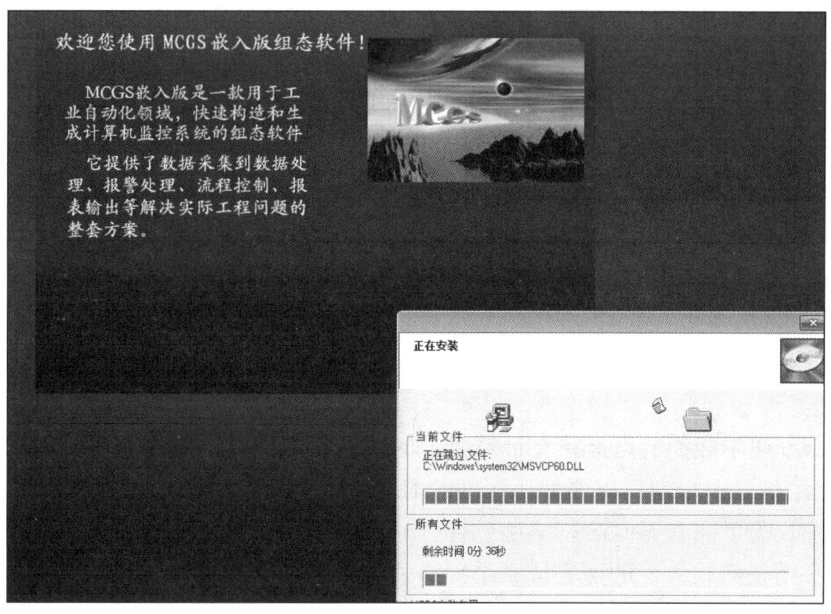


图 1-1-3　MCGS 嵌入版组态软件安装界面

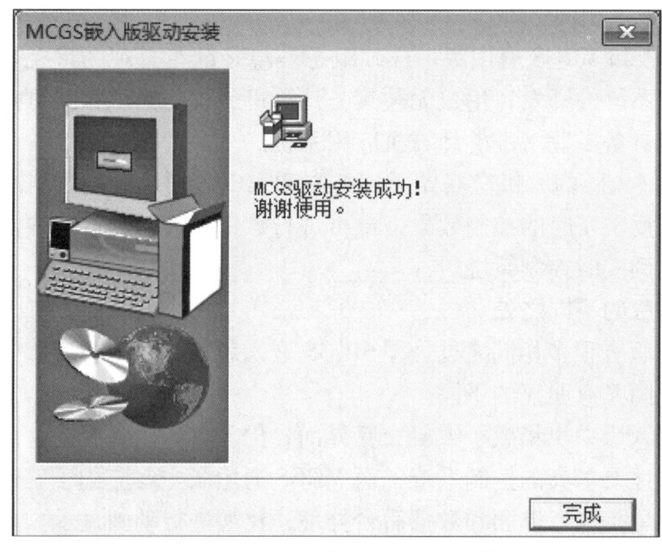


图 1-1-4　安装完成提示对话框

图 1-1-5　MCGS 嵌入版组态软件桌面图标

## 拓展提升

MCGS 组态软件主要分为 MCGS 嵌入版、MCGS Pro 版、MCGS 通用版、MCGS 网络版。

### 1. MCGS 嵌入版与 MCGS Pro 版的区别

随着 MCGS 昆仑通态产品更新，推出了 Linux 底层系统的人机交互界面。原有基于 Window CE 应用的 MCGS 嵌入版组态软件已经不能满足新系统的使用要求，故推出新的 MCGSPro 版。MCGSPro 最大限度地保留了 MCGS 嵌入版的界面风格，优先保证符合老用户的使用习惯。另外，MCGSPro 版基于全新的硬件平台和软件架构，除了基本软件运行效率和变量数上限有所提升，还加入了众多全新的功能支持。MCGSPro 版开发环境可以与 MCGS 嵌入版开发环境同时存在，二者不冲突，直接将工程文件后缀名从“. MCE”修改为“. MCP”，就可以使用 MCGSPro 版打开工程。

### 2. MCGS 通用版与 MCGS 网络版的区别

（1）MCGS 通用版和 MCGS 网络版可以将组态好的工程直接在 PC 上运行，需要加密狗才能长时间运行。

（2）MCGS 通用版指的是运行在计算机上的单机版本，而 MCGS 网络版属于 C/S（客户端/服务器）结构，客户端只需要使用标准的 IE 浏览器就可以实现对服务器的浏览和控制，整个网络系统只需要一套 MCGS 网络版软件（包括 MCGS 通用版的所有功能），客户端不需要安装 MCGS 的任何软件，即可完成整个网络监控系统。

### 3. MCGS 嵌入版与 MCGS 通用版的区别

（1）MCGS 嵌入版与 MCGS 通用版的相同之处。

MCGS 嵌入版与 MCGS 通用版有很多相同之处。

①相同的操作理念。MCGS 嵌入版和 MCGS 通用版一样，组态环境是简单直观的可视化操作界面，通过简单的组态实现应用系统的开发，用户无须具备计算机编程的知识，就可以在短时间内开发出一个运行稳定的、具备专业水准的计算机应用系统。

②相同的人机交互界面。MCGS 嵌入版的人机交互界面的组态和 MCGS 通用版的人机交互界面基本相同。可通过动画组态来反映实时的控制效果，也可进行数据处理，形成历史曲线、报表等，并且可以传递控制参数到实时控制系统。

（2）MCGS 嵌入版与 MCGS 通用版的不同之处。

虽然 MCGS 嵌入版和 MCGS 通用版有很多相同之处，但 MCGS 嵌入版和 MCGS 通用版是适用于不同控制要求的，所以二者之间又有明显的不同。

①功能作用不同。虽然 MCGS 嵌入版中也集成了人机交互界面，但 MCGS 嵌入版是专门针对实时控制而设计的，应用于实时性要求高的控制系统，而 MCGS 通用版主要应用于实时性要求不高的监测系统，它的主要作用是进行监测和数据后台处理，比如进行动画显示、生成报表等。当然，对于完整的控制系统来说二者都是不可或缺的。

②运行环境不同。MCGS 嵌入版运行于嵌入式实时多任务操作系统 Windows CE；MCGS 通用版运行于 Microsoft Windows 95/98/Me/NT/2000 等操作系统。

③体系结构不同。MCGS 嵌入版的组态和 MCGS 通用版的组态都是在通用计算机环境下进行的，但 MCGS 嵌入版的组态环境和运行环境是分开的，在组态环境下组态好的工程要下

载到嵌入式系统中运行，而 MCGS 通用版的组态环境和运行环境在同一个系统中。

（3）与 MCGS 通用版相比，MCGS 嵌入版的新增功能如下。

①模拟环境的使用。MCGS 嵌入版的模拟环境“CEEMU. exe”的使用，解决了用户组态时必须将 PC 与嵌入式系统相连的问题，用户在模拟环境中就可以查看组态界面的美观性、功能的实现情况以及性能的合理性。

②嵌入式系统函数。通过嵌入式系统函数的调用，可以对嵌入式系统进行内存读写、串口参数设置、磁盘信息读取等操作。

③工程下载配置和中断策略。可以使用串口或 TCP/IP 与下位机通信，同时可以监控工程下载情况；在硬件产生中断请求时，中断策略被调用。

（4）与 MCGS 通用版相比，MCGS 嵌入版不能使用的功能如下。

①动画构件中的文件播放、存盘数据处理、多行文本、格式文本、时间设置、条件曲线、相对曲线、通用棒图。

②策略构件中的音响输出、Excel 报表输出、报警信息浏览、存盘数据复制、存盘数据浏览、数据库修改、存盘数据提取、时间范围构件设置。

③脚本函数中不能使用的有：运行环境操作函数中的!SetActiveX、!CallBackSvr，数据对象操作函数中的!GetEventDT、!GetEventT、!GetEventP、!DelSaveDat，系统操作中的!EnableDDEConnect、!EnableDDEInput、!EnableDDEOutput、!DDEReconnect、!ShowDataBackup、!Navigate、!Shell、!AppActive、!TerminateApplication、!Winhelp，ODBC 数据库函数、配方操作。

④数据后处理，包括 Access、ODBC 数据库访问功能远程监控。

（5）与 MCGS 通用版相比，MCGS 嵌入版运行时不需要加密狗。

MCGS 通用版运行时需要加密狗（带 USB 的加密锁），加密狗按工程使用点数收费，而 MCGS 嵌入版运行时则不需要加密狗。

## 练习提高

（1）MCGS 嵌入版组态软件由哪几部分组成？每个部分的作用是什么？

（2）MCGS 嵌入版组态软件有什么特点？

（3）实际操作：安装 MCGS 嵌入版组态软件。

## 任务评价

本任务评价见表 1-1-1。

表 1-1-1　“MCGS 嵌入版组态软件初识”任务评价

| 学习成果 | | | 评分表 | | |
|---|---|---|---|---|---|
| 学习内容 | 出现的问题 | 解决方法 | 学生自评 | 小组互评 | 教师评分 |
| MCGS 组态软件的主要功能及其组成（20%） | | | | | |
| MCGS 嵌入版组态软件的组态开发环境和模拟运行环境（20%） | | | | | |

续表

| 学习成果 | | | 评分表 | | |
|---|---|---|---|---|---|
| 学习内容 | 出现的问题 | 解决方法 | 学生自评 | 小组互评 | 教师评分 |
| MCGS 嵌入式组态软件的功能特点（20%） | | | | | |
| MCGS 嵌入式组态软件的安装（40%） | | | | | |

## 任务 1.2 TPC7062TD/TX/Ti 触摸屏的硬件连接

### 任务目标

知识目标：

（1）了解组态软件、人机交互界面和触摸屏的基本概念；

（2）认识 MCGSTPC 的结构和硬件接口；

（3）掌握 TPC 与西门子 S7－200 Smart 系列 PLC 的两种通信方式；

（4）掌握 TPC 与 PC 的 3 种通信方式；

（5）了解通信的基本概念；

（6）了解 EIA－232 和 EIA－485 接口标准。

技能目标：

（1）能完成 TPC 与西门子 S7－200 Smart 系列 PLC 的通信连接及参数设置；

（2）能完成 TPC 与 PC 的通信连接及参数设置。

素养目标：

（1）培养学生勇于创新的精神；

（2）培养学生建设工业强国的理想信念。

### 知识储备

#### 1.2.1 组态软件、人机交互界面和触摸屏

组态软件译自英文 SCADA，即 Supervisory Control and Data Acquisition（数据采集与监视控制）。它是数据采集与过程控制的专用软件。它是处于自动控制系统监控层一级的软件平台和开发环境，使用灵活的组态方式，为用户提供快速构建工业自动控制系统监控功能的、通用层次的软件工具。工业自动化组态软件是工业过程控制的核心软件平台，广泛应用于工业各领域，并且在国防、科研等领域也有很好的应用，市场容量很大。

人机交互界面（Human Machine Interaction，HMI）泛指人和机器在信息交换和功能上接触或互相影响的领域或界面。在控制领域，人机交互界面一般特指用于操作人员与控制系统之间进行对话和相互作用的专用设备。人机交互界面可以在恶劣的工业环境中长时间连续运

行，是 PLC 的最佳搭档。

人机交互界面可以用字符、图形和动画动态地显示现场数据和状态，操作人员可以通过人机交互界面来控制现场的被控对象。此外，人机交互界面还具有报警、用户管理、数据记录，趋势图、配方管理、报表显示和打印、通信等功能。

触摸屏是人机交互界面的发展方向，主要用于完成现场数据的采集与监测、处理与控制。用户可以在触摸屏上生成满足自己要求的触摸式按键。触摸屏的使用直观方便，易于操作。触摸屏上的按钮和指示灯可以取代相应的硬件元件，减少 PLC 需要的 I/O 点数，降低系统的成本，提高设备的性能和附加价值。

人机交互界面产品即触摸屏，包含人机交互界面硬件和相应的专用画面组态软件。在一般情况下，不同厂家的人机交互界面硬件使用不同的画面组态软件，连接的主要设备种类是 PLC；不仅有使用在人机交互界面系统中的组态软件，还有运行于 PC 硬件平台、Windows 操作系统的通用组态软件，它们与 PC 或工控机一起也可以组成人机交互界面产品。通用组态软件支持的设备种类非常多，如各种 PLC、PC 板卡、仪表、变频器、模块等，并且由于 PC 的硬件平台性能强大（主要反映在速度和存储容量上），通用组态软件的功能也很强大，适用于大型的监控系统。

### 1.2.2　认识 TPC7062TD/TX/Ti 触摸屏

认识 TPC7062TD/TX/Ti 触摸屏（上）　　认识 TPC7062TD/TX/Ti 触摸屏（下）

MCGS 触摸屏 TPC7062 系列产品（TPC）包括 7062TD、7062TX 及 7062Ti 三款，是一套以先进的 Cortex－A8 CPU 为核心（主频为 600 MHz）的高性能嵌入式一体化触摸屏。该产品采用了 7 英寸高亮度 TFT 液晶显示屏（分辨率为 800 像素 ×480 像素）、四线电阻式触摸屏（分辨率为 4 096 像素 ×4 096 像素），同时预装了 MCGS 嵌入版组态软件（运行版），具备强大的图像显示和数据处理功能。

#### 1. 产品优势

（1）高清真彩：高分辨率、65 535 色数字真彩。

（2）配置优良：Cortex－A8 内核、128 MB 内存、128 MB 存储空间。

（3）稳定可靠：抗干扰性能达工业Ⅲ级，LED 背光寿命长。

（4）时尚环保：宽屏，超轻、超薄设计，引领时尚；低功耗，发展绿色工业。

（5）全功能软件：MCGS 全功能组态软件，支持 U 盘备份恢复，功能更强大。

（6）贴心服务：本土化、全方位贴心服务。

#### 2. 产品外观

TPC7062TD/TX/Ti 产品总体尺寸为 226. 5 mm × 163 mm × 36 mm；前面板尺寸为 226. 5 mm×163 mm×6 mm；机壳外形尺寸为 213 mm×150 mm×30 mm；整体为工业塑料结构，采用嵌入式安装方式；工作温度为 0 ℃ ~50 ℃；工作湿度为 5% ~90%。TPC7062 系列产品外观如图 1－2－1 所示。

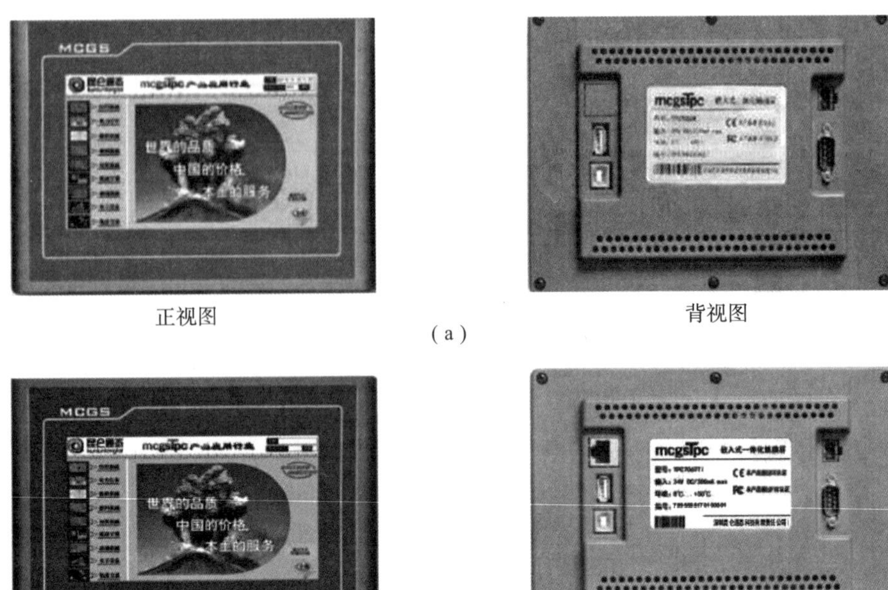


正视图　　背视图

(a)

正视图　　背视图

(b)

图 1－2－1　TPC7062 系列产品外观

(a) TPC7062TX/TD 外观；(b) TPC7062Ti 外观

### 3. 外部接口

TPC7062Ti 的外部接口共包括 1 个以太网接口（LAN）、2 个 USB 接口、1 个串口以及 1 个电源接口，如图 1－2－2 所示。USB1 为主口，采用 USB2.0 接口，USB2 为从口，用于下载工程；串口可进行 RS－485 通信，也可以进行 RS－232 通信。TPC7062TD/TX 的外部接口共包括 2 个 USB 接口、1 个串口以及 1 个电源接口，具体接口说明见表 1－2－1。TPC7062 系列产品采用 24V 直流供电，电源插头示意及引脚定义如图 1－2－3 所示，其使用 24 V 直流电源给 TPC 供电，开机启动后屏幕中出现“正在启动”提示进度条，此时不需要任何操作，系统将自动进入工程运行界面，如图 1－2－4 所示。

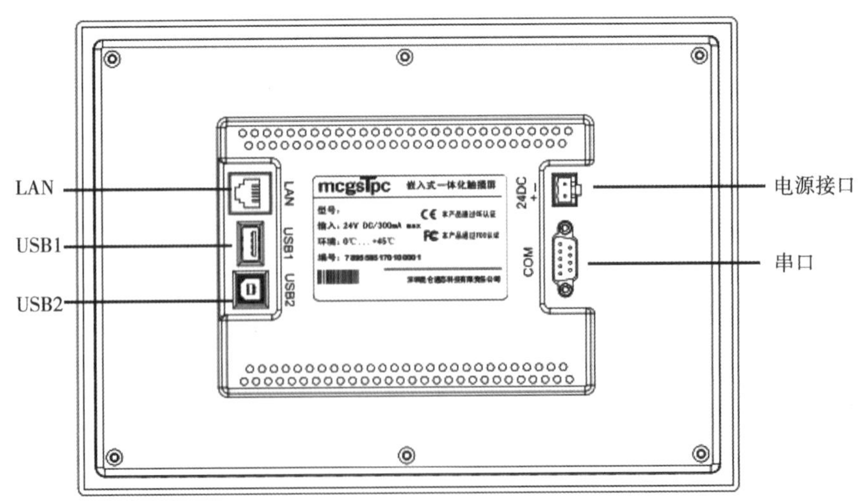


图 1－2－2　TPC7062Ti 的外部接口

表 1－2－1　TPC7062 系列产品接口说明

| 项目 | TPC7062TD/TX | TPC7062Ti |
|---|---|---|
| LAN（RJ45） | 无 | 10 M/100 M 自适应 |
| 串口（DB9） | 1 × RS－232，1 × RS－485 | |
| USB1（主口） | 1 × USB2.0 | |
| USB2（从口） | 有 | |
| 电源接口 | （24 ± 20%）VDC | |

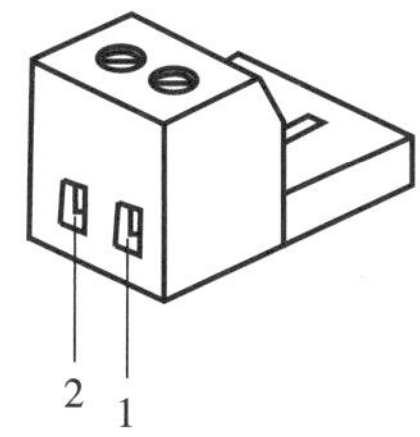


| PIN | 定义 |
|---|---|
| 1 | + |
| 2 | − |

图 1－2－3　电源插头示意及引脚定义

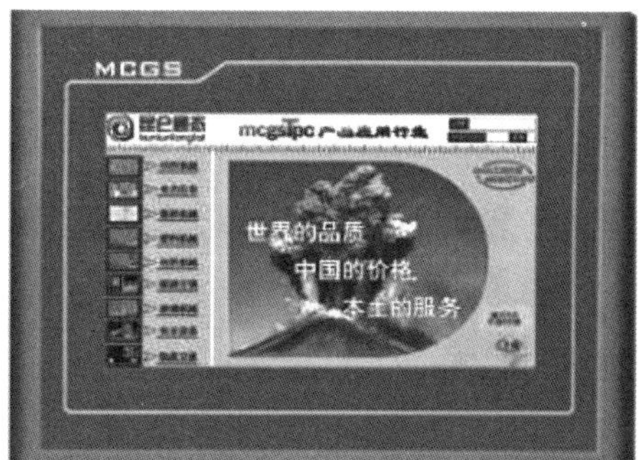


图 1－2－4　TPC 的启动

### 4. 串口引脚定义

TPC7062TD/TX/Ti 产品采用九针串口（DB9），既可采用 RS－485 通信，也可采用 RS－232 通信，具体引脚定义如图 1－2－5 所示。

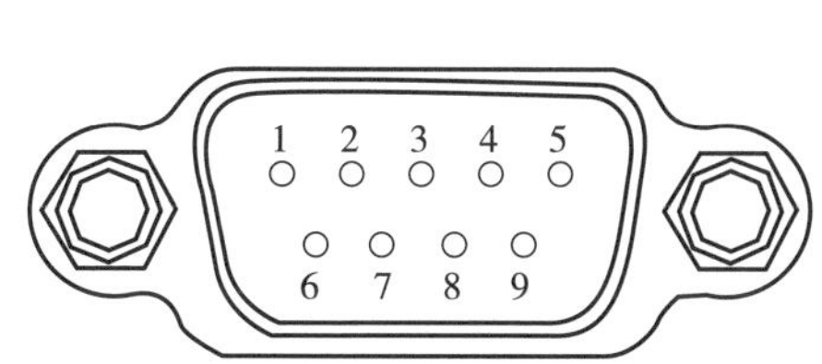


| 接口 | PIN | 引脚定义 |
|---|---|---|
| COM1 | 2 | RS232 RXD |
| | 3 | RS232 TXD |
| | 5 | GND |
| COM2 | 7 | RS485+ |
| | 8 | RS485− |

图 1－2－5　串口（DB9）引脚定义

### 1.2.3 TPC7062TD/TX/Ti 触摸屏的硬件连接

#### 1. TPC 与 PC 的连接及工程下载

TPC7062Ti 触摸屏可通过如图 1－2－2 所示的左侧 3 个端口与组态 PC 采用 TCP/IP 网络、USB 和 U 盘等 3 种方式进行工程下载。由于 TPC7062TD/TX 没有以太网接口，所以其仅支持 USB 方式及 U 盘方式这两种工程下载方式。

1）TCP/IP 网络方式

将工程下载到 TPC 需要用到网络交叉线，即网线的一端按 T568A 线序接线，另一端按 T568B 线序接线，如图 1－2－6 所示。网络交叉线做好后，一端插入 PC 的网口，另一端插入 TPC 端的以太网口（LAN），将 PC 和 TPC 连接。

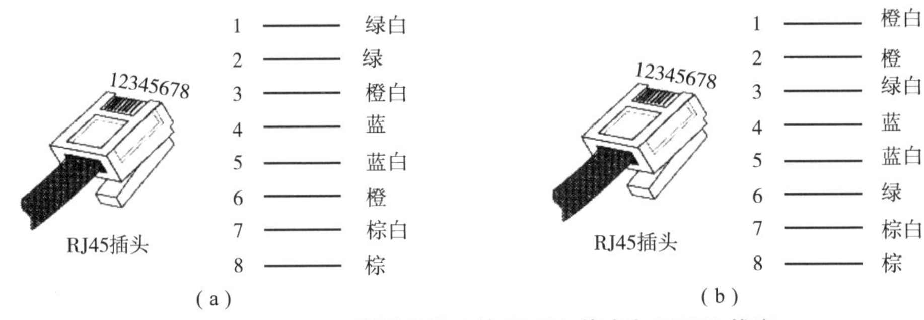


图 1－2－6 RJ45 型网线插头的 T568A 线序和 T568B 线序
（a）T568A 线序；（b）T568B 线序

将工程从 PC 下载到 TPC 的方法如下。

步骤 1：重启 TPC，在 TPC 启动后屏幕中出现“正在启动”提示进度条时，单击任意位置，可打开“启动属性”对话框，单击“系统维护”按钮，打开“系统维护”对话框，单击“设置系统参数”按钮即可进行 TPC 系统参数设置，如图 1－2－7 所示。

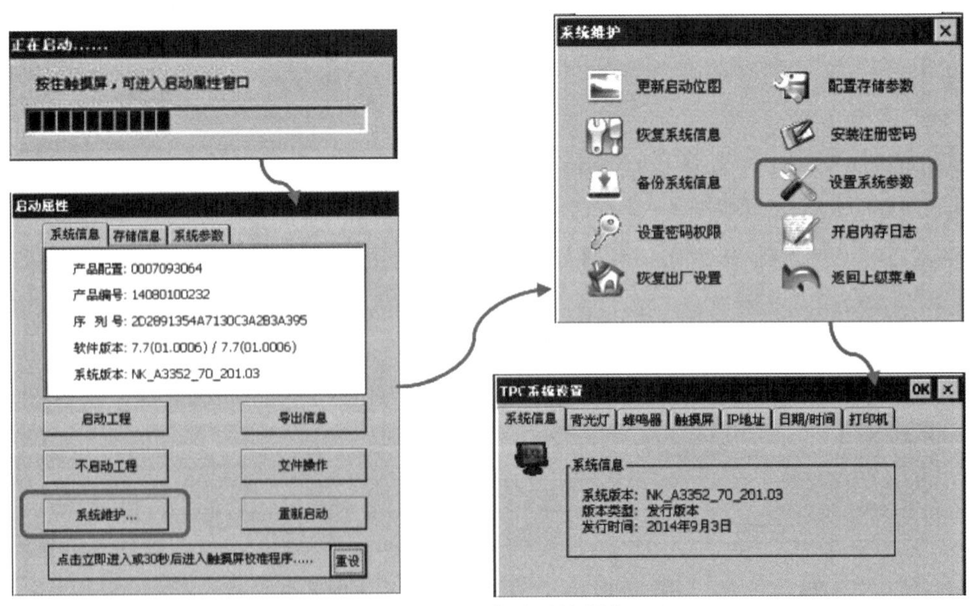


图 1－2－7 TPC 启动后的操作示意

步骤 2：在 TPC 系统参数设置窗口中选择 IP 地址标签页，设置 TPC 的 IP 地址，如 192.168.2. ***，“***”的设置范围为 1 ~ 255，子网掩码设置为默认的 255.255.255.0 即可。

步骤 3：设置 PC 的 IP 地址，如 192.168.2. ***，“***”的设置范围为 1 ~ 255，TPC 与编程 PC 需要对应同一网段的不同网址，子网掩码设置为默认的 255.255.255.0。

步骤 4：在 MCGSE 组态环境中，单击工具条上的按钮，进行下载配置。单击“连机运行”按钮，“连接方式”选择“TCP/IP 网络”，在“目标机名”输入 TPC 的 IP 地址，出厂默认值为 200.200.200.190。单击“通讯测试”按钮，通信测试正常后，单击“工程下载”按钮，如图 1－2－8 所示。

2）USB 方式

进行 USB 连接使用普通的 USB 线即可（如图 1－2－9 所示），其一端为扁平接口（A 型 USB 接口），插到 PC 的 USB 接口，另一端为方形接口（B 型 USB 接口），插到 TPC 端的 USB2 接口。

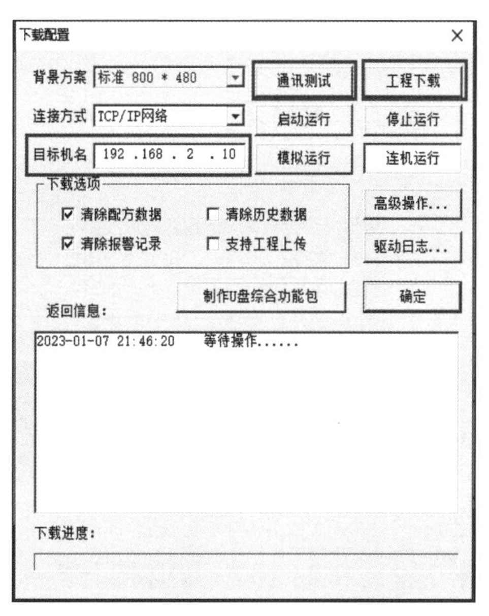

图 1－2－8　TCP/IP 连接时的“下载配置”对话框

图 1－2－9　USB 线

在此连接方式下，将工程从 PC 下载到 TCP 的步骤同 TCP/IP 网络方式，仅在“下载配置”对话框中，“连接方式”选择“USB 通讯”，如图 1－2－10 所示。

3）U 盘方式

当编程 PC 和 TPC 之间没有连接线时，还可以使用 U 盘方式进行工程下载。将工程从 PC 下载到 TCP 的方法如下。

步骤 1：将 U 盘插入 PC 的 USB 接口。

步骤 2：PC 识别 U 盘后，在 MCGSE 组态环境中，单击工具条上的按钮，打开“下载配置”对话框，单击“制作 U 盘综合功能包”按钮，如图 1－2－11 所示。

步骤 3：在弹出的“U 盘功能包内容选择对话框”对话框中勾选“更新工程”复选框，单击“确定”按钮，在“下载配置”对话框下方的“返回信息”列表框中可以看到相关信

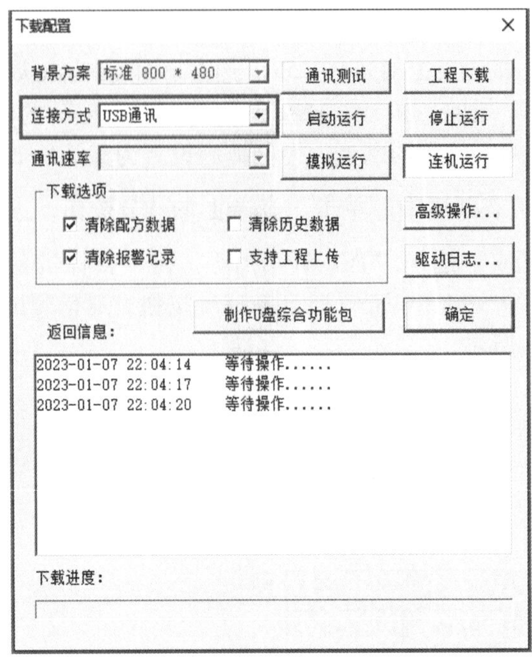


图 1-2-10　USB 连接时的“下载配置”对话框

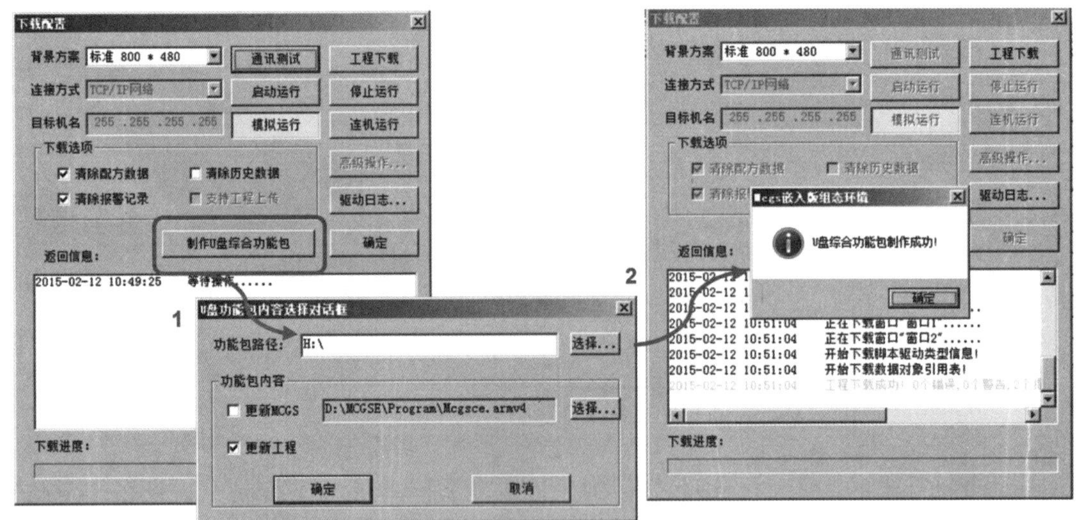


图 1-2-11　U 盘方式下 PC 端操的作

息，完成时会弹出图 1-2-11 所示 U 盘综合功能包制作成功的提示对话框。

步骤 4：在 TPC 上插入 U 盘，出现“正在初始化 U 盘……”后，稍等片刻便会弹出询问是否继续的对话框，单击“是”按钮，弹出功能选择界面，如图 1-2-12 所示。

步骤 5：进入 U 盘综合功能包功能选择界面后，按照提示，单击“用户工程更新”→“开始”→“开始下载”按钮进行工程更新，下载完成后拔出 U 盘，TPC 会在 10s 后自动重启，也可手动单击“重启 TPC”按钮，如图 1-2-13 所示。TPC 重启之后，工程就成功地更新到 TPC 中了。

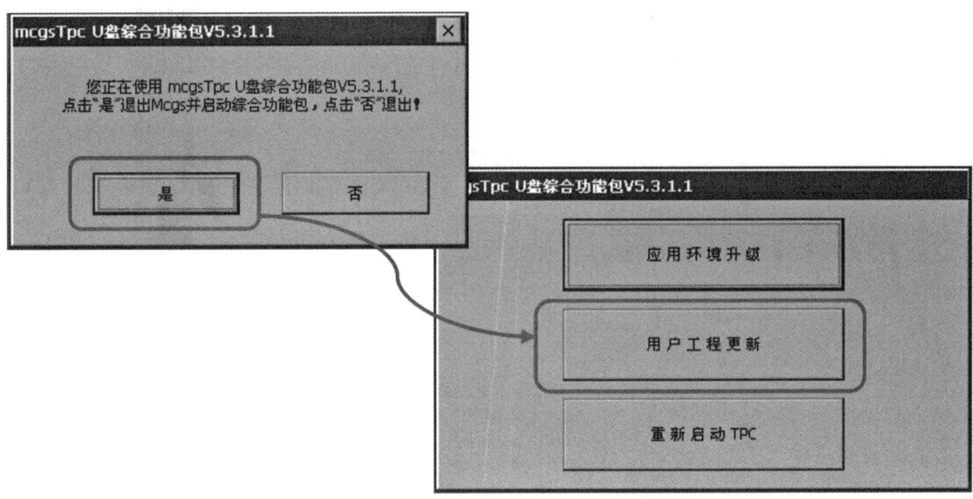


图 1-2-12　TPC 启动更新界面

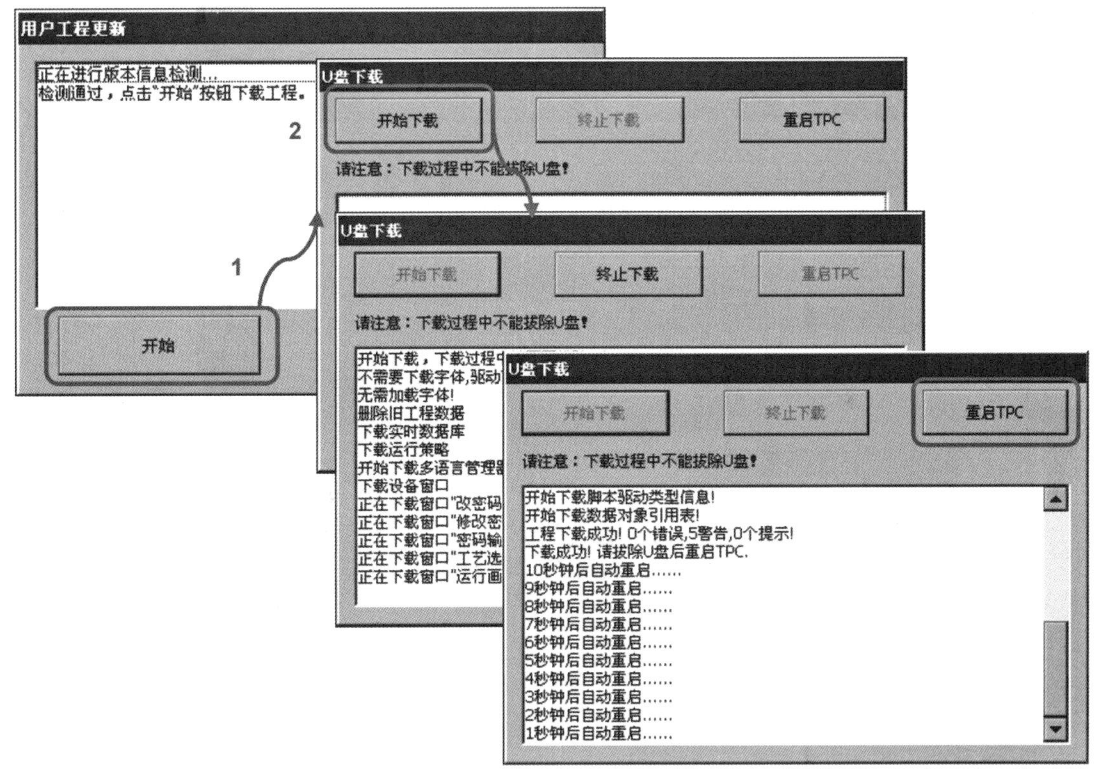


图 1-2-13　TPC 工程更新界面

## 2. TPC 与 PLC 的通信连接及设备组态

根据 PLC 的品牌和型号的不同，TPC7062Ti 与 PLC 可采取串口通信及以太网通信，由于 TPC7062TD/TX 没有以太网接口，所以其仅支持串口通信。

1）串口通信

TPC 与西门子 S7-200 Smart 系列 PLC、三菱 FX 系列 PLC 以及欧姆龙 C/CV/CJ/CP 系列 PLC 进行串口通信的接线说明如图 1-2-14 所示。

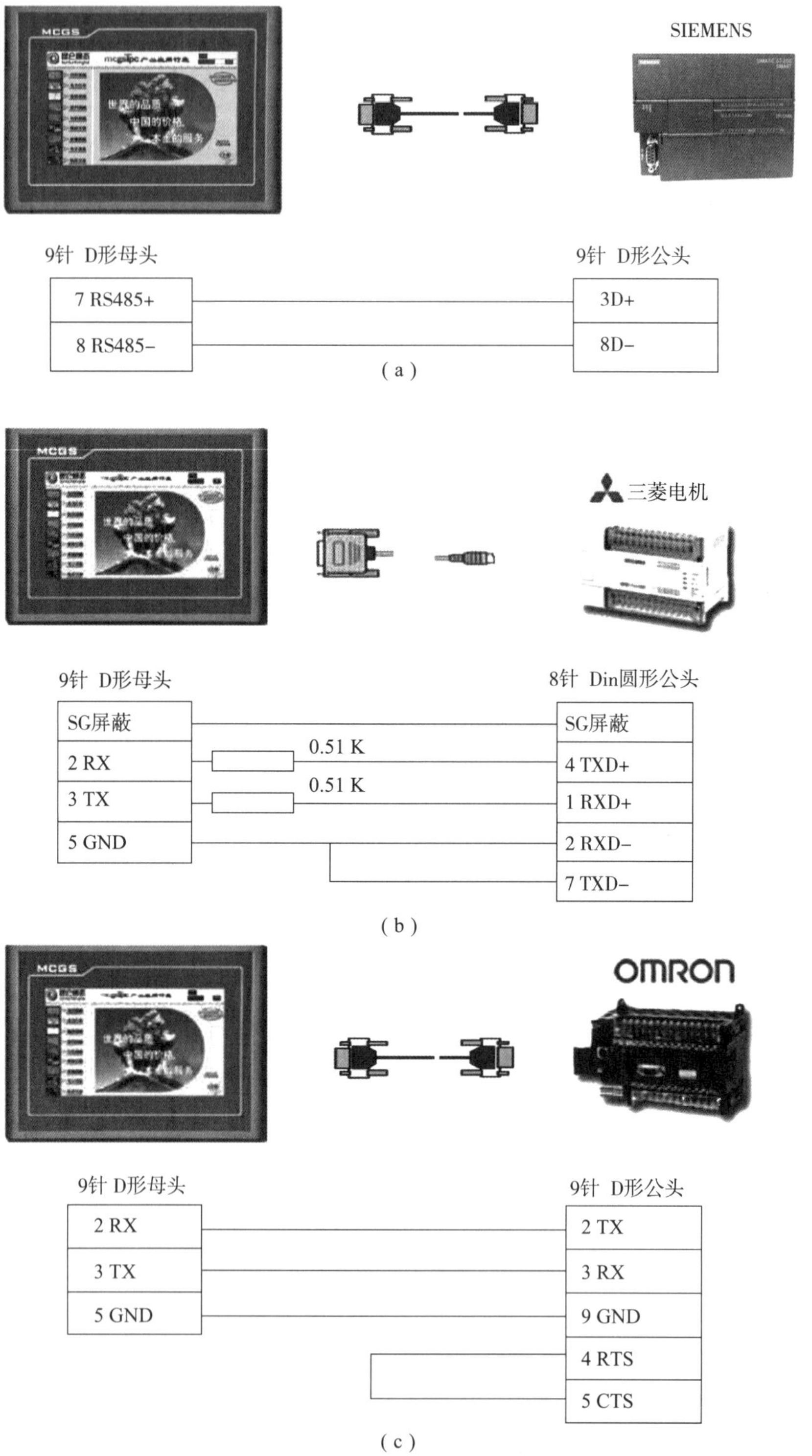

SIEMENS

9针 D形母头

| 9针 D形母头 | 9针 D形公头 |
| --- | --- |
| 7 RS485+ | 3D+ |
| 8 RS485− | 8D− |

(a)

三菱电机

| 9针 D形母头 | | 8针 Din圆形公头 |
| --- | --- | --- |
| SG屏蔽 | | SG屏蔽 |
| 2 RX | 0.51 K | 4 TXD+ |
| 3 TX | 0.51 K | 1 RXD+ |
| 5 GND | | 2 RXD− |
| | | 7 TXD− |

(b)

OMRON

| 9针 D形母头 | 9针 D形公头 |
| --- | --- |
| 2 RX | 2 TX |
| 3 TX | 3 RX |
| 5 GND | 9 GND |
| | 4 RTS |
| | 5 CTS |

(c)

图 1－2－14 TPC7062TD/TX/Ti 与主流 PLC 的接线

(a) TPC7062TD/TX/Ti 与西门子 S7－200 Smart 系列 PLC 的接线；(b) TPC7062TD/TX/Ti 与三菱 FX 系列 PLC 的接线；(c) TPC7062TD/TX/Ti 与欧姆龙 C/CV/CJ/CP 系列 PLC 的接线

在连接好 TPC 与 PLC 的通信接线后，还需要在 MCGSE 嵌入版组态软件中进行设备组态。以西门子 S7－200 Smart 系列 PLC 为例（本书以后的案例均以西门子 S7－200 Smart 系列 PLC 或 S7－1200 系列 PLC 为例），TPC 与 PLC 采用 RS485 通信，设备组态相关步骤如下。

步骤 1：新建工程，选择对应产品型号。

步骤 2：在工作台的设备窗口中双击“设备窗口”图标，进入设备组态窗口。

步骤 3：在右键快捷菜单中选择“设备工具箱”选项，或单击工具条上的⚒按钮，打开设备工具箱。

步骤 4：在设备工具箱中，按顺序先后双击“通用串口父设备”和“西门子_S7200PPI”，将其添加至设备组态画面，此时会弹出对话框，询问是否使用西门子_S7200PPI 默认通信参数设置父设备，如图 1－2－16 所示。添加好的设备如图 1－2－15 所示，若设备工具箱中没有这两种设备，可以单击设备工具箱中的“设备管理”按钮，在设备管理界面中进行添加。

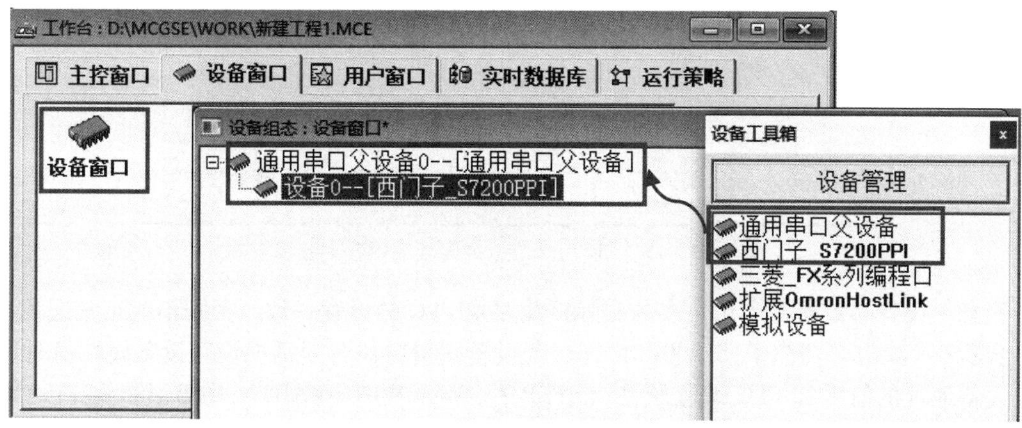


图 1－2－15　打开设备组态窗口及添加设备

图 1－2－16　添加“西门子_S7200PPI”设备时的询问对话框

步骤 5：双击“通用串口父设备”，打开“通用串口设备属性编辑”对话框，进行“基本属性”设置，如图 1－2－17 所示。

（1）串口端口号（1～255）：1－COM2；

（2）数据校验方式：2－偶校验；

（3）通讯波特率：6－9600。

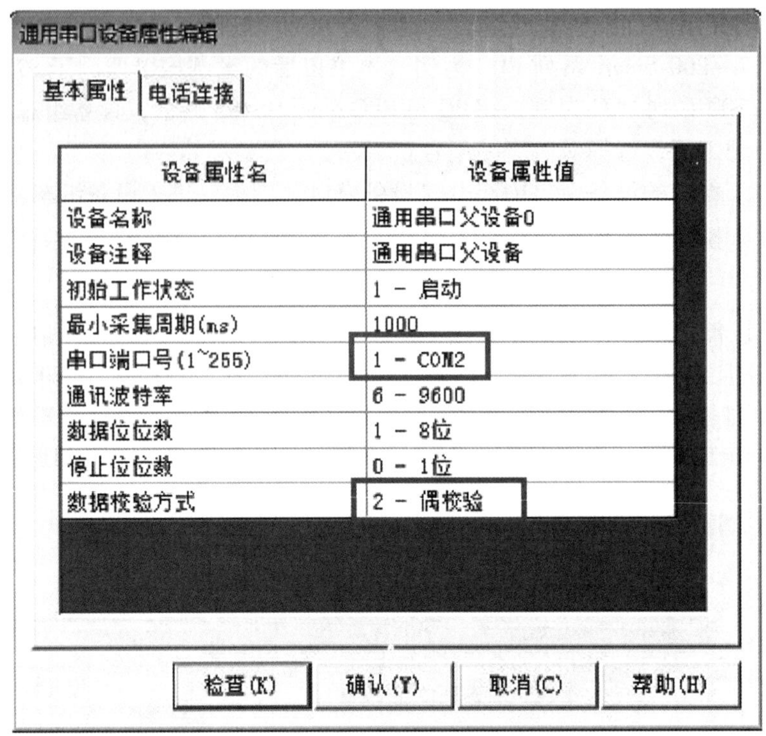


图 1－2－17 “通用串口设备属性编辑”对话框

注意：设置参数必须和通信线的实际接线以及 PLC 的设置一致，否则不能正常通信。

步骤 6：双击“西门子_S7200PPI”，在“设备编辑窗口”对话框设置设备属性值时请注意：设备地址的值需和 PLC 编程软件（STEP 7－MicroWIN SMART）中 RS485 端口地址相同，如图 1－2－18 所示，其余设备属性设置不变。操作完成后保存并关闭设备编辑窗口。

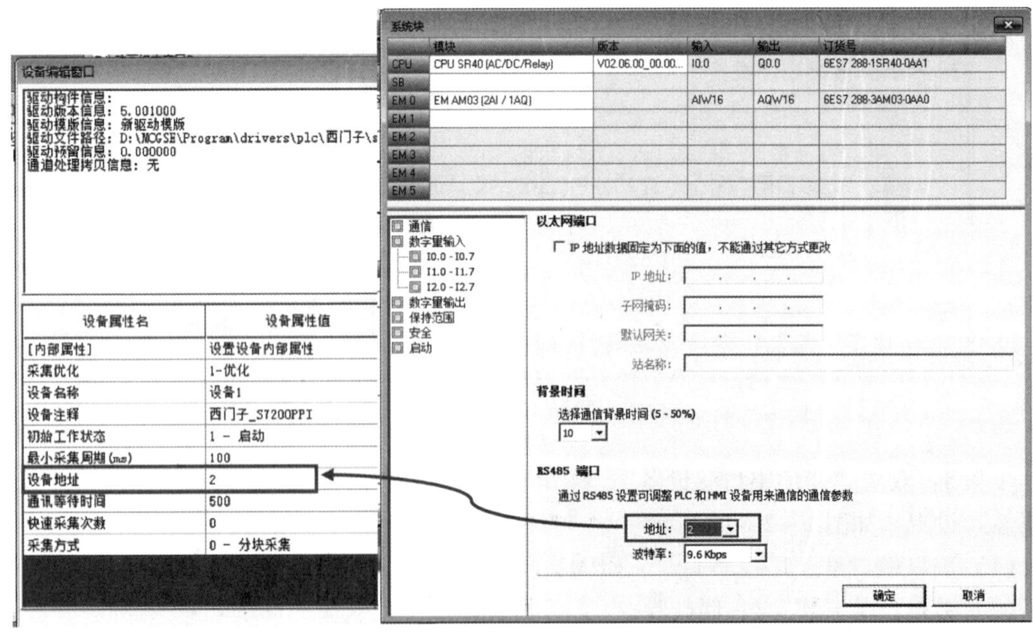


图 1－2－18 MCGS 的“设备编辑窗口”对话框与 PLC 的“系统块”对话框

2）以太网通信

在连接好 TPC 与 PLC 的以太网通信接线后，还需要在 TPC 及 MCGSE 嵌入版组态软件中进行设备组态。以西门子 S7－200 Smart 系列 PLC 为例，相关步骤如下。

步骤 1：重启 TPC，按照图 1－2－7 所示，在 TPC 系统参数设置窗口中设置 TPC 的 IP 地址，如 192.168.2. ＊＊＊，“＊＊＊”设置范围为 1～255，子网掩码设置为默认的 255.255.255.0。

步骤 2：设置 PC 的 IP 地址，在 PLC 编程软件（STEP 7－MicroWIN SMART）中设置好 PLC 的 IP 地址，保证 TPC、PLC 和编程 PC 对应同一网段的不同网址，子网掩码设置为默认的 255.255.255.0。

步骤 3：在 MCGSE 嵌入版组态软件中新建工程，选择对应产品型号。

步骤 4：在工作台的设备窗口中双击“设备窗口”图标，进入设备组态窗口。

步骤 5：在右键快捷菜单中选择“设备工具箱”选项，或单击工具条上的按钮，打开设备工具箱。

步骤 6：在设备工具箱中，双击“西门子_Smart200”添加至设备组态画面，如图 1－2－19 所示。若设备工具箱中没有此设备，可以单击设备工具箱中的“设备管理”按钮，在设备管理界面中进行添加。

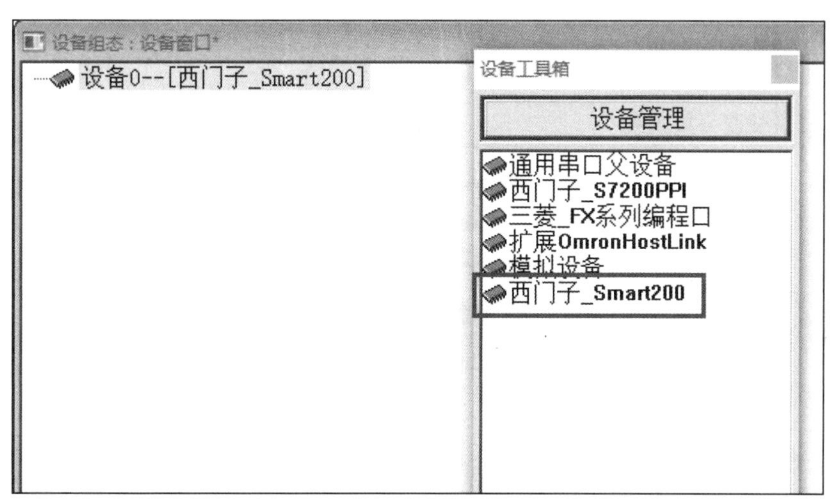


图 1－2－19　设备组态窗口

步骤 7：双击“西门子_Smart200”，在“设备编辑窗口”对话框的左下部进行设备属性设置。“本地 IP 地址”为 TPC 的 IP 地址，“远端 IP 地址”为 PLC 的 IP 地址，如图 1－2－20 所示，其余设备属性设置不变。操作完成后保存并关闭“设备编辑窗口”对话框。

## 拓展提升

### 1. 通信技术发展史

通信基础

通信是指信息的传输与交换。从这个意思上来说，通信在远古时代就已存在。人和人之间的对话是通信，用手势表达情绪也可以算作通信。“烽火”是我国古代用来传递边疆军事情报的一种通信方法，始于商周，延至明清，沿袭几千年之久，其中尤以汉代的烽火组织规模为大。“烽火”是目前已知我国最早的远距离通信。

设备编辑窗口

驱动构件信息:
驱动版本信息: 5.103000
驱动模版信息: 新驱动模版
驱动文件路径: D:\MCGSE\Program\drivers\plc\西门子\smart
驱动预留信息: 0.000000
通道处理拷贝信息: 无

| 设备属性名 | 设备属性值 |
|---|---|
| 初始工作状态 | 1 - 启动 |
| 最小采集周期(ms) | 100 |
| TCP/IP通讯延时 | 200 |
| 重建TCP/IP连接等待时间[s] | 10 |
| 机架号[Rack] | 0 |
| 槽号[Slot] | 2 |
| 快速采集次数 | 0 |
| 本地IP地址 | 192.168.2.10 |
| 本地端口号 | 3000 |
| 远端IP地址 | 192.168.2.2 |
| 远端端口号 | 102 |

图 1-2-20 “设备编辑窗口”对话框

通信技术的发展分为 3 个阶段。第一阶段是语言和文字通信阶段。在这一阶段，通信方式简单，内容单一。第二阶段是电通信阶段。1837—1838 年，摩尔斯发明了有线电报机，并设计了莫尔斯电报码。1876 年，贝尔发明了有线电话机。这样，利用电磁波不仅可以传输文字，还可以传输语音，由此大大加快了通信的发展进程。1896 年，马可尼发明了无线电报，从而开创了无线电通信发展的道路。第三阶段是 1980 年以后的现代通信阶段，也称为电子信息通信阶段，其标志是光纤通信的应用和宽带综合业务数字网的建立。通信发展大事记见表 1-2-2。

表 1-2-2 通信发展大事记

| 年份 | 事件 |
|---|---|
| 1837—1838 年 | 摩尔斯发明有线电报机 |
| 1864 年 | 麦克斯韦尔提出电磁辐射方程 |
| 1876 年 | 贝尔发明有线电话机 |

续表

| 年份 | 事件 |
| --- | --- |
| 1896 年 | 马克尼发明无线电报 |
| 1906 年 | 真空管面世 |
| 1918 年 | 调幅无线电广播、超外差收音机问世 |
| 1925 年 | 人们开始利用三路明线载波电话进行多路通信 |
| 1936 年 | 调频无线电广播开播 |
| 1937 年 | 人们提出脉冲编码调制原理 |
| 1938 年 | 电视广播开播 |
| 1940—1945 年 | 第二次世界大战爆发，促使雷达和微波通信系统迅速发展 |
| 1948 年 | 香农提出信息论，建立通信统计理论 |
| 1956 年 | 英国和加拿大之间敷设远洋电缆，实现大陆之间的电话通信 |
| 1957 年 | 发射第一颗人造卫星 |
| 1958 年 | 发射第一颗通信卫星 |
| 1960—1970 年 | 彩色电视机问世；阿波罗宇宙飞船登月；出现了高速数字电子计算机 |
| 1970—1980 年 | 大规模集成电路、商用微信通信、程控数字交换机、光纤通信系统、微处理器等迅速发展 |
| 1980 年以后 | 超大规模集成电路、长波长光纤通信系统广泛应用；综合业务数字网崛起 |

### 2. 通信方式

1）基本通信方式

按照每次传送的数据位数，基本通信方式可分为并行通信和串行通信。

通用串行通信

（1）并行传输通信。一个数据的所有位同时传输。每个数据位都需要一条单独的传输线，信息由多少二进制位组成就需要多少条传输线，如图 1－2－21（a）所示。并行通信的特点是控制简单，传输速度快。由于传输线较多，所以其适用于短距离通信。

（2）串行通信。数据的各个不同位分时使用同一条传输线，从低位开始一位接一位按顺序传输，数据有多少位就需要传输多少次，如图 1－2－21（b）所示。串行通信的特点是控制复杂，传输速度慢。由于只需要一根数据线，所以其适用于远距离通信。

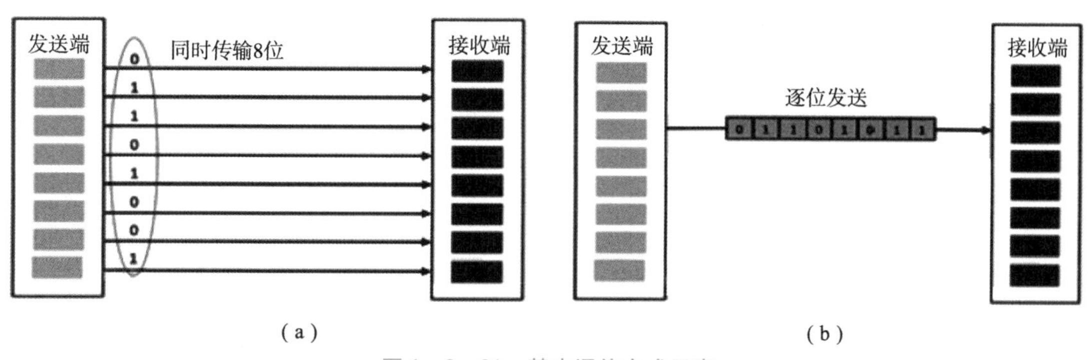


图 1－2－21　基本通信方式示意

（a）并行通信；（b）串行通信

2）串行通信的分类

（1）同步通信和异步通信。

根据对数据流的分界、定时以及同步方案或方法的不同，串行通信可分为同步通信和异步通信，如图 1-2-22 所示。

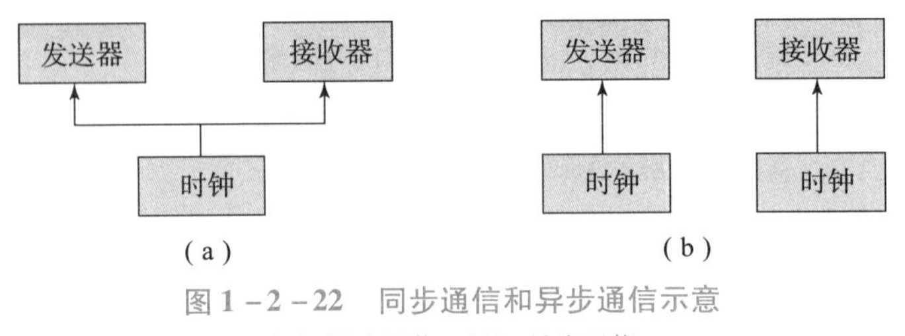


图 1-2-22　同步通信和异步通信示意

（a）同步通信；（b）异步通信

同步通信是把许多字符组成一个信息组（信息帧），字符可以一个接一个地传输，但需要在每帧的开始加上同步字符，并且发送和接收的双方必须采用同一时钟［如图 1-2-23（a）所示］，这样接收方就可以通过时钟信号来确定每个信息位。即使没有信息需要传输，也要填上空字符，因为同步传输不允许有间隙。同步通信传输信息量大，传输速率高，但是传输设备较为复杂，技术要求高。

异步通信是指发送方和接收方使用各自的时钟，并且它是一种不连续的传输通信方式，一次只能传输一个字符帧。异步通信在发送字符时，所发送字符之间的时间间隔可以是任意的。字符帧是将一个字节的数据加上起始位、校验位以及停止位构成，如图 1-2-23（b）所示。由于异步通信没有同步时钟，所以接收方要时刻处于接收状态。异步通信不需要同步时钟，实现简单，设备简单，但是传输速率不高。

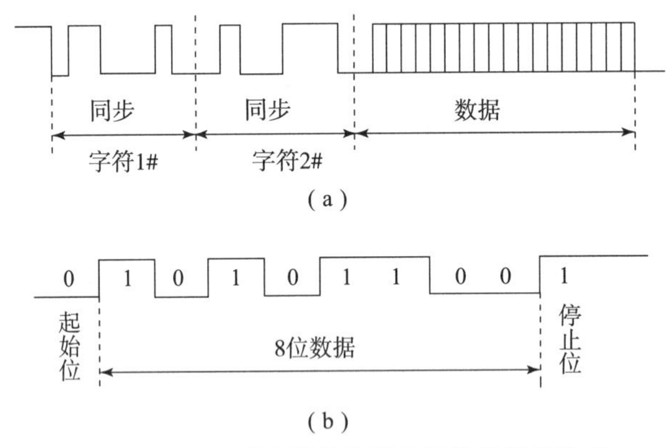


图 1-2-23　同步通信和异步通信的数据格式

（a）同步通信数据格式；（b）异步通信数据格式（1 帧）

（2）单工、半双工和全双工通信。

根据串行数据的传输方向，可以将串行通信分为单工、半双工、全双工通信，如图 1-2-24 所示。

（1）单工通信：是指数据传输仅能沿一个方向，不能实现反向传输。

（2）半双工通信：是指数据传输可以沿两个方向，但需要分时进行传输。

（3）全双工通信：是指数据可以同时进行双向传输。

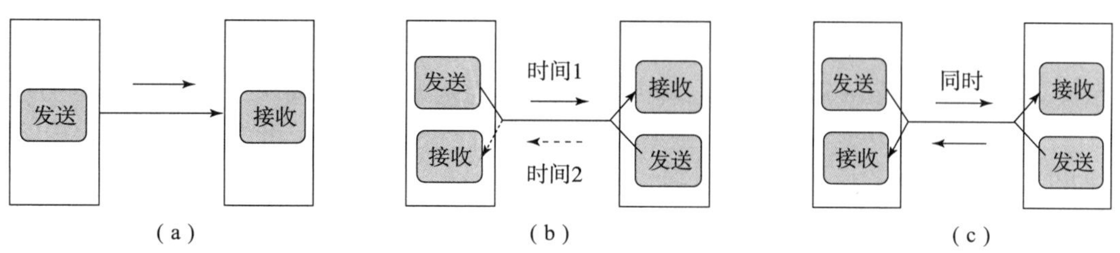


图 1-2-24　单工、半双工、全双工通信示意

（a）单工通信；（b）半双工通信；（c）全双工通信

### 3. 通信协议

通信协议是指双方实体完成通信或服务所必须遵循的规则和约定。

1）通用通信协议

在局域网中通信协议较多，根据应用环境的不同，较为常见的通信协议主要有 3 种，分别是：TCP/IP、NETBEUI 协议和 IPX/SPX 协议。通信网络的核心是 OSI（Open System Interconnection，开放式系统互联）参考模型。这个模型把网络通信的工作分为 7 层，分别是物理层、数据链路层、网络层、传输层、会话层、表示层和应用层。1 ~ 4 层是底层，这些层与数据移动密切相关，5 ~ 7 层是高层，包含应用程序级的数据。每一层负责一项具体的工作，然后把数据传到下一层。OSI 参考模型结构示意如图 1-2-25 所示。普通用户不需要关心底层通信协议，只需要了解其通信原理即可。在实际管理中，底层通信协议一般会自动工作，不需要人工干预。但是，对于 3 层以上的通信协议，就经常需要人工干预，比如 TCP/IP 就需要人工配置才能正常工作。

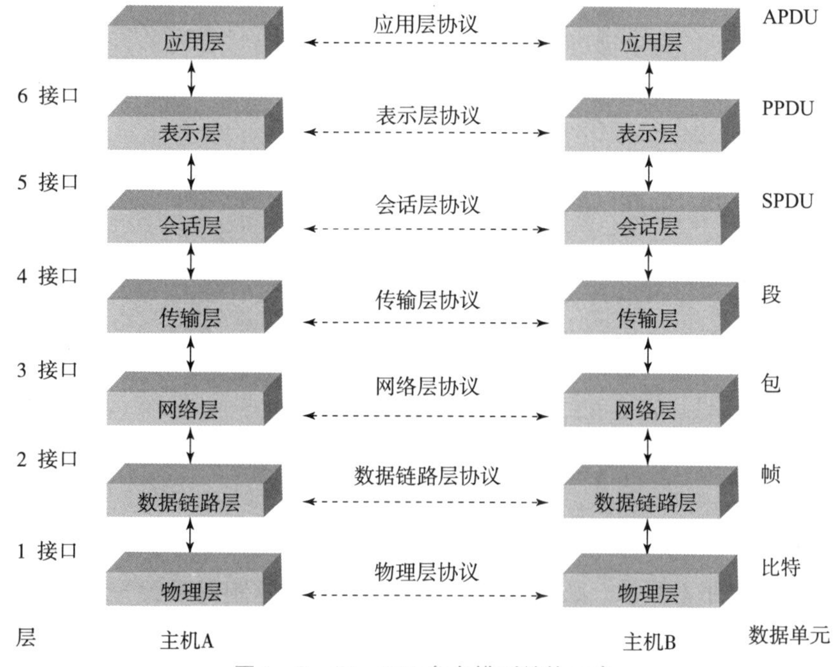


图 1-2-25　OSI 参考模型结构示意

2）工业通信协议

工业通信协议的种类也是比较多的，常见的主要有 4 种，分别是 MODBUS、RS－232、RS－485、HART，除此之外还有 MPI、串口通信、PROFIBUS、工业以太网等协议。如西门子 S7－200 Smart 可支持 PPI、MPI、自由口、USS、MODBUS、以太网（TCP/IP）等通信协议。西门子 S7－1200 可支持以太网（TCP/IP）、MPI、PROFIBUS－DP、自由口、MODBUS、CANOPEN 等通信协议。

### 4. 通用串行通信接口标准

工业网络主要采用串行异步通信。在串行通信中，参与通信的两台或多台设备通常共享一条物理通路。发送者依次逐位发送一串数据信号，按一定的约定规则为接收者所接收。

由于串行接口通常只是规定了物理层的接口规范，所以为确保每次传送的数据报文能准确到达目的地，使每一个接收者能够接收到所有发向它的数据，必须在通信连接上采取相应的措施。保证串行通信的一般方法如下。

（1）设置通信帧的起始、停止位；

（2）建立连接握手；

（3）实行对接收数据的确认；

（4）使用中断或轮询检测、接收数据信息，进行数据缓存以及错误检查。

常用的串行通信接口标准有 RS－232、RS－422、RS－485 等，正确选择接口类型和协议标准，对保证通信可靠性具有重要意义。

1）EIA－232 接口标准

EIA－232 是美国电子工业协会（EIA）制定的物理接口标准，它定义了数据终端设备（DTE）与数据通信设备（DCE）之间的物理接口。它用于实现计算机之间及其与测量控制设备之间的工业数据通信方面的应用。它是由 1962 年制订的标准 RS－232，经过 5 次修改后于 1991 年形成的版本，简称为 EIA－232 或 RS－232。它具有机械、电气、功能和过程 4 个特性。

（1）接口的机械特性。

EIA－232 规定使用 DB25/DB9 的插头或插座作为连接器。EIA－232 对连接器的机械尺寸及每根针列的位置均做了明确的规定，保证符合这种标准的接口在国际范围内通用，如图 1－2－26 所示。其中阳性插头用于与 DTE 相连，阴性插座用于与 DCE 相连。

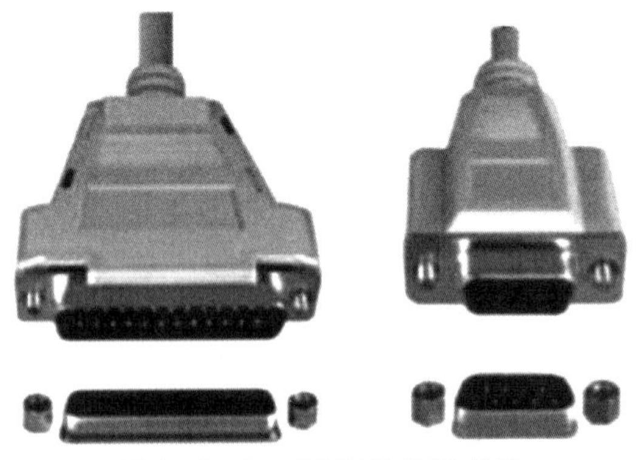
图 1－2－26　DB25 和 DB9 外观

（2）接口的电气特性。

EIA－232 采取不平衡传输方式，即所谓单端通信。收、发端的数据信号相对于信号接地端。EIA－232 的电气特性采用负逻辑，控制线与数据线均为：+5～+15 V 表示逻辑“0”，−5～−15 V 表示逻辑“1”。EIA－232 的逻辑电平与 TTL 电平不兼容，必须进行电平转换。其传送距离最大为约 15 m，最高速率为 20 Kbit/s。

（3）接口的功能特性。

DB25 共定义了 22 条与外界连接的信号线，常用的只有 9 条，因此 25 针连接器便可简化后使用 DB9。DB25 及 DB9 对应引脚与功能见表 1－2－3。

表 1－2－3　DB25 及 DB9 对应引脚与功能

| DB25 引脚号 | 名称 | 功能 | 信号方向 | 对应 DB9 引脚 |
|---|---|---|---|---|
| 1 | PGND | 保护接地 | — | — |
| 2 | TXD | 发送数据 | DTE→DCE | 3 |
| 3 | RXD | 接收数据 | DCE→DTE | 2 |
| 4 | RTS | 请求发送 | DTE→DCE | 7 |
| 5 | CTS | 允许发送 | DCE→DTE | 8 |
| 6 | DSR | DCE 就绪 | DCE→DTE | 6 |
| 7 | SGND | 信号接地 | 无方向 | 5 |
| 8 | CD | 载波检测 | DCE→DTE | 1 |
| 20 | DTR | DTE 就绪 | DTE→DCE | 4 |
| 22 | RI | 振铃指示 | DCE→DTE | 9 |

（4）接口的过程特性。

过程特性规定了 DTE 与 DCE 之间控制信号与数据信号的发送时序、应答关系及操作过程。

当远距离通信时（传输距离大于 15 m 的通信），需要增加调制解调器（Modem），两个终端的串行通信过程如图 1－2－27 所示。首先建立连接，DTE 就绪后，一方请求连接，一方接受请求，当 DCE 就绪后，通过网络协议建立物理连接，此时即可传输数据；一方请求发送数据，得到允许后开始发送数据，另一方就开始接收数据。同理，另一方也可回传数据。

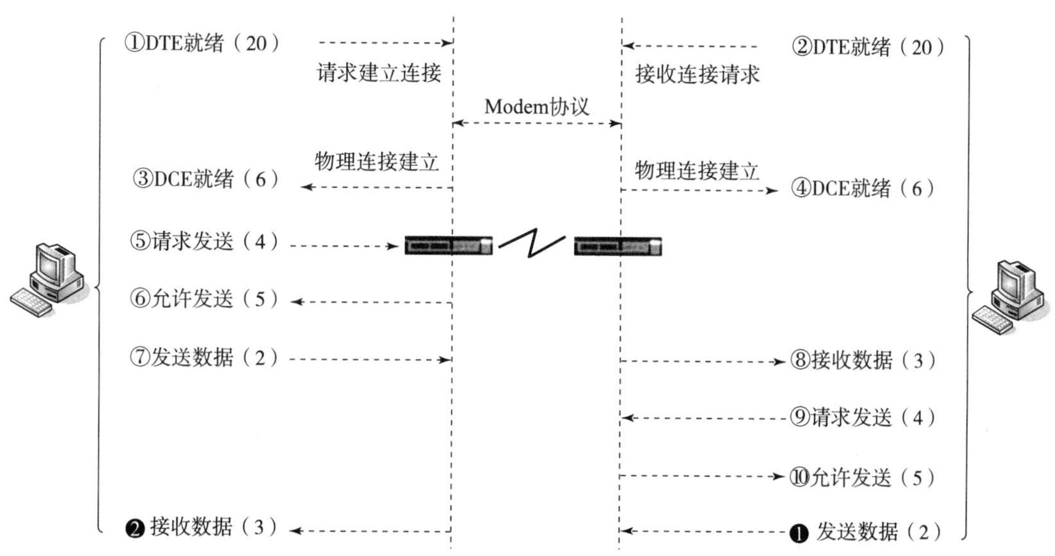


图 1－2－27　典型 EIA－232 的过程特性

当通信距离较小时，可不需要 Modem，通信双方可以直接连接，在这种情况下，只需使用少数几根信号线即零 Modem 最简连线（3 线制）和零 Modem 标准连接（7 线制），如图 1－2－28 所示。

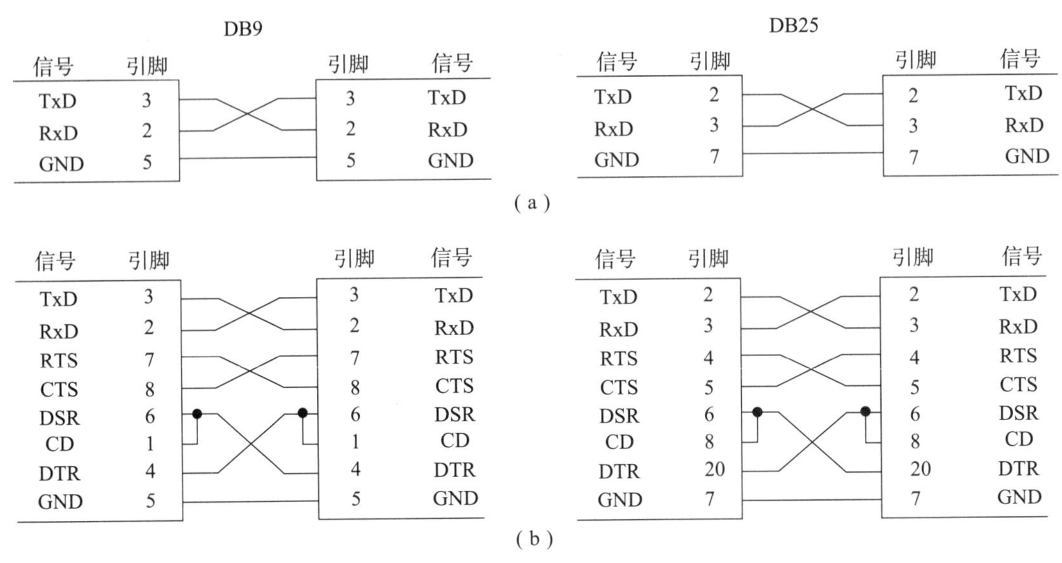


图 1－2－28　EIA－232 接口的直接连接

(a) 无握手方式；(b) 全握手方式

最简连线（3 线制）在通信中无须控制联络信号（无握手方式），只需 3 根线（发送线、接收线、信号地线）便可实现全双工异步串行通信。标准连接（7 线制）是按照 DTE 和 DCE 之间信息交换协议的要求进行连接（全握手方式）。

2）EIA－485 接口标准

（1）EIA－485 的技术参数。

EIA－485 接口标准的最大特点就是采用一对平衡差分电路传输信号（如图 1－2－29 所示），双端发送双端接收，其中一根导线上的电压是另一根导线上的电压取反，接收器的输入电压为这两根导线电压的差值 $V_A - V_B$，这样的电路既能抑制噪声，又能克服节点间接地电平差异的影响。EIA－485 接口标准是 EIA－422 接口标准的变型。EIA－422 采用 2 对平衡差分电路，EIA－485 采用 1 对平衡差分电路。EIA－485 接口传送距离最大为 1 200 m（速率为 100 Kbit/s 时），最高速率为 10 Mbit/s（距离为 12 m 时），驱动器最小输入为 ±1.5 V，驱动器最大输入为 ±6 V，最多允许并联 32 台驱动器和 32 台接收器。

图 1－2－29　EIA－485 差分平衡电路

（2）EIA－485 接口连接。

EIA－485 接口可实现半双工连接和全双工连接。

半双工连接的特点如下。

①EIA－485 能驱动 32 个负载，且总负载不小于 54 Ω；

②EIA－485 接口必须加接 120 Ω 总线终端电阻，当该值与电缆特征阻抗相等时，可削弱或消除信号的反射；

③接口芯片需有限流及过热关闭功能；

④通信电路存在总线竞争，需要对网络的控制权进行管理。

EIA－485 可实现全双工连接，两点之间传送不会有问题，但在多节点全双工连接中，必须解决网络控制权的问题。

## 练习提高

（1）常见的触摸屏有哪些？它们分别用在什么场合？组态软件、人机交互界面和触摸屏的含义有何异同？

（2）TPC 与西门子 S7－200 Smart 系列 PLC 的连接方式有哪些？TPC 与 PC 的连接方式有哪些？

（3）以西门子 S7－200 Smart 系列 PLC 为例，PLC 与 TPC 无法通信时，如何诊断和查找故障点？

（4）查阅常见 MCGS 触摸屏的价格和性能参数。

## 任务评价

任务评价见表 1－2－4。

表 1－2－4 “TPC7062TD/TX/Ti 触摸屏的硬件连接”任务评价

| 学习成果 | | | 评分表 | | |
|---|---|---|---|---|---|
| 学习内容 | 出现的问题 | 解决方法 | 学生自评 | 小组互评 | 教师评分 |
| TPC 与 PC 的连接方式：TCP/IP 网络方式（20%） | | | | | |
| TPC 与 PC 的连接方式：USB 方式（20%） | | | | | |
| TPC 与 PC 的连接方式：U 盘方式（20%） | | | | | |
| TPC 与 PLC 的通信连接及设备组态：串口通信（20%） | | | | | |
| TPC 与 PLC 的通信连接及设备组态：以太网通信（20%） | | | | | |

# 项目二

# MCGS 嵌入版组态软件的简单工程实例

引导语

工业自动控制系统是以标准的工业计算机软、硬件平台构成的集成系统，它取代传统的封闭式系统，实现了工业设施的自动化运行、过程监测和流程的管理控制，具有适应性强、开放性好、易于扩展、经济、开发周期短等鲜明优点。作为数据采集和过程控制的专用软件，MCGS 嵌入版组态软件功能全面、操作简便，具有很好的工作可视性，更重要的是它的维护不需要太多的烦琐程序。此外，将 MCGS 嵌入式 TPC 与其他硬件设备连接，能够轻松地实现现场数据的采集、处理，控制设备的开发。因此，用户使用 MCGS 嵌入版组态软件可以很方便地设计出自己需要的应用系统。让我们保持细心和耐心，从本项目出发，开始 MCGS 组态应用之旅吧。

## 任务 2.1　MCGSTPC + PLC 三相异步电动机正反转控制

### 任务目标

电动机正反转控制系统的设计（任务引入与分析）

知识目标：

（1）掌握 MCGS 工程画面制作的步骤与含义；

（2）理解系统设计的基本思路和方法。

技能目标：

（1）能完成 MCGS 工程画面的布局与制作；

（2）能正确编制 PLC 控制程序；

（3）能进行上下位机的系统调试。

素养目标：

（1）养成操作规范和不厌其烦、反复尝试的劳动态度；

（2）培养学生在系统设计过程中的相互沟通与团队合作精神。

## 任务描述

在生产加工过程中，往往需要电动机能够实现可逆运行，如机床工作台的前进与后退、主轴的正转与反转、起重机的提升与下降等。这就要求电动机可以正反转。本任务学习使用 MCGS 嵌入版组态软件与 PLC 控制三相异步电动机正反转。

如图 2－1－1 所示，电动机正反转控制系统是组态控制系统中的一个典型应用实例。控制要求如下：实现起停控制。按下“正转按钮”，电动机正向运转；按下“反转按钮”，电动机反向运转；按下“停止按钮”，电动机停止运转。

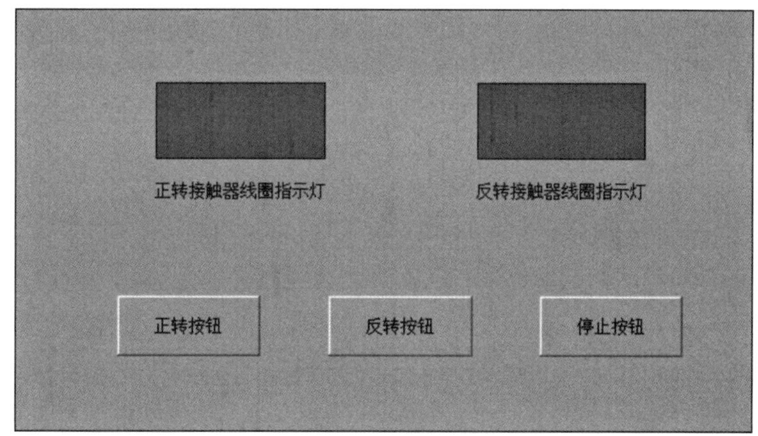


图 2－1－1　电动机正反转控制系统界面示意

## 知识储备

### 2.1.1　系统设计步骤

系统设计主要包括 7 个步骤，如图 2－1－2 所示。

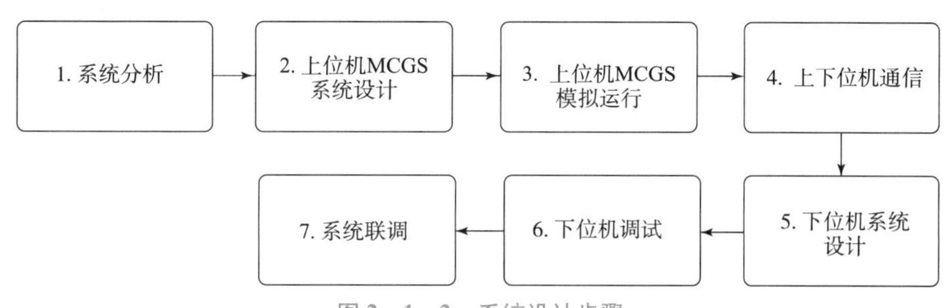


图 2－1－2　系统设计步骤

（1）系统分析：对系统进行功能要求分析，搭建功能框架。

（2）上位机 MCGS 系统设计：主要对用户窗口、实时数据库窗口进行设计，完成工程界面制作，进行数据对象定义及关联。

（3）上位机 MCGS 模拟运行：对完成的上位机 MCGS 系统进行功能模拟测试。

（4）上下位机通信：主要实现上位机与下位机的通信与数据连接。

（5）下位机系统设计：主要完成 PLC 程序的编写，实现控制功能。

（6）下位机调试：对编写的 PLC 程序进行功能调试。

（7）系统联调：连接设备驱动程序，对控制系统进行整体调试，在 MCGS 可视画面中实现控制要求。

需要注意的是，系统设计步骤可以根据不同任务进行适当调整。

### 2.1.2 系统工作原理

本系统采用 S7－200 Smart 系列 PLC 采集信号（包括现场输入信号或触摸屏按钮信号），将信号送入 PLC 程序，执行程序并输出结果，通过上下位机的数据通信将结果输出到 MCGS 实时数据库，并控制 MCGS 工程画面的正反转指示灯。系统工作原理如图 2－1－3 所示。

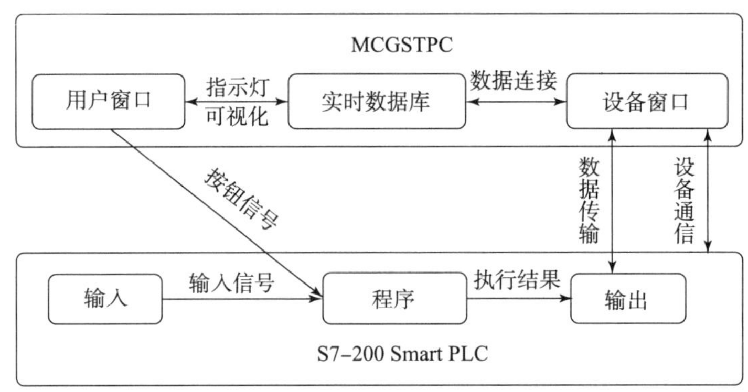


图 2－1－3　系统工作原理

## 任务实施

电动机正反转控制系统的设计（上位机设计与通讯）

上位机 MCGS 系统设计

**1. 制作工程画面**

1）建立画面

（1）创建名为“三相异步电动机正反转控制”的工程文件。

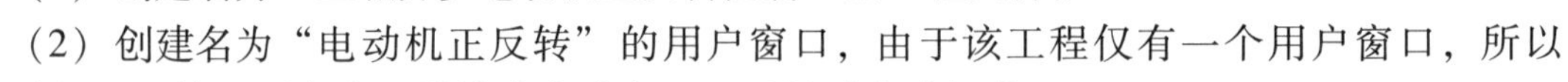

（2）创建名为“电动机正反转”的用户窗口，由于该工程仅有一个用户窗口，所以“电动机正反转”用户窗口默认为启动窗口，运行时自动加载。

2）编辑画面

选中“电动机正反转”用户窗口图标，单击“动画组态”按钮，进入动画组态窗口，开始编辑画面。

（1）绘制按钮。

①单击工具条中的“工具箱”按钮，打开绘图工具箱。

②单击绘图工具箱中的“标准按钮”按钮，光标呈“十”字形，在适当位置拖拽鼠标，根据需要拉出一个一定大小的标准按钮。

③双击标准按钮，打开“标准按钮构件属性设置”对话框，进行基本属性设置，输入文本“正转按钮”，如图 2－1－4 所示。

图 2-1-4　“标准按钮构件属性设置”对话框

④单击“确认”按钮，标准按钮构件属性设置完毕。

以相同方法绘制反转按钮和停止按钮。

(2) 绘制正反转接触器线圈指示灯。

①单击绘图工具箱中的“矩形”按钮，光标呈“十”字形，在适当位置拖拽鼠标，根据需要拉出一个一定大小的矩形，作为正转接触器线圈指示灯。

②单击绘图工具箱中的“标签”按钮 A，光标呈“十”字形，在正转指示灯的下方拉出一个一定大小的矩形。

③在光标闪烁位置输入文字“正转接触器线圈指示灯”，按 Enter 键或在窗口任意位置单击，文字输入完毕。

以相同的方法绘制反转接触器线圈指示灯，最后生成的画面如图 2-1-5 所示。

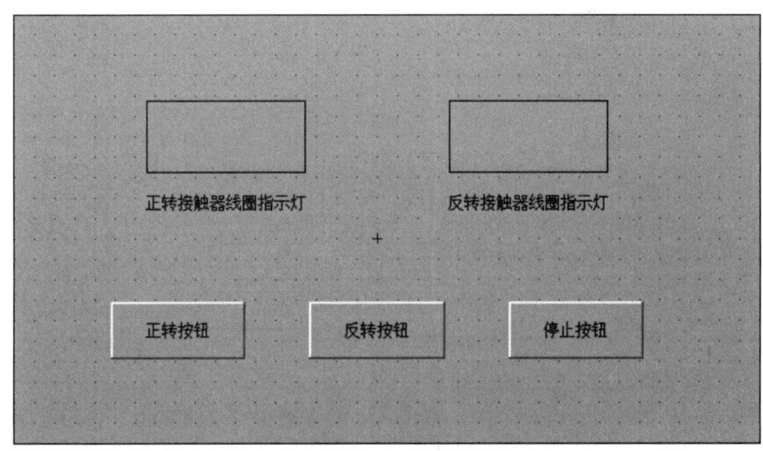


图 2-1-5　电动机正反转控制系统整体画面

## 2. 定义数据对象

单击工作台中的“实时数据库”窗口标签，进入“实时数据库”窗口页，本工程中需要用到的数据对象见表 2－1－1。

表 2－1－1　数据对象

| 对象名称 | 类型 | 注释 |
| --- | --- | --- |
| 正转按钮 | 开关型 | 电动机正转启动按钮 |
| 反转按钮 | 开关型 | 电动机反转启动按钮 |
| 停止按钮 | 开关型 | 停止按钮 |
| 正转线圈 | 开关型 | 正转交流接触器线圈 |
| 反转线圈 | 开关型 | 反转交流接触器线圈 |

1）新增对象

在“实时数据库”窗口页中单击“新增对象”按钮，在窗口中新增一个名为“InputUser3”、类型为“字符型”的对象，双击该对象，打开“数据对象属性设置”对话框，开始属性设置。

2）数据对象属性设置

(1) 定义对象名称。

在“对象名称”文本框中输入“正转按钮”。

(2) 定义对象类型。

在“对象类型”区域单击“开关”单选按钮。

(3) 定义对象内容注释。

在“对象内容注释”文本框中输入“电动机正转启动按钮”。

“数据对象属性设置”对话框如图 2－1－6 所示。

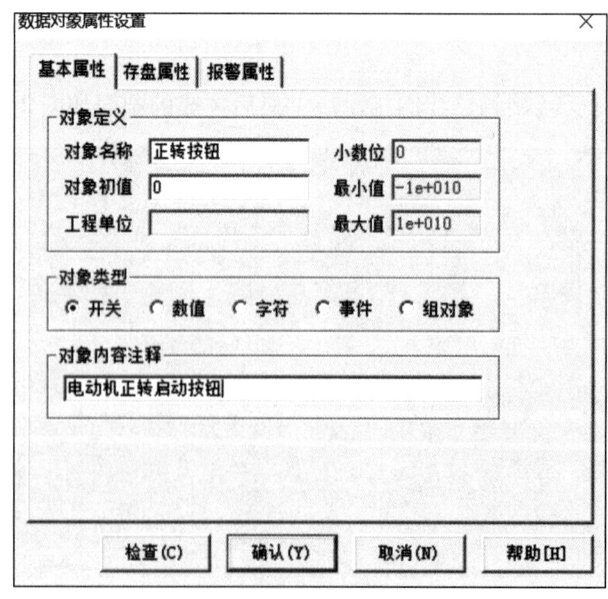


图 2－1－6　“数据对象属性设置”对话框

以相同的方法按照表 2－1－1 所示的要求完成反转按钮、停止按钮、正转线圈、反转线圈的数据对象属性设置。

数据对象属性设置完成后生成的画面如图 2－1－7 所示。

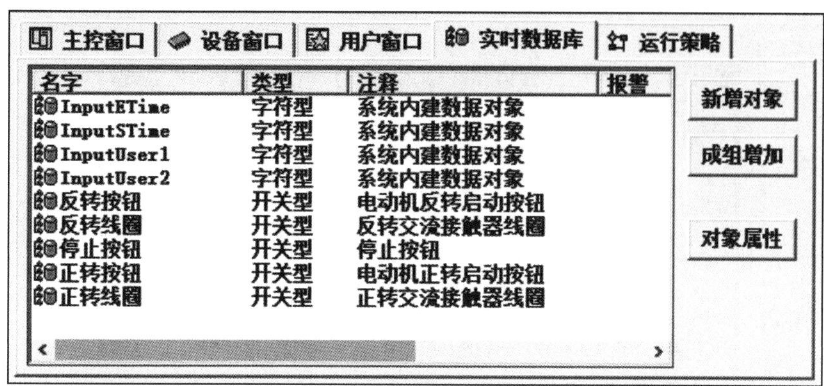


图 2－1－7　数据对象属性设置完成后生成的画面

### 3. 动画、动作控制连接

本工程需要动画效果和动作控制的部分包括：按钮动作设置和正反转接触器线圈指示灯设置。

1）按钮动作设置

双击启动“正转按钮”，打开“标准按钮构件属性设置”对话框，进行“操作属性”设置，参数设置如下，如图 2－1－8 所示。

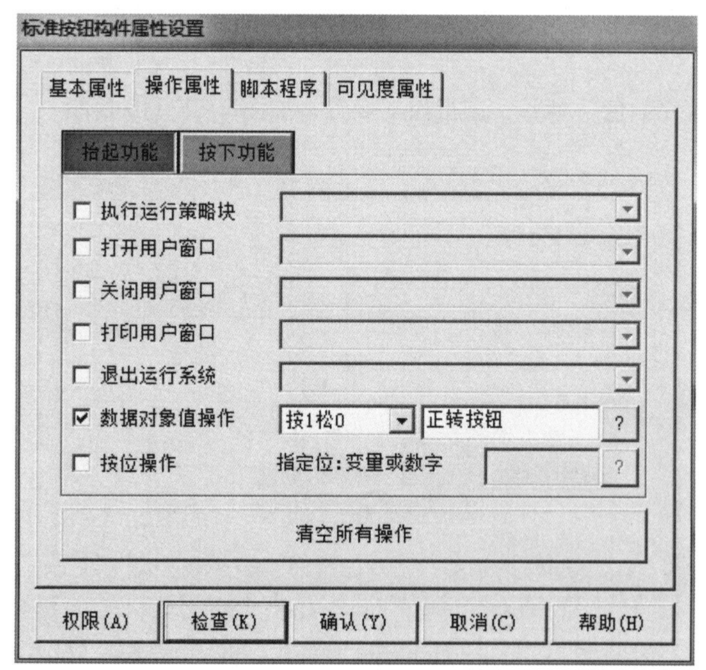


图 2－1－8　“标准按钮构件属性设置”对话框

（1）勾选“抬起功能”→“数据对象值操作”复选框。

（2）“数据对象值操作”设置为“按 1 松 0，正转按钮”。

以相同的方法对“反转按钮”“停止按钮”进行“操作属性”设置。

2）正反转接触器线圈指示灯设置

（1）双击表示正转接触器线圈指示灯的矩形，打开“动画组态属性设置”对话框，在“颜色动画连接”区域勾选“填充颜色”复选框，如图2－1－9所示，则会自动添加“填充颜色”标签。

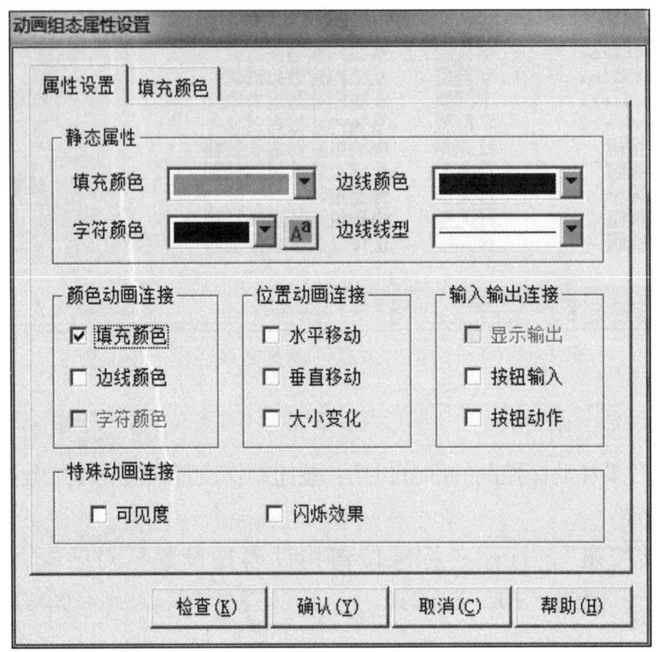

图2－1－9 “动画组态属性设置”对话框的“属性设置”标签

（2）单击“填充颜色”标签，进行如下设置，如图2－1－10所示。

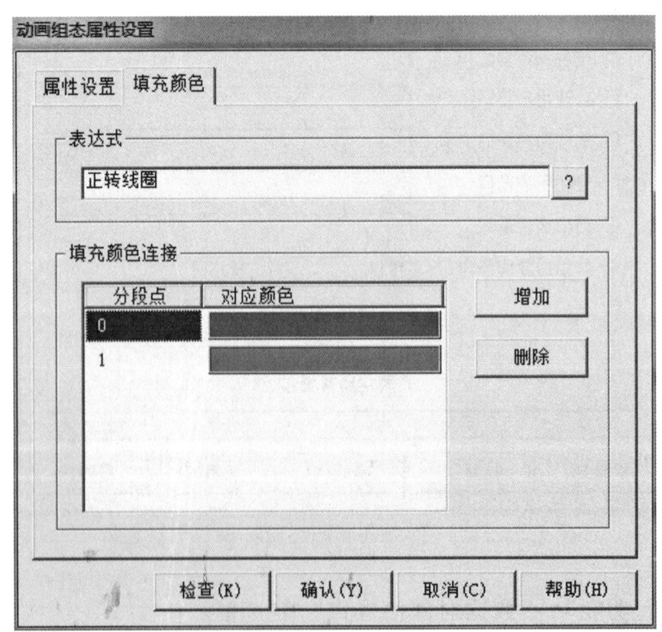

图2－1－10 “动画组态属性设置”对话框的“填充颜色”标签

①表达式：正转线圈。

②填充颜色连接：分段点“0”对应颜色为红色，分段点“1”对应颜色为绿色，对应颜色的修改通过双击色条来实现。

以相同的方法设置反转接触器线圈指示灯。

### 上下位机通信

本工程中，设备通信的设置步骤如下。

（1）在“设备窗口”中双击“设备窗口”图标。

（2）在右键快捷菜单中选择“设备工具箱”选项。

（3）单击“设备管理”按钮，进入“设备管理”窗口，在“可选设备”列表中按照如下顺序——所有设备→PLC→西门子→Smart200→西门子_Smart200 找到本工程使用到的下位机“西门子_Smart200”，单击“增加”按钮，将“西门子_Smart200”添加到“选定设备”列表中，单击“确定”按钮，添加设备设置完成，如图 2－1－11 所示。

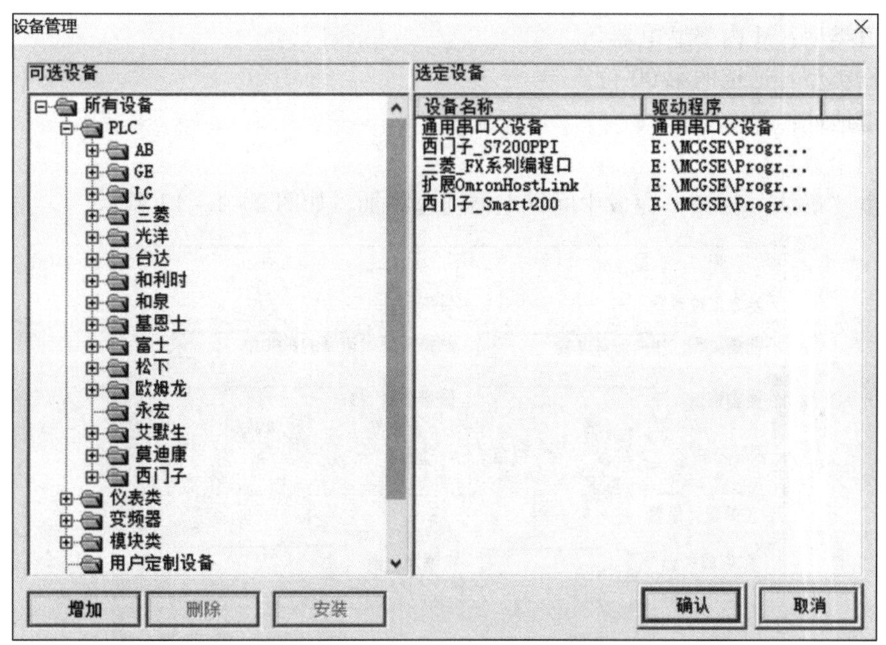


图 2－1－11　MCGS 中设备通信设置

（4）在设备工具箱中双击“西门子_Smart200”，将其添加到设备窗口，如图 2－1－12 所示。

（5）双击“设备 0——［西门子_Smart200］”，进入“设备编辑窗口”窗口，在“设备属性值”中进行设置，实现上位机与下位机的通信连接，参数设置如下。

①本地 IP 地址：输入 MCGS 的 IP 地址，如 192.168.2.12。

②远端 IP 地址：输入 PLC 的 IP 地址，如 192.168.2.1。

（6）在“设备编辑窗口”窗口右侧对上位机的数据与下位机的数据进行连接。

①单击右侧 删除全部通道 按钮，将除“0000 通讯状态”之外的所有默认通道全部删除。

②单击右侧 增加设备通道 按钮，打开“添加设备通道”对话框，首先进行中间继电器

设备组态：设备窗口
设备0-- [西门子_Smart200]

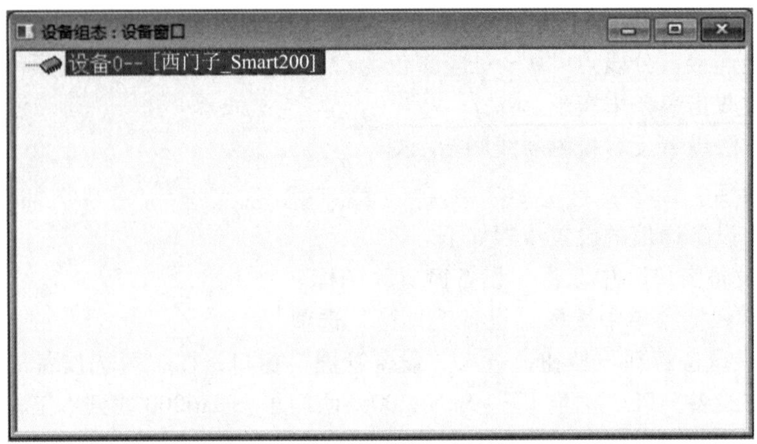

图 2-1-12　MCGS 中设备通信选择

M0.0-M0.2 的添加，添加设置如下。

a. 通道类型：M 内部继电器。

b. 数据类型：通道的第 00 位。

c. 通道地址：0。

d. 通道个数：3。

e. 单击“确认”按钮，完成中间继电器通道添加，如图 2-1-13 所示。

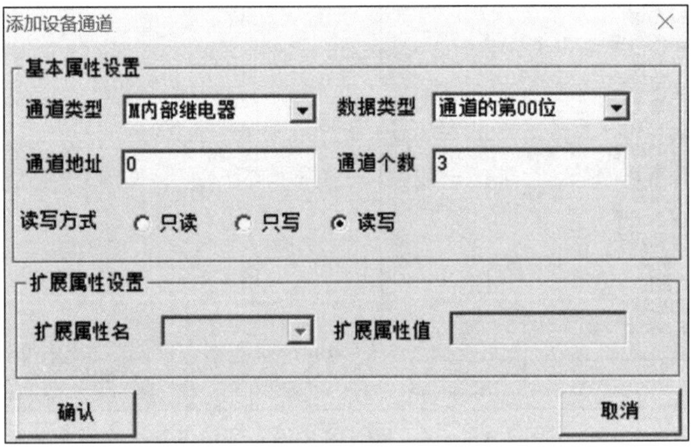
添加设备通道
基本属性设置
通道类型
M内部继电器
数据类型
通道的第00位
通道地址
0
通道个数
3
读写方式
只读
只写
读写
扩展属性设置
扩展属性名
扩展属性值
确认
取消

图 2-1-13　M 内部继电器设备通道设置

以相同的方法添加 Q0.0 和 Q0.1，设备通道完成画面如图 2-1-14 所示。

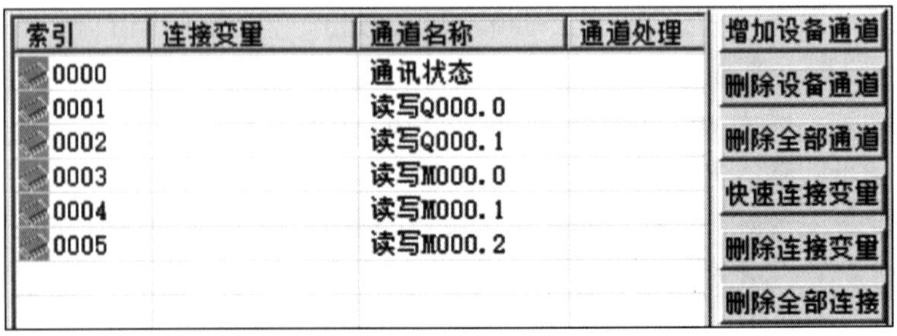
索引
连接变量
通道名称
通道处理
0000
通讯状态
0001
读写Q000.0
0002
读写Q000.1
0003
读写M000.0
0004
读写M000.1
0005
读写M000.2
增加设备通道
删除设备通道
删除全部通道
快速连接变量
删除连接变量
删除全部连接

图 2-1-14　设备通道添加完成画面

③给设备通道添加相对应的连接变量。

双击“读写 Q000.0”通道名称，进入“变量选择”窗口，选择该通道连接的变量“正转线圈”，为该设备通道添加对应的变量连接，如图 2－1－15 所示。

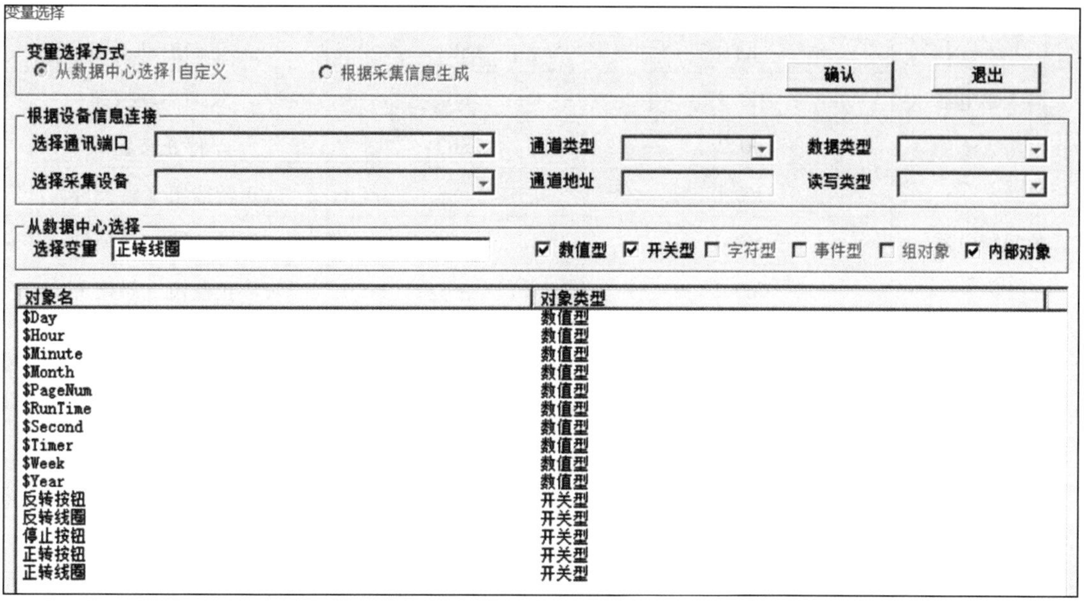

变量选择

变量选择方式：◉ 从数据中心选择|自定义　○ 根据采集信息生成　确认　退出

根据设备信息连接：选择通讯端口　通道类型　数据类型　选择采集设备　通道地址　读写类型

从数据中心选择：选择变量 正转线圈　☑ 数值型　☑ 开关型　☐ 字符型　☐ 事件型　☐ 组对象　☑ 内部对象

| 对象名 | 对象类型 |
| --- | --- |
| $Day | 数值型 |
| $Hour | 数值型 |
| $Minute | 数值型 |
| $Month | 数值型 |
| $PageNum | 数值型 |
| $RunTime | 数值型 |
| $Second | 数值型 |
| $Timer | 数值型 |
| $Week | 数值型 |
| $Year | 数值型 |
| 反转按钮 | 开关型 |
| 反转线圈 | 开关型 |
| 停止按钮 | 开关型 |
| 正转按钮 | 开关型 |
| 正转线圈 | 开关型 |

图 2－1－15　设备通道及其相应连接变量设置

以相同的方法为其他设备通道添加对应的变量连接，如图 2－1－16 所示。

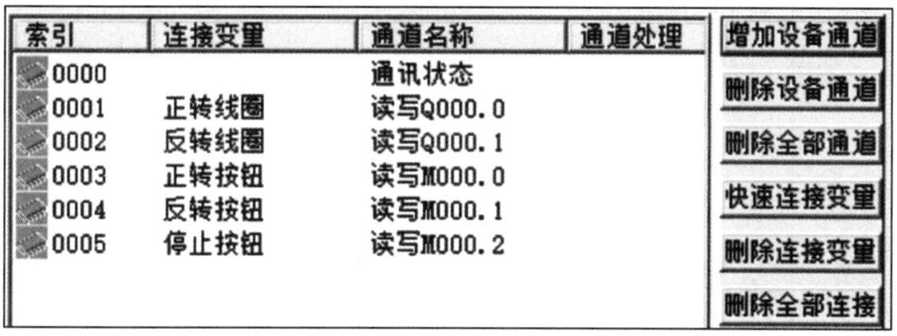

| 索引 | 连接变量 | 通道名称 | 通道处理 |
| --- | --- | --- | --- |
| 0000 | | 通讯状态 | |
| 0001 | 正转线圈 | 读写Q000.0 | |
| 0002 | 反转线圈 | 读写Q000.1 | |
| 0003 | 正转按钮 | 读写M000.0 | |
| 0004 | 反转按钮 | 读写M000.1 | |
| 0005 | 停止按钮 | 读写M000.2 | |

增加设备通道　删除设备通道　删除全部通道　快速连接变量　删除连接变量　删除全部连接

图 2－1－16　设备通道变量连接完成画面

（7）单击“确认”按钮，设备编辑完成。

下位机系统设计

下位机使用的是西门子 S7－200 Smart 系列 PLC，在本工程中下位机需实现的功能为：按下“正转按钮”，电动机正向运转；按下“反转按钮”，电动机反向运转；按下“停止按钮”，电动机停止运转；能实现按钮互锁和接触器互锁。

电动机正反转控制系统的设计
（下位机设计与系统调试）

### 1. I/O 地址分配

对输入/输出量进行分配，见表 2－1－2。

表 2－1－2 I/O 地址分配

| 编程元件 | I/O 端子 | 元件代号 | 作用 |
|---|---|---|---|
| 输入继电器 | I0.0 | SB1 | 正向启动按钮 |
| | I0.1 | SB2 | 反向启动按钮 |
| | I0.2 | SB3 | 停止按钮 |
| 中间继电器 | M0.0 | — | 正转按钮（触摸屏） |
| | M0.1 | — | 反转按钮（触摸屏） |
| | M0.2 | — | 停止按钮（触摸屏） |
| 输出继电器 | Q0.0 | M1 | 正转接触器线圈 |
| | Q0.1 | M2 | 反转接触器线圈 |

### 2. 绘制电动机正反转控制系统 PLC 外部硬件接线图

电动机正反转控制系统 PLC 外部硬件接线图如图 2－1－17 所示。

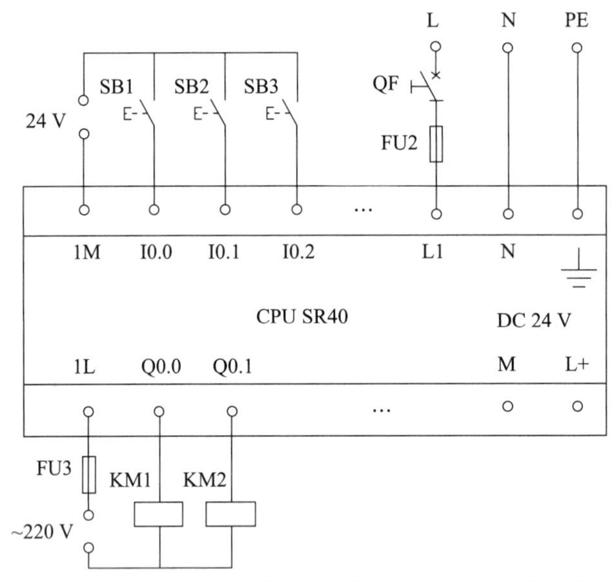


图 2－1－17 电动机正反转控制系统 PLC 外部硬件接线图

### 3. 设计电动机正反转控制系统 PLC 梯形图程序

电动机正反转控制系统 PLC 梯形图程序如图 2－1－18 所示。

系统调试

### 1. PLC 程序调试

（1）反复调试 PLC 程序，直到达到下位机控制要求为止。

（2）运行正确的 PLC 程序，并监控 PLC 程序状态。

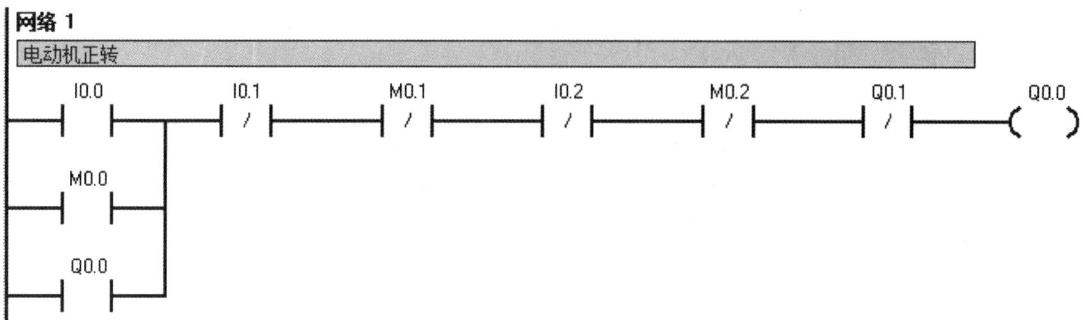


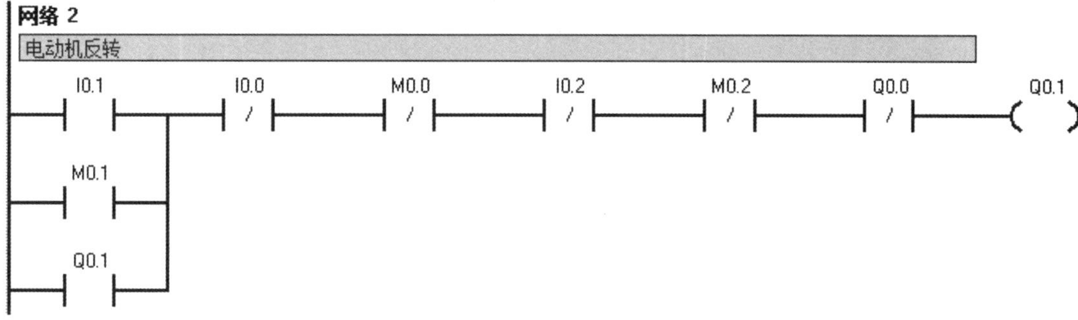


图 2－1－18　电动机正反转控制系统 PLC 梯形图程序

### 2. MCGS 监控界面调试

1）运行环境设置

（1）单击工具栏中的“下载工程并进入运行环境”按钮，打开“下载配置”对话框。

（2）单击“连机运行”按钮，在“目标机名”文本框中输入上位机的 IP 地址，如 192. 168. 2. 12。

（3）单击“通讯测试”按钮，在“返回信息”栏中出现“通讯测试正常”。

（4）单击“工程下载”按钮，在“返回信息”栏中出现“工程下载成功！0 个错误，0 个警告，0 个提示！”，如图 2－1－19 所示。

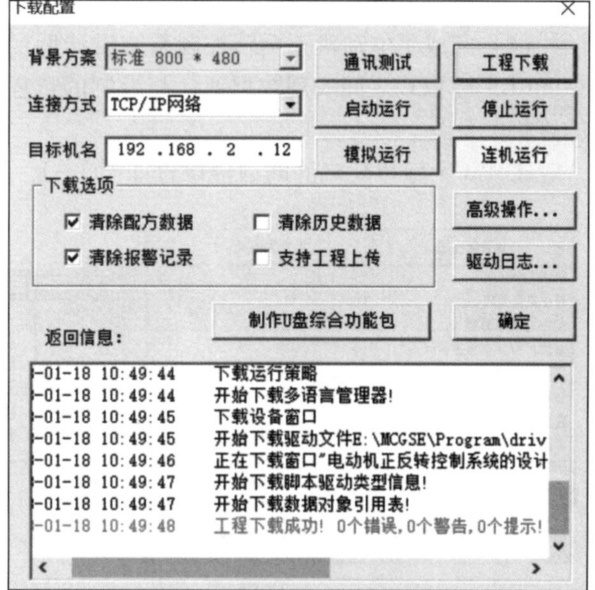


图 2－1－19　运行环境设置

2）进入 MCGS 运行界面

单击“启动运行”按钮，弹出 MCGS 运行界面，如图 2－1－20 所示。

（1）按下“正转按钮”，“正转接触器线圈指示灯”构件变为绿色，“反转接触器线圈

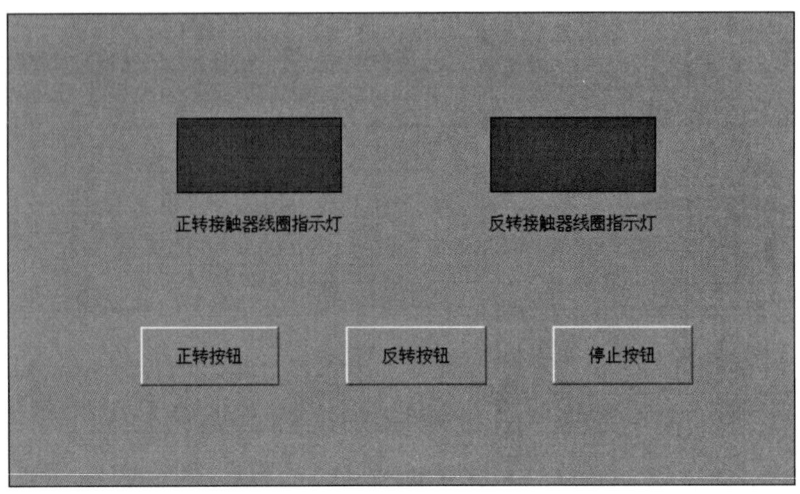


图 2-1-20　MCGS 运行界面

指示灯”构件保持红色不变。

（2）按下“反转按钮”，“正转接触器线圈指示灯”构件变为红色，“反转接触器线圈指示灯”构件变为绿色。

（3）按下“停止按钮”，“正转接触器线圈指示灯”“反转接触器线圈指示灯”构件均变为红色。

反复调试，直到 MCGS 组态界面和 PLC 程序都能达到控制要求为止。

## 拓展提升

（1）完成了电动机正反转控制系统设计后，根据图 2-1-3 所示的工作原理对本任务中 MCGS 与 PLC 之间实现数据通信与控制的过程进行具体分析，并画出 MCGS 与 PLC 之间的连接关系图。

①MCGS 与 PLC 之间的通信设置如图 2-1-21 所示。

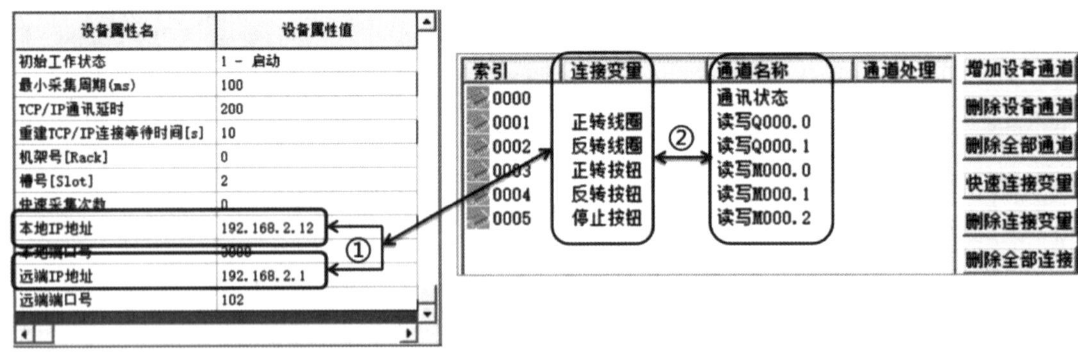


图 2-1-21　MCGS 与 PLC 之间的通信设置

②通过 MCGSTPC“正转按钮”控制 PLC 程序的执行，如图 2-1-22 所示。

③通过 PLC 程序执行结果实现 MCGSTPC 正转接触器线圈指示灯点亮，如图 2-1-23 所示。

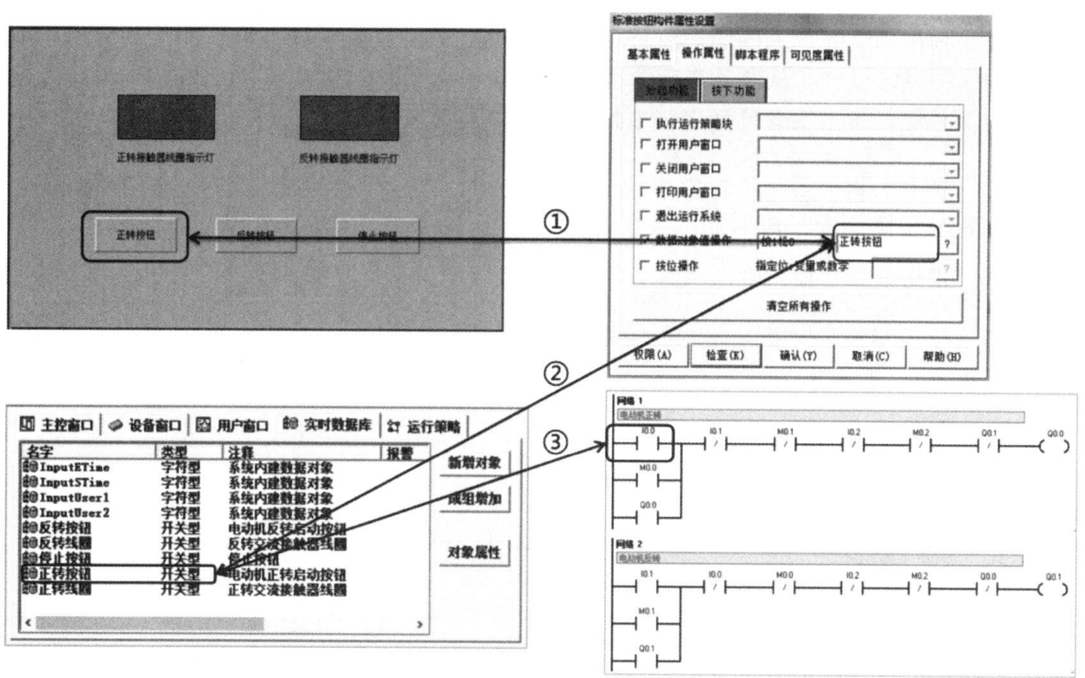

图 2-1-22　通过 MCGSTPC“正转按钮”控制 PLC 程序的执行

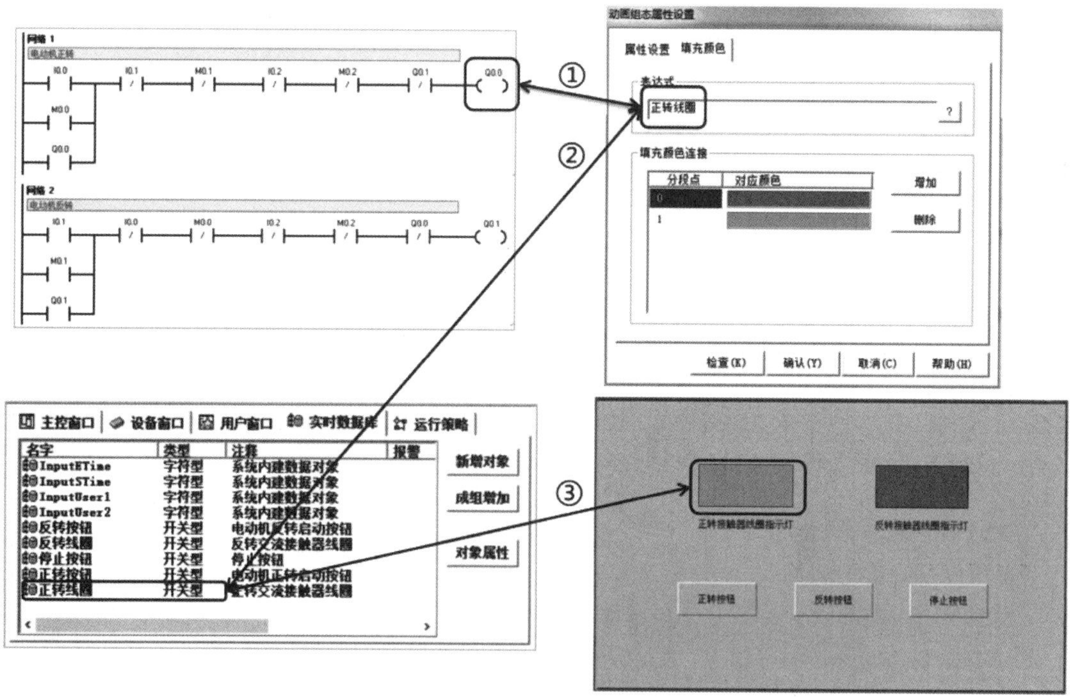

图 2-1-23　PLC 输出控制 MCGSTPC 正转接触器线圈指示灯过程

（2）前面完成了 MCGS 与 PLC 之间的连接关系图，其中 PLC 通过程序实现电动机正反转，MCGS 通过工程界面实现信号的接收与传送，最终实现画面变化。假设没有 PLC，如何通过 MCGS 实现电动机正反转控制?

现在仅利用 MCGS 嵌入版组态软件设计电动机正反转控制系统，系统的控制要求不变。本工程的模拟系统设计，从制作工程画面到定义数据对象均与电动机正反转控制系统相同，仅需在 MCGS 嵌入版组态软件的运行策略中增加脚本程序，具体的操作过程如下。

①在“运行策略”窗口中，双击“循环策略”进入“策略组态”窗口。双击图标打开“策略属性设置”对话框，将循环时间设为 200 ms，单击“确认”按钮。

②在“策略组态”窗口中，单击工具条中的“新增策略行”按钮，增加一个策略行。

③如果“策略组态”窗口中没有策略工具箱，则单击工具条中的“工具箱”按钮，弹出策略工具箱。

④单击策略工具箱中的“脚本程序”按钮，将鼠标指针移到策略块图标上，单击添加脚本程序构件。

⑤双击图标进入脚本程序编辑环境，输入下面的程序，如图 2－1－24 所示。

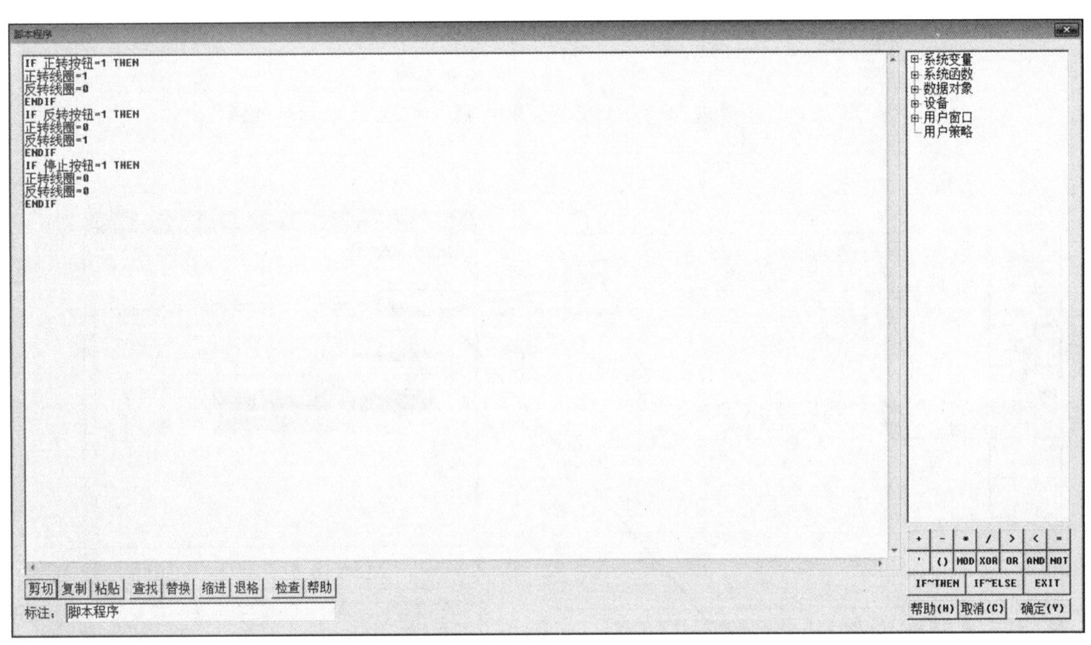


图 2－1－24 “脚本程序”窗口

```
IF 正转按钮 =1 THEN
 正转线圈 =1
 反转线圈 =0
 ENDIF
 IF 反转按钮 =1 THEN
   正转线圈 =0
   反转线圈 =1
 ENDIF
```

```
IF 停止按钮 =1 THEN
    正转线圈 =0
    反转线圈 =0
ENDIF
```

## 练习提高

（1）分析“拓展提升”中仅利用 MCGS 嵌入版组态软件设计电动机正反转控制系统的控制过程。

（2）在 PLC 中与触摸屏中的按钮对应的为什么是中间继电器 M，而不能是输入寄存器 I？

（3）触摸屏和 PLC 的连接设置包括哪些步骤？

（4）如何正确设置 MCGS 及 PLC 的 IP 地址？

（5）在本任务中，使用了 MCGS 工作台中的哪几个功能窗口？分别说明各个功能窗口的作用。

## 任务评价

任务评价见表 2－1－3。

表 2－1－3　“MCGSTPC＋PLC 三相异步电动机正反转控制”任务评价

| 学习成果 | | | 评分表 | | |
|---|---|---|---|---|---|
| 学习内容 | 出现的问题 | 解决方法 | 学生自评 | 小组互评 | 教师评分 |
| 工程画面的布局与制作（10%） | | | | | |
| 数据对象属性设置（5%） | | | | | |
| 动画、动作控制连接（5%） | | | | | |
| 上下位机通信设置（15%） | | | | | |
| 上下位机变量连接（10%） | | | | | |
| PLC 程序设计（15%） | | | | | |
| PLC 功能调试（10%） | | | | | |
| 工程下载与通信测试（15%） | | | | | |
| 系统功能调试（15%） | | | | | |

# 任务 2.2　MCGSTPC＋PLC 三相异步电动机Y－△换接起动控制

## 任务目标

知识目标：

（1）掌握 MCGS 嵌入版组态软件基本工具的使用方法；

（2）理解定时器函数的含义。

技能目标：

（1）能熟练设置各个构件的动画属性；

（2）能熟练调用系统函数。

素养目标：

（1）培养学生注重细节、精益求精的职业素养；

（2）培养学生独立思考、解决问题的能力。

三相异步电机Y－△换接起动控制（任务引入与分析）

## 任务描述

对于大型电动机，在起动的瞬间电流可以达到数百安培，这么大的电流会影响同一电网所带的其他负载的正常工作，比如某一大型负载起动时，灯泡会变得很暗，因此对于大型电动机一般要实行Y－△换接起动，在起动电动机时将电动机的绕组接成Y形（避免起动时电流过大），待电动机起动后再将绕组接成△形，让电动机全压运行，这就是一个简单的Y－△换接起动过程。Y－△换接起动是将电动机的电压从零逐渐增加到额定电压的过程，这样的起动过程更为平滑，对电网的冲击和对负载的伤害也更小。本任务学习运用 MCGS 嵌入版组态软件与 PLC 控制三相异步电机Y－△换接起动过程。

如图 2－2－1 所示，三相异步电动机Y－△换接起动控制系统的控制要求如下：按下“起动按钮 SB1”，电动机的定子绕组接成Y形降压起动；达到设定时间后，电动机Y形连接起动结束，电动机定子绕组接成△形全压运行，按下“停止按钮 SB2”，电动机停止运行。

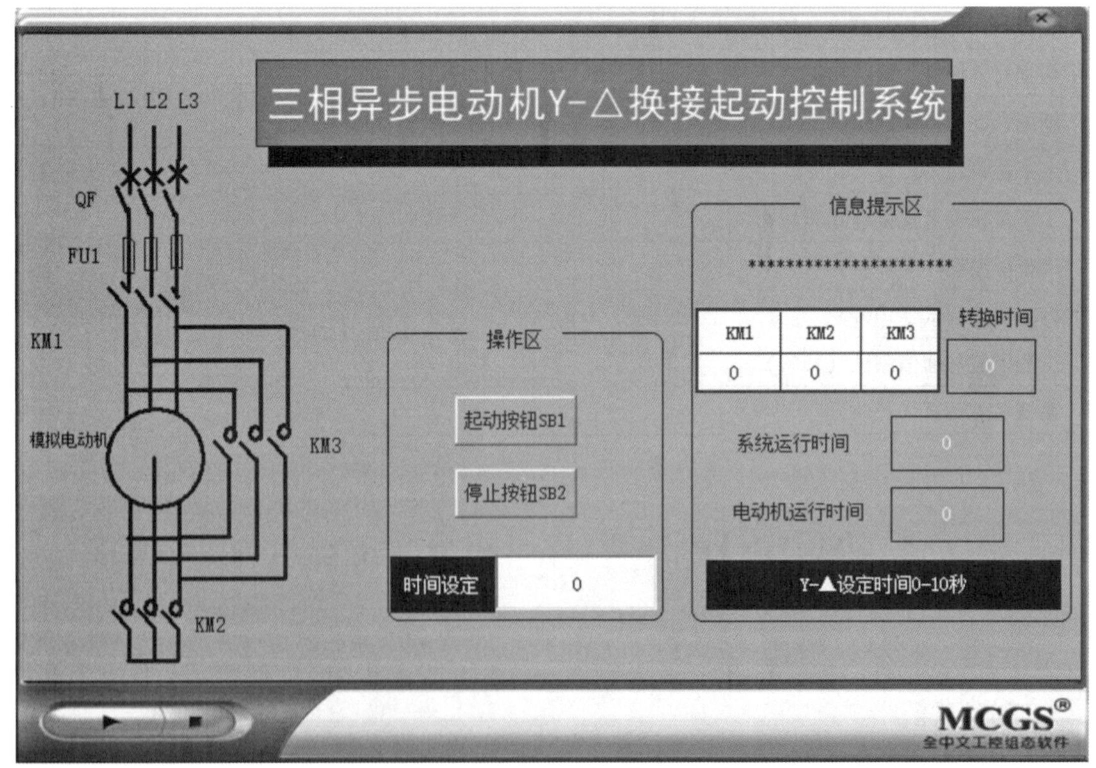


图 2－2－1　三相异步电动机Y－△换接起动控制界面示意

## 知识储备

三相异步电机Y－△换接起动控制——定时器函数的学习

### 2.2.1　定时器函数

下面介绍定时器函数。

在 MCGS 嵌入版组态软件中，可用的系统定时器范围为 0 ~ 127，即系统内嵌 128 个系统定时器，用户可以随意使用其中任意一个定时器，返回时间值为浮点数，单位为 s，小数位表示 ms，因为采用浮点数表示，所以随着数值增大会略有误差。定时器函数有 11 个，对应的函数意义见表 2－2－1。

表 2－2－1　定时器函数

| 函数名称 | 函数意义 |
|---|---|
| !TimerRun | 启动定时器开始工作 |
| !TimerStop | 停止定时器工作 |
| !TimerSkip | 在计时器当前时间数上加/减指定值 |
| !TimerReset | 设置定时器的当前值，由第二个参数设定，第二个参数可以是 MCGS 嵌入版组态软件的变量 |
| !TimerValue | 取定时器的当前值 |
| !TimerStr | 以字符串的形式返回当前定时器的值 |
| !TimerState | 取定时器的工作状态 |
| !TimerWaitFor | 设置定时器的最大值，即设置定时器的上限 |
| !TimerSetOutput | 设置定时器的值输出连接的变量 |
| !TimerClearOutput | 清除定时器的数据输出连接 |

## 任务实施

任务分析

三相异步电动机Y－△换接起动控制系统由上位机（MCGS）和下位机 S7－200 Smart 系列 PLC 构成。

上位机 MCGS 系统包括如下部分。

1. 用户窗口

直线构件 40 个、椭圆构件 2 个、圆角矩形构件 2 个、标准按钮构件 2 个、标签构件 20 个、自由表格构件 1 个和输入框构件 1 个。

2. 运行策略

其包括一个脚本程序。

上位机与下位机联机可实现三相异步电动机Y－△换接起动控制。

上位机 MCGS 系统设计

1. 制作工程画面

1）建立画面

（1）创建名为“三相异步电动机Y－△换接起动控制系统”的工程文件。

（2）创建名为“三相异步电动机Y－△换接起动控制系统”的用户窗口，由于该工程仅有一个用户窗口，所以“三相异步电动机Y－△换接起动控制系统”用户窗口默认为起动窗口，运行时自动加载。

2）编辑画面

选中“三相异步电动机Y－△换接起动控制系统”用户窗口图标，单击“动画组态”按钮，进入动画组态窗口，开始编辑画面。

（1）制作文字框图

①单击工具条中的“工具箱”按钮，打开绘图工具箱。

②单击绘图工具箱中的“标签”按钮，光标呈“十”字形，在窗口顶端中心位置拖拽鼠标，根据需要拉出一个一定大小的矩形。

③在光标闪烁位置输入文字“三相异步电动机Y－△换接起动控制系统”，按 Enter 键或在窗口任意位置单击，文字输入完毕。

④选中文字框，进行如下设置。

a. 单击工具条中的（填充色）按钮，设定文字框的背景颜色为灰色。

b. 单击工具条中的（线色）按钮，设置文字框的边线颜色为黑色。

c. 单击工具条中的（字符字体）按钮，设置文字字体为黑体，字型为粗体，字号为二号。

d. 单击工具条中的（字符颜色）按钮，设置文字颜色为白色。

（2）绘制三相异步电动机Y－△换接起动控制主电路图。

①绘制导线、开关 QF、熔断器 FU1、继电器 KM 元件。

a. 单击工具条中的“工具箱”按钮，打开绘图工具箱。

b. 单击绘图工具箱中的“直线”按钮，光标呈“十”字形，根据需要绘制一段直线作为导线。

c. 主电路中的开关 QF、熔断器 FU1、继电器 KM 元件均可通过“直线”按钮绘制。

②绘制模拟电动机。

a. 单击工具条中的“工具箱”按钮，打开绘图工具箱。

b. 单击绘图工具箱中的“椭圆”按钮，光标呈“十”字形，根据需要绘制一个合适大小的圆，作为模拟电动机，如图 2－2－2 所示。

（3）绘制圆角矩形。

①单击工具条中的“工具箱”按钮，打开绘图工具箱。

②单击绘图工具箱中的“直线”按钮，光标呈“十”字形，根据需要绘制一个合适大小的矩形框。

（4）绘制输入框。

①单击工具条中的“工具箱”按钮，打开绘图工具箱。

②单击绘图工具箱中的“输入框”按钮，光标呈“十”字形，根据需要绘制合适的大小的输入框。

（5）创建自由表格。

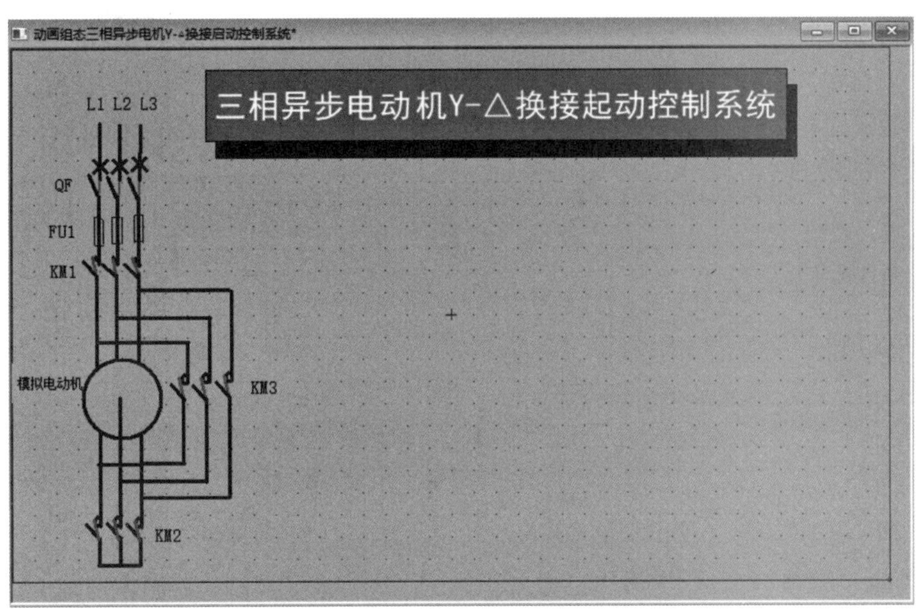


图 2-2-2　三相异步电动机 Y-△换接起动控制系统主电路画面

①单击绘图工具箱中的“自由表格”按钮，在适当位置绘制一个表格。

②双击表格进入编辑状态。编辑一个 2 行 3 列的表格。

③在第 1 行的 3 个单元格中分别输入“KM1”“KM2”“KM3”。

④在第 2 行的 3 个单元格中均输入“1|0”，表示输出的数据有 1 位小数，无空格。

（6）绘制其他构件。

①利用绘图工具箱画出 2 个按钮、3 个标签。

②按照图 2-2-3 所示，为画面中的构件添加相应标签。

（7）最后画面。

最后生成的画面如图 2-2-3 所示。

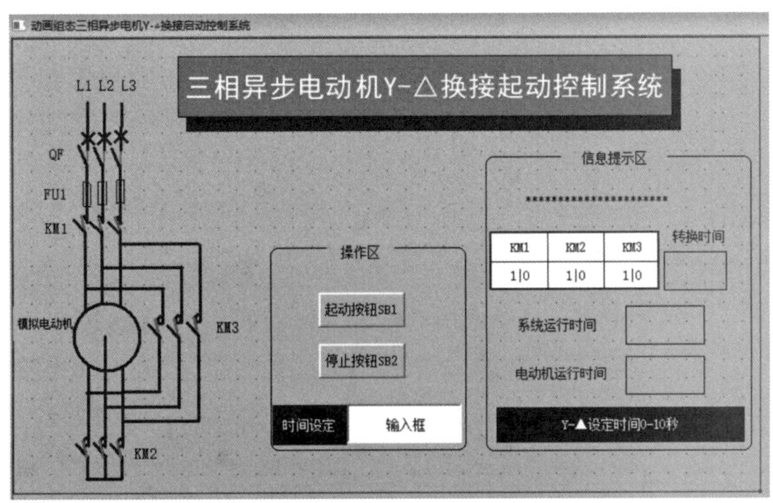


图 2-2-3　三相异步电动机 Y-△换接起动控制系统整体画面

### 2. 定义数据对象

单击工作台中的“实时数据库”窗口标签，进入“实时数据库”窗口页，本工程中需要用到的数据对象见表 2-2-2。

三相异步电机Y-△换接起动控制（画面制作和动画连接）

表 2-2-2　数据对象

| 对象名称 | 类型 | 注释 |
| --- | --- | --- |
| 起动按钮 SB1 | 开关型 | 起动按钮 |
| 停止按钮 SB2 | 开关型 | 停止按钮 |
| KM1 | 开关型 | 接触器 KM1 |
| KM2 | 开关型 | 接触器 KM2 |
| KM3 | 开关型 | 接触器 KM3 |
| QF | 开关型 | 开关 QF |
| t | 数值型 | 定时器的当前时间 |
| tDJ | 数值型 | 三相异步电动机运行时间 |
| tXT | 数值型 | 系统运行时间 |
| tZH | 数值型 | 三相异步电动机由Y形连接转接为△连接的转换时间 |
| 设定值 | 数值型 | 三相异步电动机由Y形连接转接为△连接的设定时间 |

### 3. 动画、动作控制连接

本工程需要动画效果和动作控制的部分包括：开关和接触器动作设置、按钮动作设置、接触器状态设置和时间显示设置。

1）开关和接触器动作设置

双击开关 QF 的触点，打开“动画组态属性设置”对话框，勾选“可见度”复选框，进入“可见度”如图 2-2-4 所示，参数设置如下。

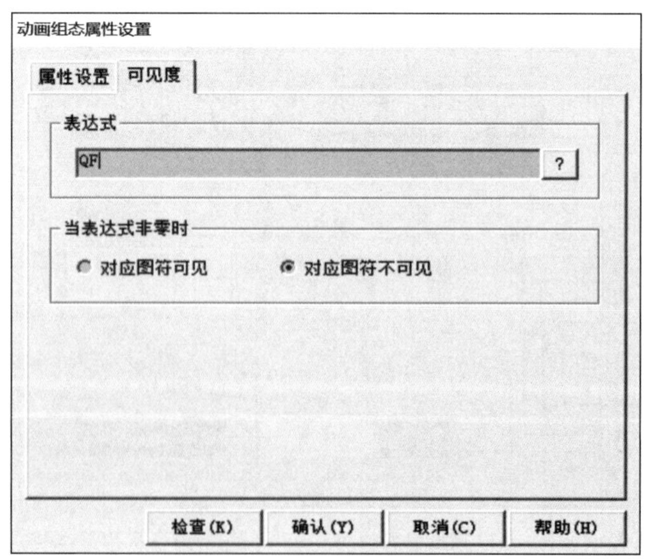


图 2-2-4　单元属性设置

（1）表达式：QF。

（2）当表达式非零时，单击“对应图符不可见”单选按钮。

双击接触器 KM1 的触点，打开“动画组态属性设置”对话框，勾选“可见度”复选框，进入“可见度”标签页，如图 2－2－5 所示，参数设置如下。

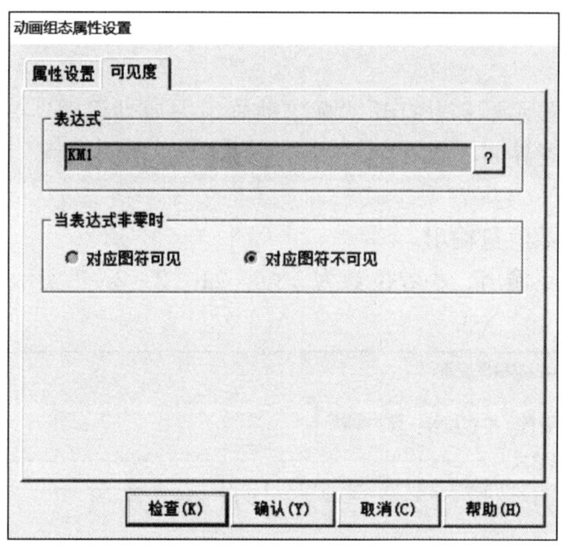


图 2－2－5　单元属性设置

（3）表达式：KM1。

（4）当表达式非零时，单击“对应图符不可见”单选按钮。

双击接触器 KM1 的触点，按照相同的步骤进行动画组态属性设置，当表达式非零时，单击“对应图符可见”单选按钮。

以相同的方法设置接触器 KM2 和 KM3，“表达式”相应地设置为“KM2”“KM3”。

2）按钮动作设置

双击“起动按钮”，打开“标准按钮构件属性设置”对话框，进行“操作属性”设置，参数设置如下。

（1）选择“抬起功能”勾选住“数据对象值操作”复选框。

（2）“数据对象值操作”设置为“置 1，起动按钮 SB1”。

以相同的设置方法设置“停止按钮”，“数据对象值操作”设置为“按 1 松 0”，添加数据对象“停止按钮 SB2”。

3）接触器状态设置

双击自由表格，进入可编辑状态，

（1）在第 2 行中，选中 KM1 对应的单元格，单击鼠标右键，从弹出的快捷菜单中选择“连接”选项。

（2）再次单击鼠标右键，弹出数据对象列表，从实时数据库中选取所要连接的变量 KM1，如图 2－2－6 所示。

（3）KM2、KM3 对应的单元格分别与数据对象 KM2、KM3 建立连接。

| KM1 | KM2 | KM3 |
|---|---|---|
| 1\|0 | 1\|0 | 1\|0 |

| 连接 | A* | B* | C* |
|---|---|---|---|
| 1* | | | |
| 2* | | | |

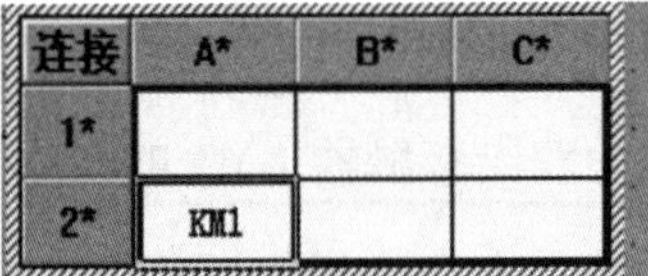


图 2－2－6　自由表格动画连接设置

4）时间显示设置

双击“转换时间”显示标签，打开“标签动画组态属性设置”对话框，单击“显示输出”标签，进入参数设置界面。

（1）表达式：tZH。

（2）输出值类型：数值量输出。

（3）输出格式：浮点输出，小数位数为 2 位，如图 2－2－7 所示。

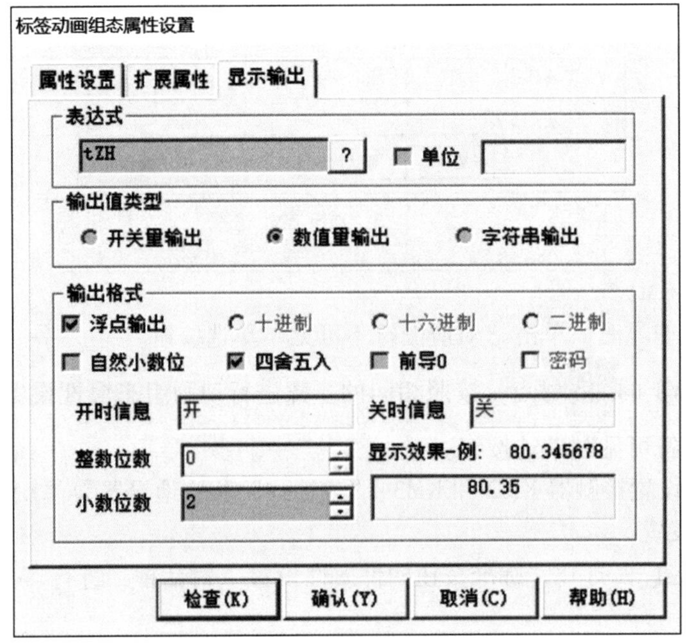


图 2－2－7　“转换时间”显示标签设置

按照相同的方法设置“系统运行时间”和“电动机运行时间”显示标签，“表达式”相应地设置为“tDJ”和“tXT”。

下位机系统设计

下位机使用的是西门子 S7－200 Smart 系列 PLC，在本工程中下位机需要实现的功能为：按下“起动按钮 SB1”，电动机的定子绕组接成 Y 形降压起动；达到设定时间后，电动机 Y 形连接起动结束，电动机定子绕组接成全压运行，按下“停止按钮 SB2”，电动机停止运行。

1. I/O 地址分配

对输入/输出量进行分配，见表 2－2－3。

表 2-2-3　I/O 地址分配

| 编程元件 | I/O 端子 | 元件代号 | 作用 |
|---|---|---|---|
| 输入继电器 | I0.0 | SB1 | 起动按钮 |
| | I0.1 | SB2 | 停止按钮 |
| 中间继电器 | M0.0 | — | 起动按钮（触摸屏） |
| | M0.1 | — | 停止按钮（触摸屏） |
| 输出继电器 | Q0.0 | KM1 | 接触器 KM1 |
| | Q0.1 | KM2 | 接触器 KM2 |
| | Q0.2 | KM3 | 接触器 KM3 |

2. 绘制三相异步电动机Y-△换接起动控制系统外部硬件接线图

三相异步电动机Y-△换接起动控制系统外部硬件接线图如图 2-2-8 所示。

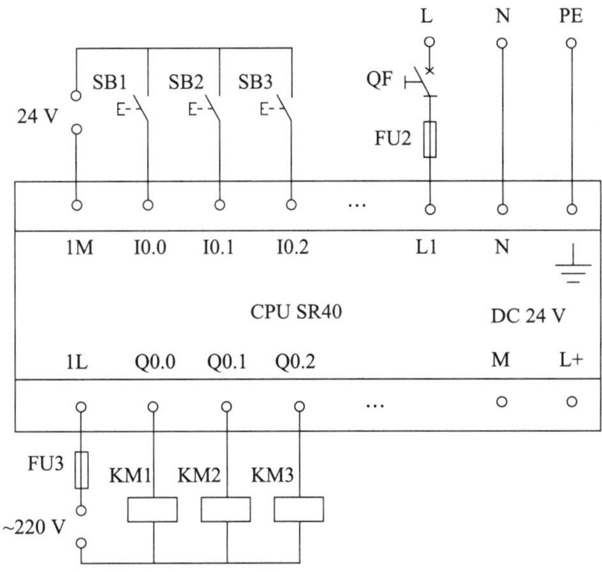


图 2-2-8　三相异步电动机Y-△换接起动控制系统 PLC 外部硬件接线图

3. 设计三相异步电动机Y-△换接起动控制系统 PLC 梯形图程序

三相异步电动机Y-△换接起动控制系统 PLC 梯形图程序如图 2-2-9 所示。

上下位机通信

本工程中，设备通信的设置步骤如下。

（1）在“设备窗口”中双击“设备窗口”图标。

（2）在右键快捷菜单中选择“设备工具箱”选项。

（3）单击“设备管理”按钮，进入“设备管理”窗口，在“可选设备”列表中按照如下顺序——所有设备→PLC→西门子→Smart200→西门子_Smart200 找到本工程使用到的下位机“西门子_Smart200”，单击“增加”按钮，将“西门子_Smart200”添加到“选定设备”列表中，单击“确定”按钮，添加设备设置完成，如图 2-2-10 所示。

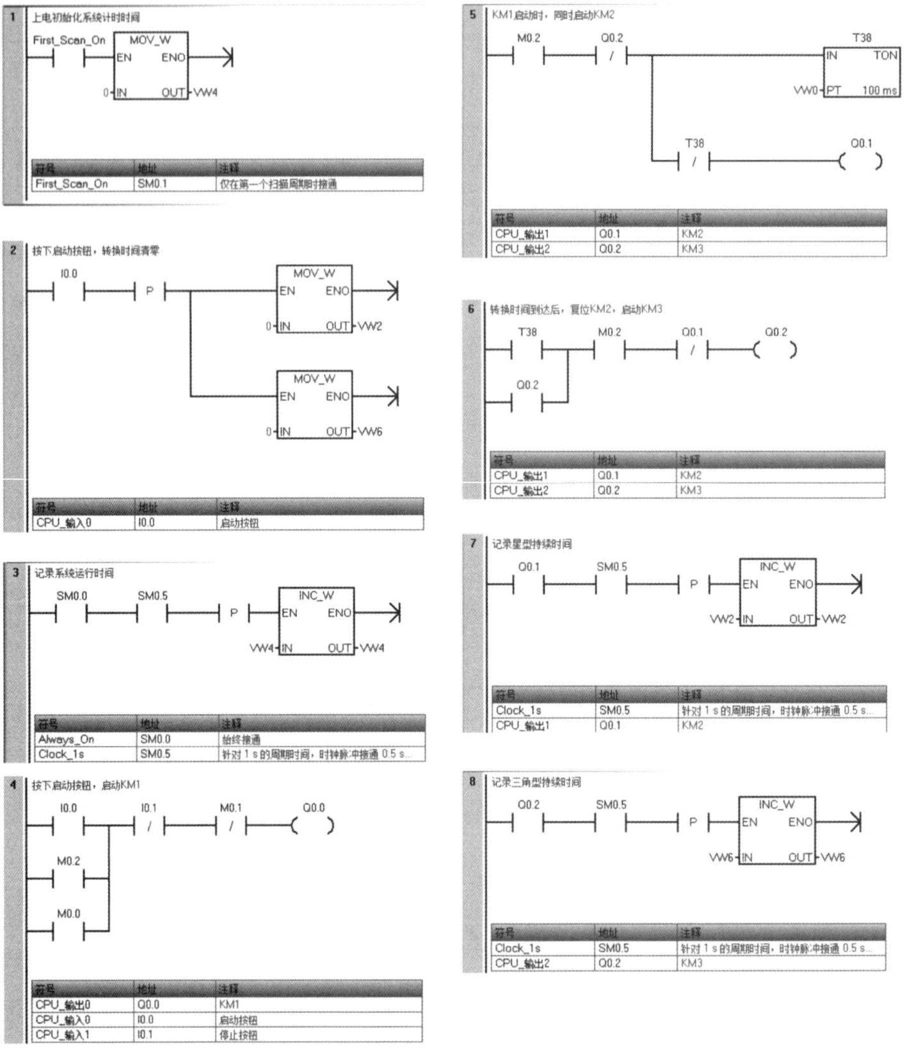
1 上电初始化系统计时时间
First_Scan_On
MOV_W
EN ENO
0 IN OUT VW4
符号 地址 注释
First_Scan_On SM0.1 仅在第一个扫描周期时接通
2 按下启动按钮，转换时间清零
I0.0
P
MOV_W
EN ENO
0 IN OUT VW2
MOV_W
EN ENO
0 IN OUT VW6
符号 地址 注释
CPU_输入0 I0.0 启动按钮
3 记录系统运行时间
SM0.0
SM0.5
P
INC_W
EN ENO
VW4 IN OUT VW4
符号 地址 注释
Always_On SM0.0 始终接通
Clock_1s SM0.5 针对 1 s 的周期时间，时钟脉冲接通 0.5 s...
4 按下启动按钮，启动KM1
I0.0
I0.1
M0.1
Q0.0
M0.2
M0.0
符号 地址 注释
CPU_输出0 Q0.0 KM1
CPU_输入0 I0.0 启动按钮
CPU_输入1 I0.1 停止按钮
5 KM1启动时，同时启动KM2
M0.2
Q0.2
T38
IN TON
VW0 PT 100 ms
T38
Q0.1
符号 地址 注释
CPU_输出1 Q0.1 KM2
CPU_输出2 Q0.2 KM3
6 转换时间到达后，复位KM2，启动KM3
T38
M0.2
Q0.1
Q0.2
Q0.2
符号 地址 注释
CPU_输出1 Q0.1 KM2
CPU_输出2 Q0.2 KM3
7 记录星型持续时间
Q0.1
SM0.5
P
INC_W
EN ENO
VW2 IN OUT VW2
符号 地址 注释
Clock_1s SM0.5 针对 1 s 的周期时间，时钟脉冲接通 0.5 s...
CPU_输出1 Q0.1 KM2
8 记录三角型持续时间
Q0.2
SM0.5
P
INC_W
EN ENO
VW6 IN OUT VW6
符号 地址 注释
Clock_1s SM0.5 针对 1 s 的周期时间，时钟脉冲接通 0.5 s...
CPU_输出2 Q0.2 KM3

图 2-2-9 三相异步电动机Y-△换接起动控制系统 PLC 梯形图程序

设备组态：设备窗口*
设备0--[西门子_Smart200]

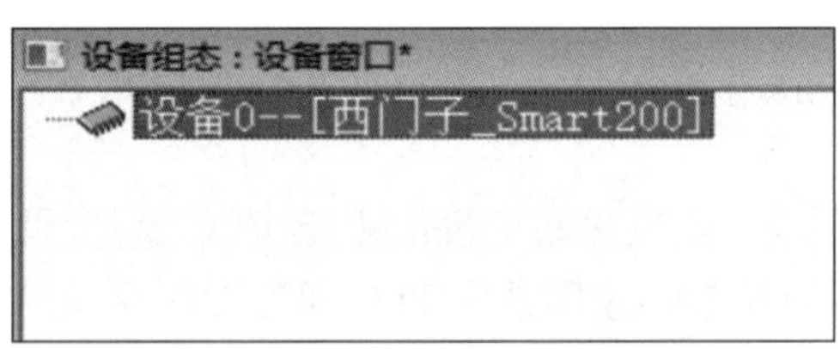

图 2-2-10 MCGS 中设备通信选择

（4）双击“设备 0 --[西门子_Smart200]”，进入“设备编辑窗口”窗口，在“设备属性值”中进行设置，实现上位机与下位机的通信连接，参数设置如下。

①本地 IP 地址：输入 MCGS 的 IP 地址，如 192.168.2.12。

②远端 IP 地址：输入 PLC 的 IP 地址，如 192.168.2.1。

（5）在“设备编辑窗口”窗口中对上位机的数据与下位机的数据进行连接，设备通道及其相应连接变量设置如图 2-2-11 所示。

（6）单击“确认”按钮，设备编辑完毕。

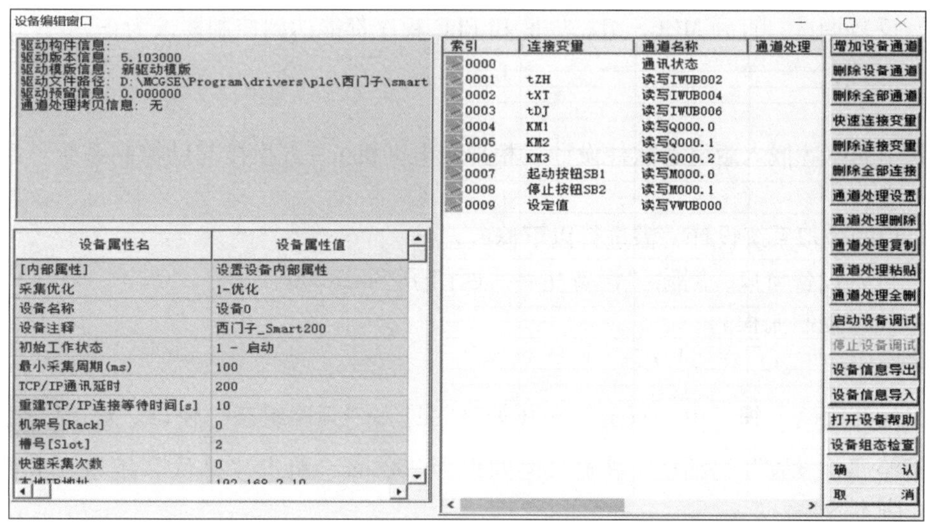

图 2－2－11　设备通道及其相应连接变量设置

系统调试

1. PLC 程序调试

运行及调试 PLC 程序，直到达到下位机控制要求为止。

2. MCGS 组态界面调试

（1）运行初步调试正确的 PLC 程序。

（2）进入 MCGS 运行界面，调试 MCGS 组态界面，观察显示界面是否能达到本系统控制要求，如图 2－2－12 所示，根据控制系统的控制要求对 MCGS 组态界面及 PLC 程序进行相应修改。

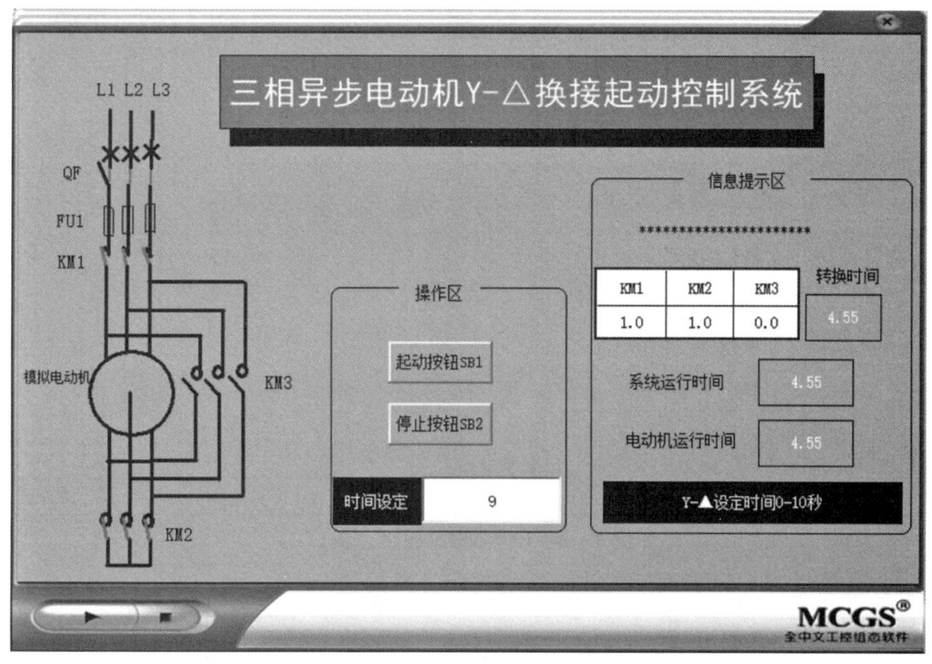


图 2－2－12　三相异步电动机Y－△换接起动控制系统 MCGS 组态界面调试

（3）反复调试，直到 MCGS 组态界面和 PLC 程序都能达到控制要求为止。

## 拓展提升

仅利用 MCGS 嵌入版组态软件设计三相异步电动机Y－△换接起动控制系统，系统的控制要求不变。

本工程的模拟系统设计，需进行以下修改。

（1）进入设备窗口，删除“设备 0 --［西门子_Smart200］”。

（2）编写控制流程。

具体操作如下。

在“运行策略”窗口中，双击“循环策略”进入“策略组态”窗口。双击图标打开“策略属性设置”对话框，将循环时间设为 200 ms，单击“确认”按钮。本工程需要添加一个脚本程序。

（1）在“策略组态”窗口中，单击工具条中的“新增策略行”按钮，增加一个策略行。

（2）如果“策略组态”窗口中没有策略工具箱，则单击工具条中的“工具箱”按钮，弹出策略工具箱。

（3）单击策略工具箱中的“脚本程序”按钮，将鼠标指针移到策略块图标上，单击，添加脚本程序构件。

（4）双击图标进入脚本程序编辑环境，输入下面的程序，如图 2－2－13 所示。

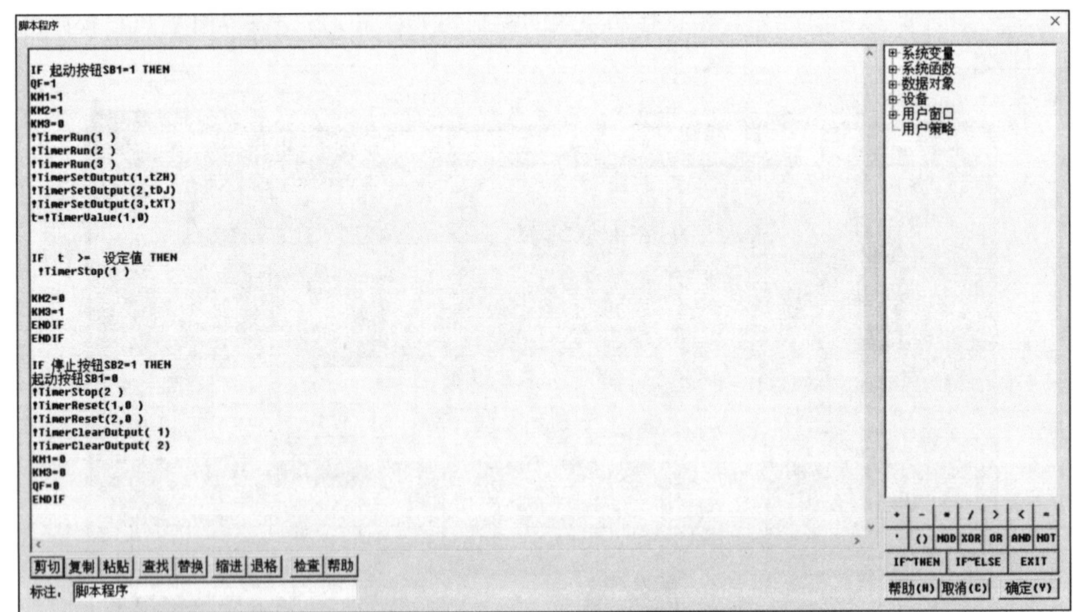


图 2－2－13 “脚本程序”窗口

```
IF 起动按钮 SB1 =1 THEN
QF =1
KM1 =1
KM2 =1
KM3 =0
!TimerRun(1)
```

```
!TimerRun(2)
!TimerRun(3)
!TimerSetOutput(1,tZH)
!TimerSetOutput(2,tDJ)
!TimerSetOutput(3,tXT)
t = !TimerValue(1,0)
IF t >= 设定值 THEN
 !TimerStop(1)
KM2 = 0
KM3 = 1
ENDIF
ENDIF
```

```
IF 停止按钮 SB2 = 1 THEN
起动按钮 SB1 = 0
!TimerStop(2)
!TimerReset(1,0)
!TimerReset(2,0)
!TimerClearOutput(1)
!TimerClearOutput(2)
KM1 = 0
KM3 = 0
QF = 0
ENDIF
```

（5）单击“确认”按钮，脚本程序编写完毕。

## 练习提高

（1）在“设备编辑窗口”窗口中，变量“设定值”为什么连接到 V 寄存器也同样能设定时间的值？

（2）利用定时器构件如何实现本任务的要求？

（3）比较设备窗口中“西门子_Smart200”与“西门子_S7200PPI”的异同。

## 任务评价

任务评价见表 2－2－4。

表 2－2－4　“MCGSTPC＋PLC 三相异步电动机Y－△换接起动控制”任务评价

| 学习成果 | | | 评分表 | | |
|---|---|---|---|---|---|
| 学习内容 | 出现的问题 | 解决方法 | 学生自评 | 小组互评 | 教师评分 |
| 正确创建工程文件（5%） | | | | | |
| 动画组态界面绘制正确（10%） | | | | | |
| 有效创建实时数据库（10%） | | | | | |
| 合理设置动画连接（15%） | | | | | |
| 正确调用定时器函数编写脚本程序（20%） | | | | | |
| 上位机模拟仿真正确（5%） | | | | | |
| PLC 程序编写正确（15） | | | | | |
| 上下位机通信正确并实现控制要求（10%） | | | | | |
| 实验台整洁有序（10%） | | | | | |

# 项目三 MCGS动画组态工程实例

引导语

MCGSTPC不但能完成简单的按钮操作和显示功能，还具有广泛的数据获取和强大的数据处理功能，能实现设备间的数据交换控制、数据报警及系统报警处理、历史数据的存储和查询、各类报表的生成和打印输出、形象生动的多媒体画面展现，同时提供了丰富的库元件和策略构件供用户调用。不仅如此，MCGS嵌入版组态软件具备一套完善的安全机制，可为用户分配相应的操作权限和访问权限，从而保证系统安全可靠运行。本项目通过水位控制系统的设计和地铁自动售票系统的设计两个典型的工程案例的引入，使学习者快速而全面地了解MCGSTPC强大而丰富的功能，快速地开发出复杂的流程控制系统。

## 任务3.1 MCGSTPC水位控制系统的设计

### 任务目标

知识目标：

（1）掌握水位控制工程窗口组态设计的方法；

（2）掌握水位控制工程的模拟控制方法；

（3）掌握水位工程报表输出及曲线显示的制作方法以及建立安全机制的方法；

（4）了解工程设计的实施步骤。

技能目标：

（1）能够进行水位控制工程窗口组态设计，其中包括窗口画面的制作、实时数据库的建立、动画的设置等；

（2）能够连接模拟设备，编写水位控制系统的脚本程序，能够进行报警显示及报警数据的设计；

（3）能够设置实时报表和历史报表，能够制作实时曲线和历史曲线，能够在MCGS嵌入版组态软件中进行工程加密。

素养目标：

（1）培养学生分析问题、解决问题的能力；

（2）培养学生操作规范、耐心细致的劳动态度；

（3）培养学生的审美意识，提高学生的审美能力。

MCGSTPC 液位模拟控制系统（任务引入与分析）

## 任务描述

本任务通过介绍一个水位控制系统的组态过程，详细讲解如何应用 MCGS 嵌入版组态软件完成一个工程。本工程涉及动画制作、控制流程编写、模拟设备连接、报警输出、报表曲线显示等多项组态操作。

如图 3－1－1 所示，水位控制系统是组态控制系统中的一个典型应用实例。该系统由 2 个水罐、1 个水泵、1 个调节阀和 1 个出水阀组成。控制要求如下：当“水罐 1”的水位达到 9 m 时，就要把“水泵”关闭，否则就要自动启动水泵；当“水罐 2”的水位不足 1 m 时，就要自动关闭“出水阀”，否则自动开启“出水阀”；当“水罐 1”的水位大于 1 m，同时“水罐 2”的水位小于 6 m 时，就要自动开启“调节阀”，否则自动关闭“调节阀”。

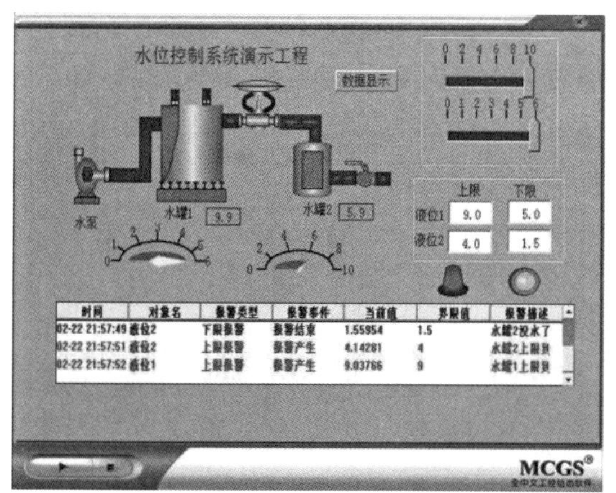


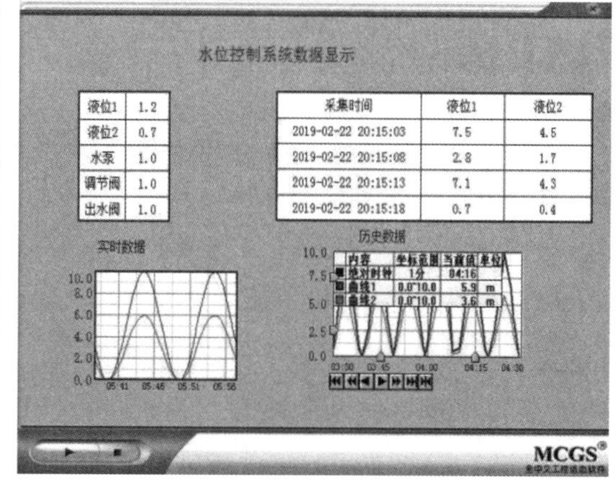


图 3－1－1 水位控制系统组态界面示意

## 知识储备

### 3.1.1 脚本程序

#### 1. 脚本程序简介

脚本程序是组态软件中的一种内置编程语言引擎。当某些控制和计算任务通过常规组态方法难以实现时，使用脚本语言能够增强整个系统的灵活性，解决常规组态方法难以解决的问题。

在 MCGS 嵌入版组态软件中，脚本语言是一种语法类似 BASIC 的编程语言。它可以应用在运行策略中，把整个脚本程序作为一个策略功能块执行，也可以在动画界面的事件中执行。MCGS 嵌入版组态软件引入的事件驱动机制与 VB 或 VC 中的事件驱动机制类似，比如：对用户窗口，有装载、卸载事件；对窗口中的控件，有鼠标单击事件、键盘按键事件等。当这些事件发生时，就会触发一个脚本程序，执行脚本程序中的操作。

## 2. 脚本程序语言要素

1）数据类型

MCGS 嵌入版组态软件脚本语言使用的数据类型只有 3 种。

（1）开关型：表示开或者关的数据类型，通常 0 表示关，1 表示开。

（2）数值型：值在 3.4E ±38 范围内。

（3）字符型：最多由 512 个字符组成的字符串。

2）变量及常量

（1）变量。开关型、数值型、字符型 3 种数据对象分别对应脚本程序中的 3 种数据类型。在脚本程序中不能对组对象和事件型数据对象进行读/写操作，但可以对组对象进行存盘处理。

（2）常量。

①开关型常量：0 或 1 的整数，通常 0 表示关，1 表示开。

②数值型常量：带小数点或不带小数点的数值，如 45.12，55。

③字符型常量：双引号内的字符串，如"HELLO""今天"。

3）表达式

由数据对象（包括设计者在实时数据库中定义的数据对象、系统内部数据对象和系统函数）、括号和各种运算符组成的运算式称为表达式，表达式的计算结果称为表达式的值。

表达式是构成脚本程序的最基本元素，用来建立实时数据库对象与其他对象的连接关系，分为逻辑表达式和算术表达式。

4）运算符

（1）算术运算符。

①∧（乘方）；

②*（乘法）；

③/（除法）；

④\（整除）；

⑤+（加法）；

⑥-（减法）；

⑦Mod（取模）。

（2）逻辑运算符。

①AND（逻辑与）；

②NOT（逻辑非）；

③OR（逻辑或）；

④XOR（逻辑异或）。

（3）比较运算符。

①>（大于）；

②>=（大于等于）；

③=（等于，注意，字符串比较需要使用字符串函数！StrCmp，不能直接使用等于运算符）；

④<=（小于等于）；

⑤<（小于）；

⑥< >（不等于）。

### 3. 脚本程序基本语句

脚本程序包括 4 种最简单的语句——赋值语句、条件语句、退出语句和注释语句，它们用于实现某些多分支流程的控制及操作处理。

1）赋值语句

赋值语句的形式为：数据对象 = 表达式。它表示把“ = ”右边表达式的运算值赋给左边的数据对象。

2）条件语句

条件语句有如下 3 种形式。

（1）IF〖表达式〗THEN〖赋值语句或退出语句〗

（2）IF〖表达式〗THEN

〖语句〗

ENDIF

（3）IF〖表达式〗THEN

〖语句〗

ELSE

〖语句〗

ENDIF

条件语句中的 4 个关键字“IF”“THEN”“ELSE”“ENDIF”不区分大、小写。如拼写不正确，检查程序会提示出错信息。

3）退出语句

退出语句为“Exit”，用于中断脚本程序的运行，停止执行其后面的语句。一般在条件语句中使用退出语句，以便在某种条件下停止并退出脚本程序的执行。

4）注释语句

以单引号“'”开头的语句称为注释语句，注释语句在脚本程序中只起到注释说明的作用，实际运行时，系统不对注释语句做任何处理。

## 任务实施

### 任务分析

本水位控制系统由上位机（MCGS）和模拟设备构成。

上位机 MCGS 系统包括以下几个部分。

### 1. 工程框架

（1）2 个用户窗口：水位控制、数据显示。

（2）3 个策略：启动策略、退出策略、循环策略。

### 2. 水位控制系统窗口

（1）水泵、调节阀、出水阀、水罐、报警指示灯：由对象元件库引入。

（2）管道：通过流动块构件实现。

（3）水罐水量控制：通过滑动输入器实现。

（4）水量显示：通过旋转仪表、标签构件实现。

（5）报警实时显示：通过报警显示构件实现。

（6）动态修改报警限值：通过输入框构件实现。

### 3. 数据显示窗口

（1）实时数据：通过自由表格构件实现。

（2）历史数据：通过历史表格构件实现。

（3）实时曲线：通过实时曲线构件实现。

（4）历史曲线：通过历史曲线构件实现。

### 4. 运行策略

其包括液位控制和液位报警两个脚本程序。

上位机与模拟设备连接可实现水位控制。

## 上位机 MCGS 系统设计

MCGSTPC 液位模拟控制系统（用户窗口制作）

### 1. 制作工程画面

1）建立画面

（1）创建名为“水位控制系统”的工程文件。

（2）创建名为“水位控制”的用户窗口。

①在用户窗口中单击“新建窗口”按钮，建立“窗口 0”。

②选中“窗口 0”，单击“窗口属性”按钮，打开“用户窗口属性设置”对话框。

③将窗口名称改为“水位控制”；将窗口标题改为“水位控制”；其他不变，单击“确认”按钮。

④在用户窗口中，选中“水位控制”，单击鼠标右键，选择“设置为启动窗口”选项，将该窗口设置为运行时自动加载的窗口，如图 3－1－2 所示。

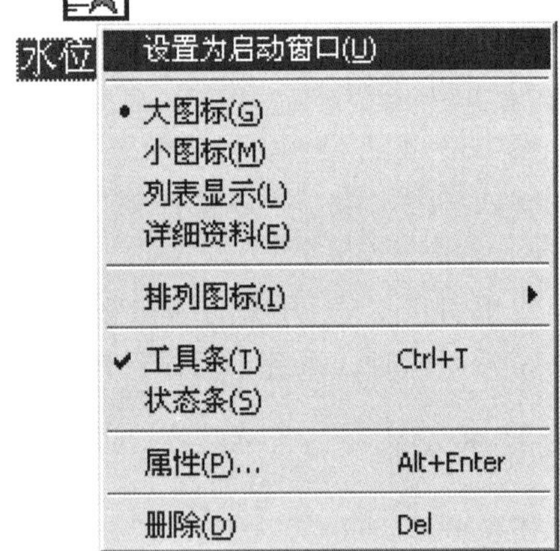


图 3－1－2 “设置为启动窗口”选项

2）编辑画面

选中“水位控制”窗口图标，单击“动画组态”按钮，进入动画组态窗口，开始编辑画面。

（1）制作文字框图。

①单击工具条中的“工具箱”按钮，打开绘图工具箱。

②单击绘图工具箱中的“标签”按钮，光标呈“十”字形，在窗口顶端中心位置拖拽鼠标，根据需要拉出一个一定大小的矩形。

③在光标闪烁位置输入文字“水位控制系统演示工程”，按 Enter 键或在窗口任意位置用单击，文字输入完毕。

④选中文字框，进行如下设置。

a. 单击工具条中的（填充色）按钮，设置文字框的背景颜色为“没有填充”。

b. 单击工具条中的（线色）按钮，设置文字框的边线颜色为“没有边线”。

c. 单击工具条中的（字符字体）按钮，设置文字字体为宋体，字型为粗体，字号

为 22。

d. 单击工具条中的（字符颜色）按钮，将文字颜色设置为蓝色，如图 3 - 1 - 3 所示。

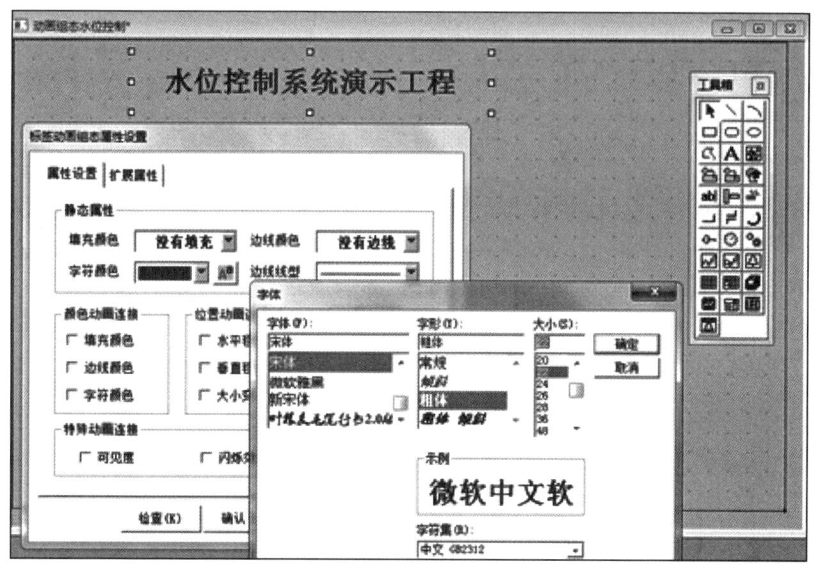

图 3 - 1 - 3　制作文字框图

（2）绘制水泵、调节阀、出水阀、2 个水罐和流动块，从对象元件库引入。

①单击绘图工具箱中的（插入元件）按钮，弹出“对象元件管理”对话框，如图 3 - 1 - 4 所示。

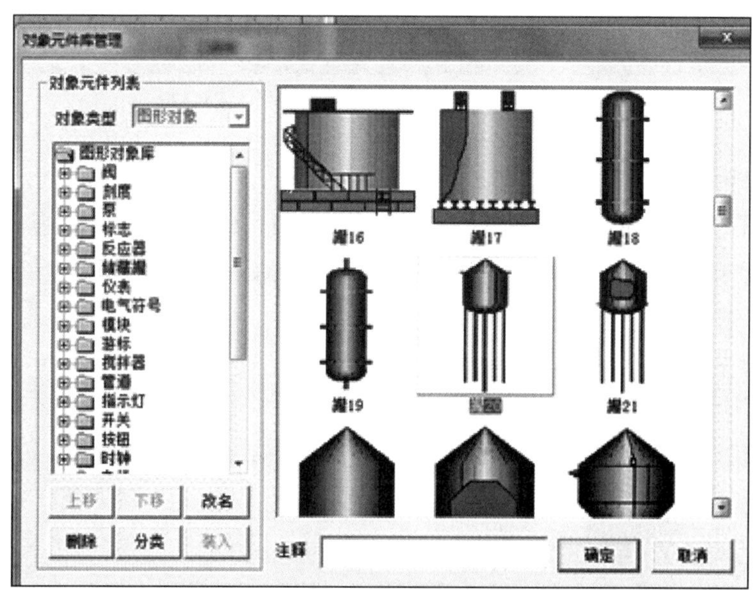

图 3 - 1 - 4　“对象元件管理”对话框

②制作水罐。从“储蓄罐”类中选取 2 个水罐（罐 17 和罐 53）。

③制作阀和泵。从“阀”和“泵”类中分别选取2个阀（阀58、阀44）、1个泵（泵38）。

④将储藏罐、阀、泵调整为适当大小，放到适当位置，参照效果图。

⑤制作流动块。单击绘图工具箱中的流动块动画构件按钮，光标呈“十”字形，移动鼠标至窗口的预定位置，单击，生成一段流动块。双击该流动块，弹出“流动块构件属性设置”对话框，如图3-1-5所示。在“基本属性”标签中设置“块间间隔”为“6”，“侧边距离”为“6”，“块的颜色”选择“红色”，“填充颜色”选择“蓝色”。

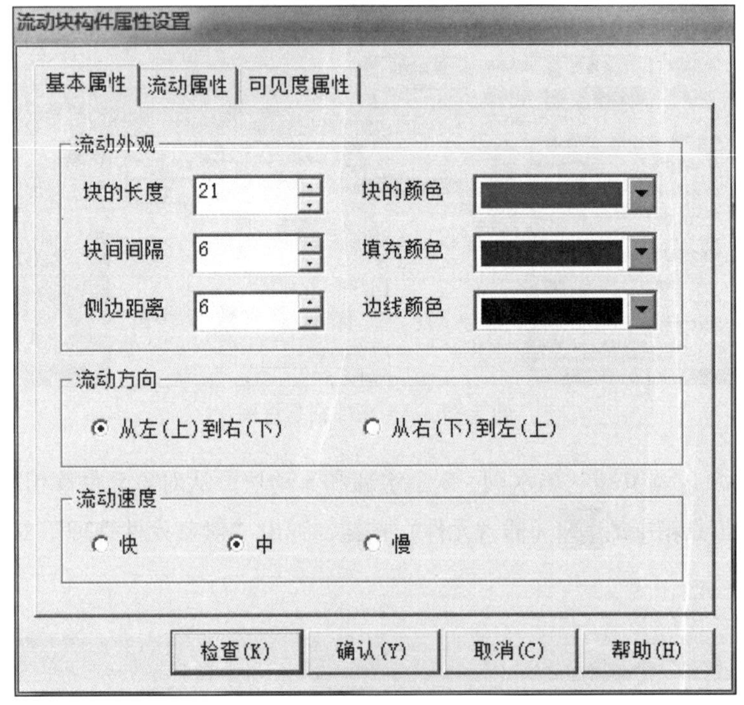

图3-1-5 “流动块构件属性设置”对话框

⑥将流动块调整为适当长度和大小，放到适当位置。

⑦单击绘图工具箱中的按钮，分别对阀、罐进行文字注释，依次为“水泵”“水罐1”“调节阀”“水罐2”“出水阀”。文字注释的设置同“编辑画面”中的“制作文字框图”。

⑧制作控制水位的滑动输入器

a. 进入“水位控制”窗口。

b. 单击绘图工具箱中的滑动输入器，当光标呈“十”字形后，拖动鼠标到适当大小。

c. 调整滑动块到适当的位置。

d. 双击滑动输入器构件，进入属性设置窗口。按照下面的值设置各个参数。

- “基本属性”标签中，滑块指向：指向左（上）。
- “刻度与标注属性”标签中，主划线数目：5，即能被10整除。

- “操作属性”标签中，对应数据对象名称：液位 1；滑块在最右（下）边时对应的值：10。
- 其他不变。

e. 在制作好的滑块下面的适当位置制作一个文字标签，按下面的要求进行设置。

- 输入文字：水罐 1 输入。
- 文字颜色：黑色。
- 框图填充颜色：没有填充。
- 框图边线颜色：没有边线。

f. 按照上述方法设置水罐 2 水位控制滑块，参数设置如下。

- “基本属性”标签中，滑块指向：指向左（上）。
- “操作属性”标签中，对应数据对象名称：液位 2；滑块在最右（下）边时对应的值：6。
- 其他不变。

g. 水罐 2 水位控制滑块对应的文字标签设置如下。

- 输入文字：水罐 2 输入。
- 文字颜色：黑色。
- 框图填充颜色：没有填充。
- 框图边线颜色：没有边线。

h. 单击绘图工具箱中的常用图符按钮，打开常用图符工具箱。

i. 单击其中的凹槽平面按钮，拖动鼠标绘制一个凹槽平面，恰好将两个滑动块及标签全部覆盖。

j. 选中该平面，单击编辑条中的“置于最后面”按钮，滑动块最终效果如图 3－1－6 所示。

图 3－1－6　滑动块最终效果

⑨制作控制水位的旋转仪表。

a. 单击绘图工具箱中的“旋转仪表”按钮，调整大小后放在水罐 1 下面的适当位置。

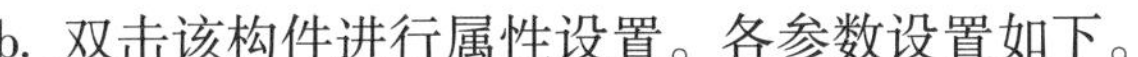

b. 双击该构件进行属性设置。各参数设置如下。

- “刻度与标注属性”标签中，主划线数目：5。
- “操作属性”标签中，表达式：液位 1；最大逆时钟角度：90，对应的值：0。
- 最大顺时针角度：90，对应的值：10。
- 其他不变。

c. 按照此方法设置水罐 2 数据显示对应的旋转仪表。参数设置如下。

- “操作属性”标签中，表达式：液位 2；最大逆时钟角度：90，对应的值：0。
- 最大顺时针角度：90，对应的值：6。
- 其他不变。

进入运行环境后，可以通过拉动旋转仪表的指针使整个画面动起来。生成画面效果如图 3－1－7 所示。

MCGSTPC 液位模拟控制系统（数据对象创建与关联）

### 2. 定义数据对象

实时数据库是 MCGS 嵌入版组态软件工程的数据交换和数

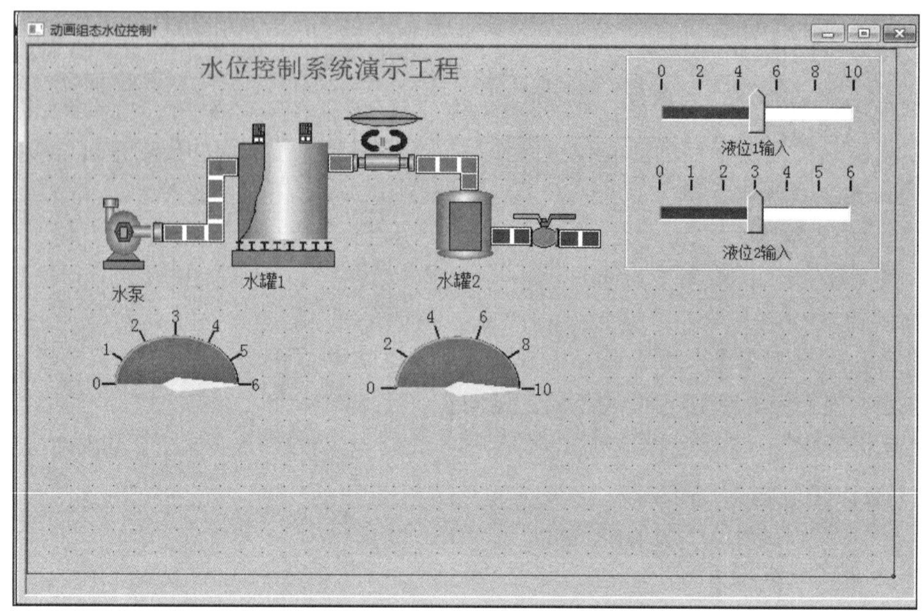


图 3-1-7 生成画面效果

据处理中心。数据对象是构成实时数据库的基本单元，建立实时数据库的过程也就是定义数据对象的过程。

单击工作台中的“实时数据库”窗口标签，进入“实时数据库”窗口页，本工程中需要用到的数据对象见表 3-1-1。

表 3-1-1 数据对象

| 对象名称 | 类型 | 注释 |
| --- | --- | --- |
| 水泵 | 开关型 | 控制水泵的启动、停止 |
| 调节阀 | 开关型 | 控制调节阀打开、关闭 |
| 出水阀 | 开关型 | 控制出水阀打开、关闭 |
| 液位 1 | 数值型 | 水罐 1 的水位高度 |
| 液位 2 | 数值型 | 水罐 2 的水位高度 |
| 液位 1 上限 | 数值型 | 水罐 1 的上限报警值 |
| 液位 1 下限 | 数值型 | 水罐 1 的下限报警值 |
| 液位 2 上限 | 数值型 | 水罐 2 的上限报警值 |
| 液位 2 下限 | 数值型 | 水罐 2 的下限报警值 |
| 液位组 | 组对象 | 用于历史数据、历史曲线、报表输出等功能构件 |

下面以数据对象“水泵”为例，介绍定义数据对象的步骤。

（1）单击工作台中的“实时数据库”窗口标签，进入“实时数据库”窗口页。

（2）单击“新增对象”按钮，在窗口的数据对象列表中，增加新的数据对象，系统默认定义的名称为“Data1”“Data2”“Data3”等（多次单击该按钮，则可增加多个数据对象）。

（3）选中数据对象，单击“对象属性”按钮，或双击选中的数据对象，则打开“数据对象属性设置”对话框。

（4）将对象名称改为“水泵”；“对象类型”选择“开关型”；在“对象内容注释”文本框中输入“控制水泵的启动、停止”，单击“确认”按钮。

按照此步骤，根据上面的列表，设置其他 9 个数据对象。

定义组对象与定义其他数据对象略有不同，需要对组对象成员进行选择。具体步骤如下。

（1）在数据对象列表中，双击“液位组”，打开“数据对象属性设置”对话框。

（2）选择“组对象成员”标签，在左边“数据对象列表”中选择“液位 1”，单击“增加”按钮，数据对象“液位 1”被添加到右边的“组对象成员列表”中。按照同样的方法将“液位 2”添加到组对象成员中。

（3）单击“存盘属性”标签，在“数据对象值的存盘”下拉列表中选择“定时存盘”选项，并将“存盘周期”设置为“5 秒”。

（4）单击“确认”按钮，组对象设置完毕，如图 3－1－8 和图 3－1－9 所示。

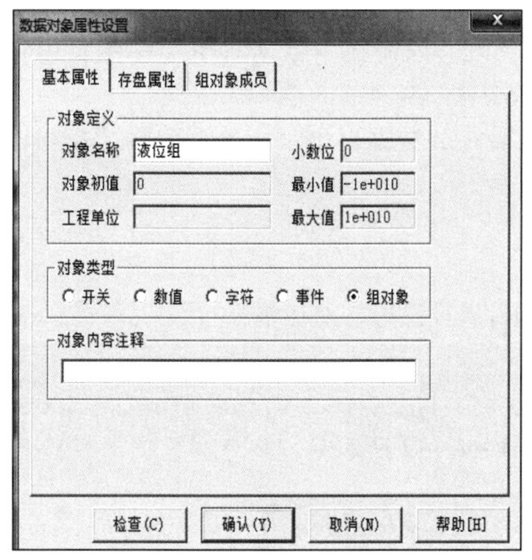

图 3－1－8 定义数据对象“液位组”

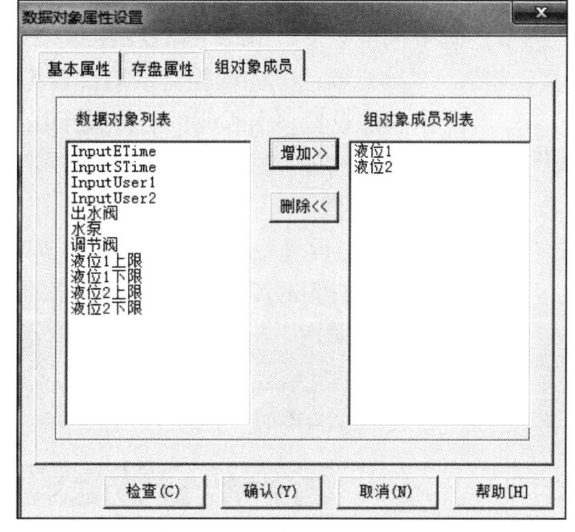


图 3－1－9 组对象成员设置

### 3. 动画、动作控制连接

本工程需要动画效果和动作控制的部分包括：水泵、调节阀、出水阀设置，水流效果设置，水罐水位变化效果设置。

1）水泵、调节阀和出水阀设置

（1）水泵的设置。

①双击水泵，弹出“单元属性设置”对话框。

②选中“数据对象”标签中的“按钮输入”，右端出现浏览按钮 **?**。

③单击浏览按钮 **?**，双击数据对象列表中的“水泵”。

④使用同样的方法将“填充颜色”对应的数据对象设置为“水泵”，如图 3－1－10 和图 3－1－11 所示。

⑤单击“确认”按钮，水泵的启停效果设置完毕。

图 3-1-10　水泵的数据对象设置

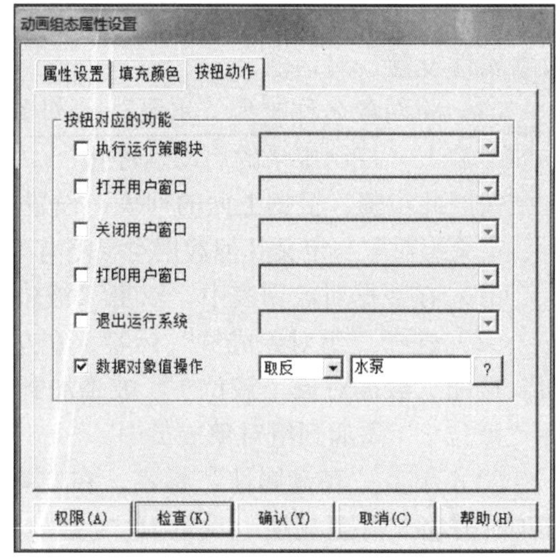


图 3-1-11　水泵的按钮动作设置

（2）调节阀的设置。调节阀的启停效果设置同理。只需在“数据对象”标签页中将“按钮输入”“填充颜色”的数据对象均设置为“调节阀”。

（3）出水阀的设置。出水阀的启停效果设置，需在“数据对象”标签页中将“按钮输入”“可见度”的数据对象均设置为“出水阀”。

2）水流效果设置

水流效果是通过设置流动块构件的属性实现的。

（1）双击水泵右侧的流动块，弹出“流动块构件属性设置”对话框；

（2）在“流动属性”标签中进行如下设置。

①表达式：水泵 =1。

②选择当表达式非零时，流块开始流动，如图 3-1-12 所示。

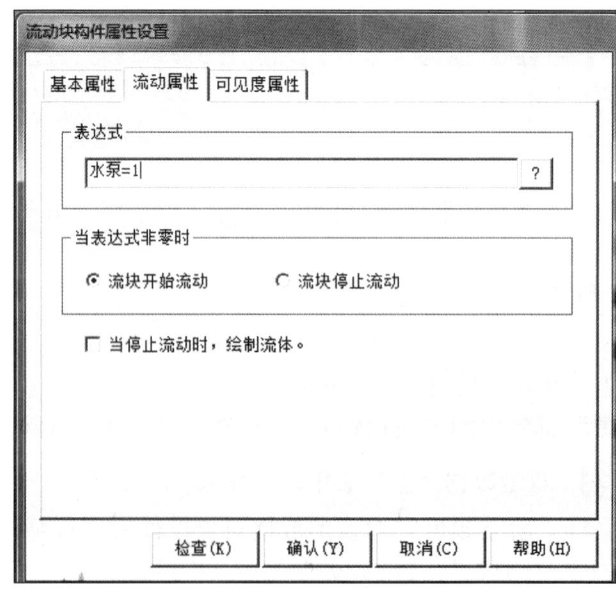


图 3-1-12　流动块的“流动属性”设置

水罐 1 右侧流动块及水罐 2 右侧流动块的制作方法与此相同，只需将“表达式”相应改为“调节阀 = 1”“出水阀 = 1”即可。

3）水罐效果设置

（1）水罐 1 的设置。

①双击水罐 1，弹出“单元属性设置”对话框，进行“数据对象”设置，“大小变化”连接“液位 1”；

②在“单元属性”对话框中，进行“动画连接”设置，“折线大小变化”选择“液位 1”，单击右边的按钮，打开“动画组态属性设置”对话框，“大小变化连接”区域中“表达式的值”最小为 0，最大为 10。

③单击“确认”按钮，完成设置，如图 3 - 1 - 13 和图 3 - 1 - 14 所示。

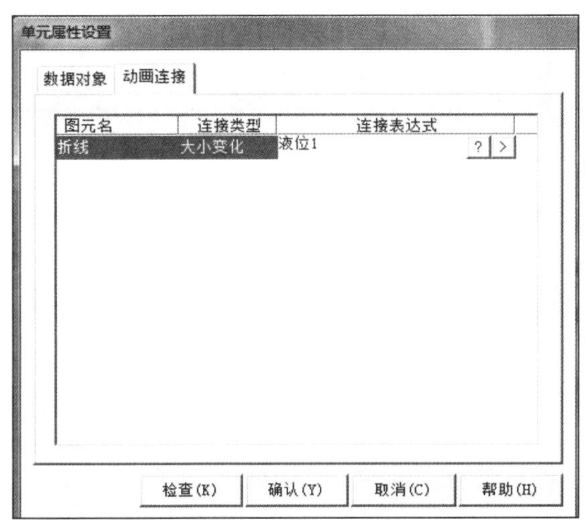

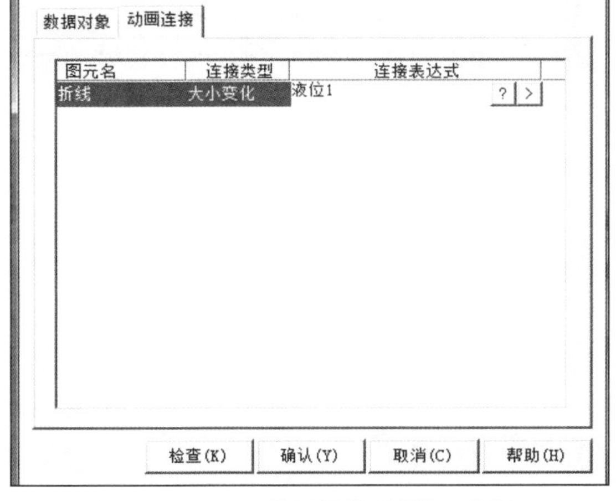



图 3 - 1 - 13　“单元属性设置”对话框

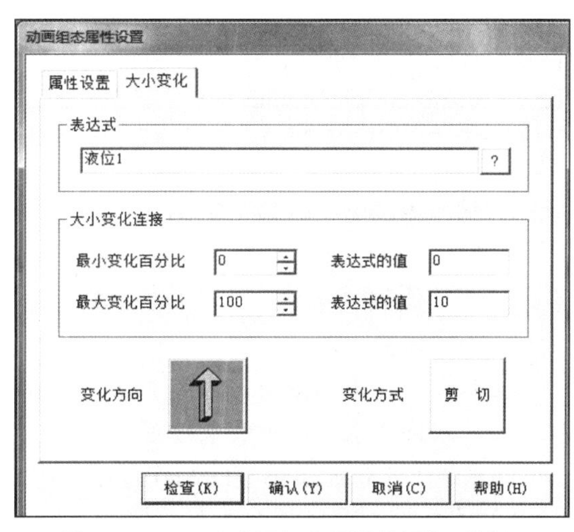



图 3 - 1 - 14　“动画组态属性设置”对话框

（2）水罐 2 的设置。

设置步骤同水罐 1，只是在“动画组态属性设置”对话框中，“大小变化连接”区域中“表达式的值”最小为 0，最大为 6。

（3）利用滑动输入控制器和旋转仪表进行水位控制，见前面制作控制水位的滑动输入控制器和旋转仪表部分。

4）水量显示效果设置

（1）水罐 1 水量显示效果设置。

①单击绘图工具箱中的标签按钮，绘制标签，放在水罐 1 的边上，输入“液位 1”，双击标签，打开“动画组态属性设置”对话框。

a.“填充颜色”设置为“白色”。

b.“边线颜色”设置为“黑色”。

c. 在“输入输出连接”区域中，勾选“显示输出”复选框，在“标签动画组态属性设置”对话框中则会出现“显示输出”标签，如图 3 - 1 - 15 和图 3 - 1 - 16 所示。

②单击“显示输出”标签，设置显示输出属性。参数设置如下。

a. 表达式：液位 1。

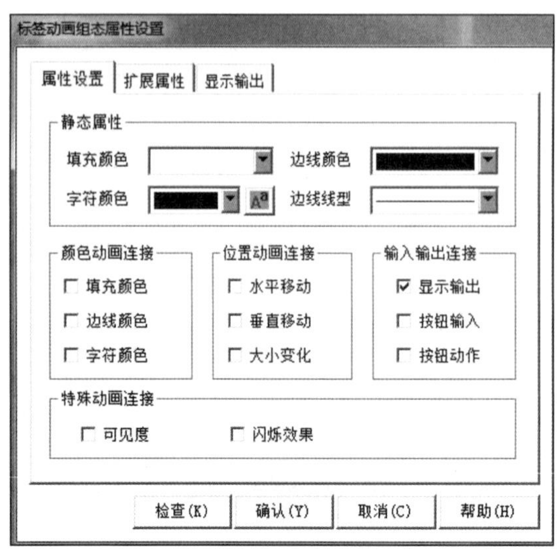


图 3-1-15 “标签动画组态属性设置”对话框

图 3-1-16 “显示输出”标签

b. 输出值类型：数值量输出。

c. 输出格式：浮点输出。

d. 整数位数：0。

e. 小数位数：1。

③单击“确认”按钮，水罐 1 水量显示标签制作完毕。

（2）水罐 2 水量显示效果设置。

同水罐 1 水量显示标签的制作过程，将文字显示改为“液位 2”即可。

5）水位控制窗口画面动态运行

打开水位控制用户窗口，单击工具栏中的按钮，下载工程并进入运行环境，打开水泵、调节阀、出水阀，拉动滑动输入控制器 1、2，可以看到整个画面动起来了，如图 3-1-17 所示。

### 4. 编写控制流程

本工程上位机需实现的功能为：当“水罐 1”的水位达到 9 m 时，就要把“水泵”关闭，否则就要自动启动“水泵”。

当“水罐 2”的水位不足 1 m 时，就要自动关闭“出水阀”，否则自动开启“出水阀”。

MCGS TPC 液位模拟控制系统（脚本程序与设备连接）

当“水罐 1”的水位大于 1 m，同时“水罐 2”的水位小于 6 m 时，就要自动开启“调节阀”，否则自动关闭“调节阀”。

具体操作如下。

在“运行策略”中，双击“循环策略”进入“策略组态”窗口。双击图标打开“策略属性设置”对话框，将循环时间设置为 200 ms，单击“确认”按钮。本工程共设置有 2 个脚本程序。

编写脚本程序的操作如下。

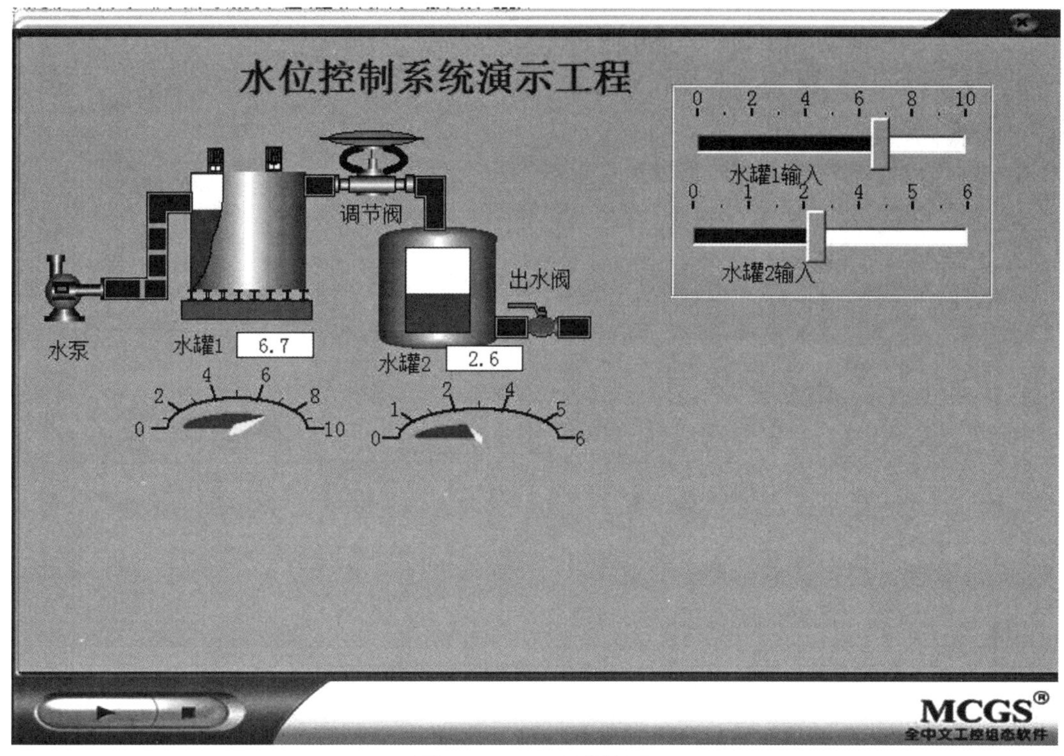


图 3-1-17　画面效果

（1）在“策略组态”窗口中，单击工具条中的“新增策略行”按钮，增加一个策略行。

（2）单击策略工具箱中的“脚本程序”按钮，将鼠标指针移到策略块图标上，单击，添加脚本程序构件。

（3）双击图标，进入脚本程序编辑环境，输入下面的程序。

```
IF 液位1<9 THEN
水泵=1
ELSE
水泵=0
ENDIF
IF 液位2<1 THEN
出水阀=0
ELSE
出水阀=1
ENDIF
IF 液位1>1 and 液位2<6 THEN
调节阀=1
ELSE
调节阀=0
ENDIF
```

（4）单击“确认”按钮，脚本程序编写完毕，如图 3－1－18 所示。

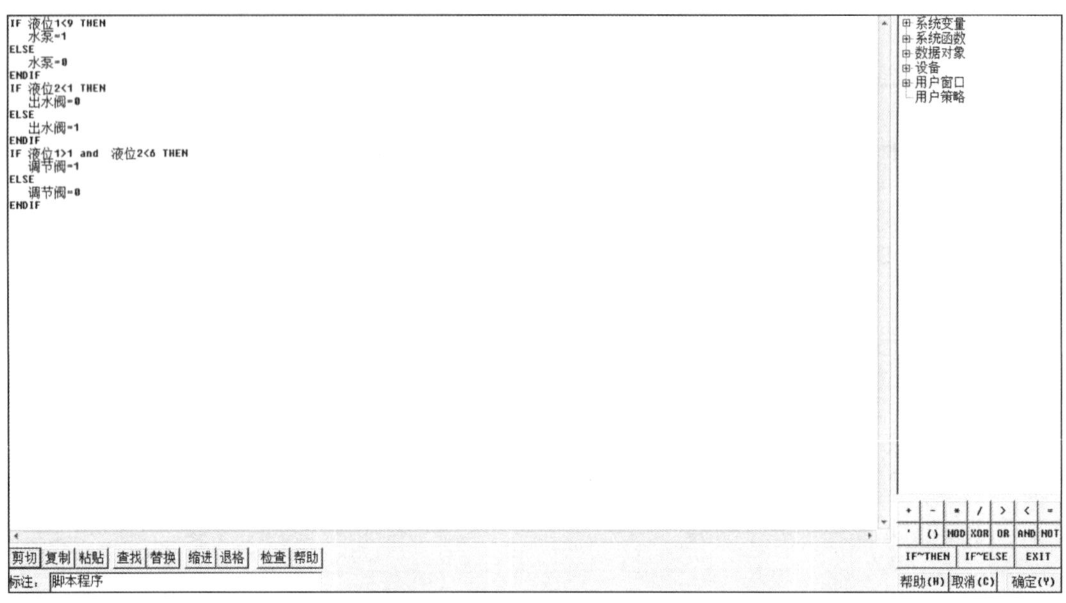


图 3－1－18 “脚本程序”窗口

设备连接

本工程中用到了模拟设备，模拟设备是供用户调试工程的虚拟设备。该构件可以产生标准的正弦波、方波、三角波、锯齿波信号。其幅值和周期都可以任意设置。通过模拟设备的连接，可以使动画不需要手动操作而自动运行。装载模拟设备的步骤如下。

（1）在设备窗口中双击“设备窗口”图标。

（2）在右键快捷菜单中选择“设备工具箱”选项。

（3）双击“模拟设备”，将其添加到设备窗口，如图 3－1－19 所示。

（4）双击“设备 0－－[模拟设备]”，进入模拟设备属性设置窗口，如图 3－1－20 所示。

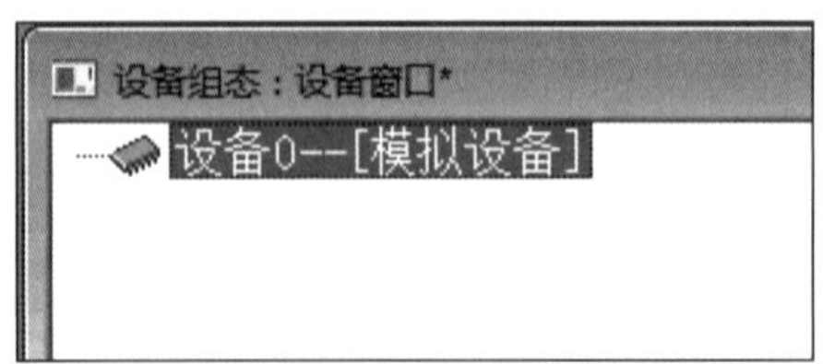


图 3－1－19 设备窗口

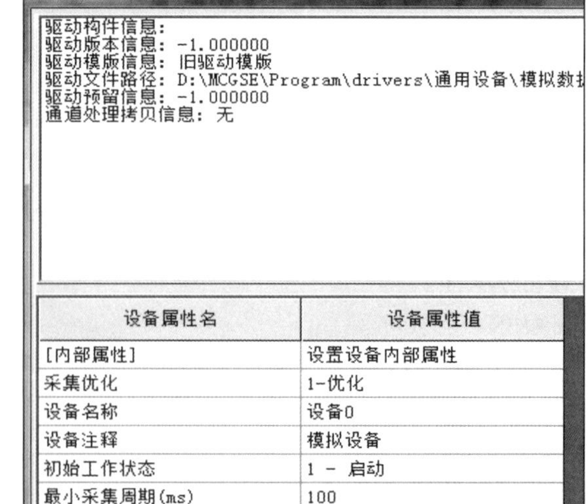


图 3－1－20 模拟设备属性设置窗口

（5）选择“基本属性”标签中的“内部属性”选项，该选项右侧会出现 ... 按钮，单击此按钮进行“内部属性”设置，将通道 1、2 的最大值分别设置为 10、6。

（6）单击“确认”按钮，完成“内部属性”设置；

（7）单击“通道连接”标签，“通道 0”连接“液位 1”，“通道 1”连接“液位 2”，如图 3－1－21 所示。

| 索引 | 连接变量 | 通道名称 | 通道处理 |
| --- | --- | --- | --- |
| 0000 | 液位1 | 通道0 | |
| 0001 | 液位2 | 通道1 | |
| 0002 | | 通道2 | |
| 0003 | | 通道3 | |
| 0004 | | 通道4 | |
| 0005 | | 通道5 | |
| 0006 | | 通道6 | |
| 0007 | | 通道7 | |

增加设备通道
删除设备通道
删除全部通道
快速连接变量
删除连接变量
删除全部连接

图 3－1－21　通道连接设置

（8）单击“确认”按钮，设备编辑完毕。

设备窗口的设置和脚本程序都已完成，这时进入运行环境，就会按照所需要的控制流程出现相应的动画效果。

## 系统报警设置

MCGSTPC 液位模拟控制系统（报警设计）

MCGS 嵌入版组态软件把报警处理作为数据对象的属性，封装在数据对象内，由实时数据库自动处理。当数据对象的值或状态发生改变时，实时数据库判断对应的数据对象是否发生了报警或已产生的报警是否已经结束，并把所产生的报警信息通知给系统的其他部分。

### 1. 数据对象定义报警

本工程中需设置报警的数据对象包括“液位 1”和“液位 2”。定义报警的具体操作如下。

（1）进入实时数据库，双击数据对象“液位 1”。

（2）选择“报警属性”标签。

（3）选择“允许进行报警处理”选项，报警设置域被激活。

（4）选择报警设置域中的“下限报警”，将报警值设置为 2，在“报警注释”文本框中输入“水罐 1 没水了！”。

（5）选择“上限报警”，将报警值设置为 9，在“报警注释”文本框中输入“水罐 1 的水已达上限值！”，然后选择“存盘属性”→“自动保存产生的报警信息”选项。

（6）单击“确认”按钮，“液位 1”报警设置完毕。

（7）按相同的方法设置“液位 2”的报警属性。下限报警：将报警值设置为 1.5，在“报警注释”文本框中输入“水罐 2 没水了！”；上限报警：将报警值设置为“4”，在“报警注释”文本框中输入“水罐 2 的水已达上限值！”。

### 2. 制作报警显示画面

实时数据库只负责报警的判断、通知和存储 3 项工作，而报警产生后所要进行的其他处理操作（即对报警动作的响应），则需要在组态时实现。具体操作如下。

（1）双击用户窗口中的“水位控制”窗口，进入组态画面。单击绘图工具箱中的“报警显示”按钮[按钮图标]。光标呈“十”字形后，在适当的位置拖动鼠标至适当大小，如图 3 - 1 - 22 所示。

| 时间 | 对象名 | 报警类型 | 报警事件 | 当前值 | 界限值 | 报警描述 |
|---|---|---|---|---|---|---|
| 09-13 14:43:15.688 | Data0 | 上限报警 | 报警产生 | 120.0 | 100.0 | Data0上限报警 |
| 09-13 14:43:15.688 | Data0 | 上限报警 | 报警结束 | 120.0 | 100.0 | Data0上限报警 |
| 09-13 14:43:15.688 | Data0 | 上限报警 | 报警应答 | 120.0 | 100.0 | Data0上限报警 |

图 3 - 1 - 22　报警显示构件

选中该图形，双击，弹出“报警显示构件属性设置”对话框，如图 3 - 1 - 23 所示。

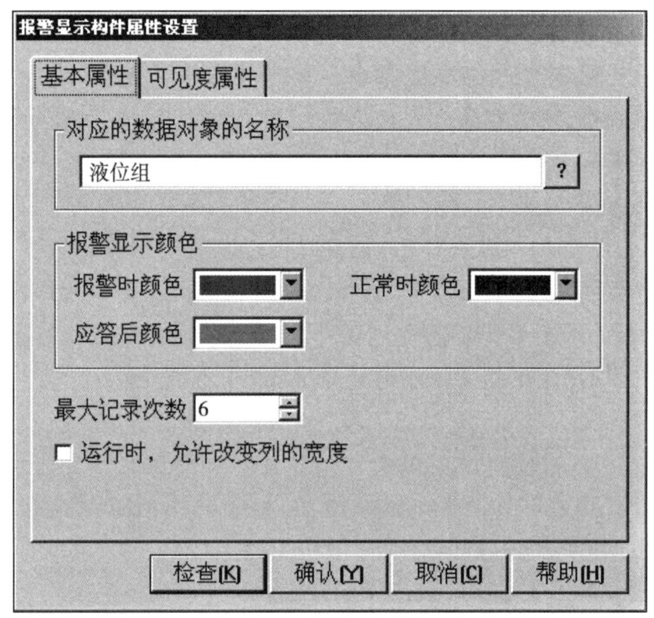


图 3 - 1 - 23　“报警显示构件属性设置”对话框

（2）在“基本属性”标签中，将“对应的数据对象的名称”设置为“液位组”，“最大记录次数”设置为“6”。

（3）单击“确认”按钮。

### 3. 修改报警限值

如果用户想在运行环境下根据实际情况随时改变报警上、下限值，可以通过以下 3 个步骤来实现：设置数据对象、制作交互界面和编写控制流程。

（1）设置数据对象。在实时数据库中增加 4 个变量，分别为“液位 1 上限”“液位 1 下限”“液位 2 上限”“液位 2 下限”。参数设置如下。

①在“基本属性”标签中，“对象名称”分别为“液位 1 上限”“液位 1 下限”“液位 2 上限”“液位 2 下限”。

②“对象内容注释”分别为“水罐 1 的上限报警值”“水罐 1 的下限报警值”“水罐 2

的上限报警值”“水罐 2 的下限报警值”。

（2）制作交互界面，通过对 4 个输入框的设置，实现用户与数据库的交互。

需要用到的构件包括：用于标注的 4 个标签、用于输入修改值的 4 个输入框。液位上、下限最终效果如图 3－1－24 所示。

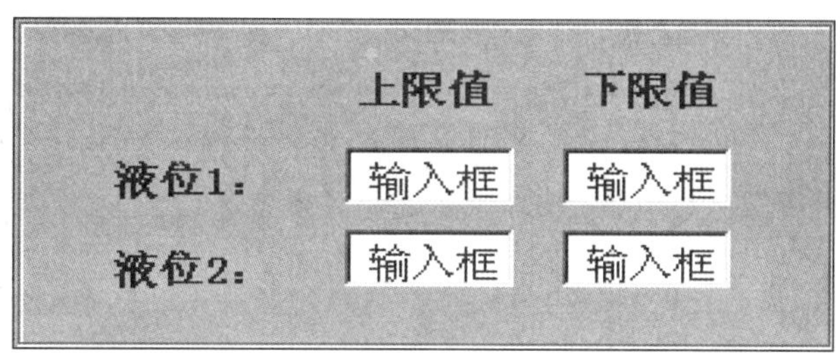


图 3－1－24　液位上、下限最终效果

具体制作步骤如下。

①在“水位控制”窗口中，根据前面学到的知识，按照图 3－1－24 所示制作 4 个标签。

②单击绘图工具箱中的“输入框”按钮 ab|，拖动鼠标，绘制 4 个输入框。

③双击 输入框 图标，进行属性设置。这里只需设置操作属性即可。4 个输入框的具体设置如下。

a. “对应数据对象的名称”分别为“液位 1 上限值”“液位 1 下限值”“液位 2 上限值”“液位 2 下限值”。

b. 液位上、下限的最大值和最小值见表 3－1－2。

表 3－1－2　液位上、下限的最大值和最小值

| 数据对象 | 最小值 | 最大值 |
| --- | --- | --- |
| 液位 1 上限值 | 5 | 10 |
| 液位 1 下限值 | 0 | 5 |
| 液位 2 上限值 | 4 | 6 |
| 液位 2 下限值 | 0 | 2 |

c. 制作一个平面区域，将 4 个输入框及标签包围起来。

（3）编写控制流程。

进入“运行策略”窗口，双击“循环策略”，双击 [图标] 进入脚本程序编辑环境，在脚本程序中增加以下语句。

```
!SetAlmValue(液位1,液位1上限,3)
!SetAlmValue(液位1,液位1下限,2)
!SetAlmValue(液位2,液位2上限,3)
!SetAlmValue(液位2,液位2下限,2)
```

#### 4. 报警提示按钮

当有报警产生时，可以用指示灯进行提示。具体操作如下。

（1）在“水位控制”窗口中，单击绘图工具箱中的“插入元件”按钮图标，进入“对象元件库管理”窗口。

（2）从“指示灯”类中选取报警灯 1、指示灯 3（、）。

（3）调整大小放后在适当位置。

①作为“液位 1”的报警指示；

②作为“液位 2”的报警指示。

（4）双击，进入动画连接设置。

（5）单击按钮，打开“动画组态属性设置”对话框。选择“可见度”标签并进行如下设置。

①表达式：液位 1 >= 液位 1 上限 OR 液位 1 <= 液位 1 下限。

②当表达式非零时，对应图符可见。

（6）按照上面的步骤设置，具体如下。

①表达式：液位 2 >= 液位 2 上限 or 液位 2 <= 液位 2 下限。

②当表达式非零时，对应图符可见。

按 F5 键进入运行环境，水位控制窗口最终效果如图 3－1－25 所示。

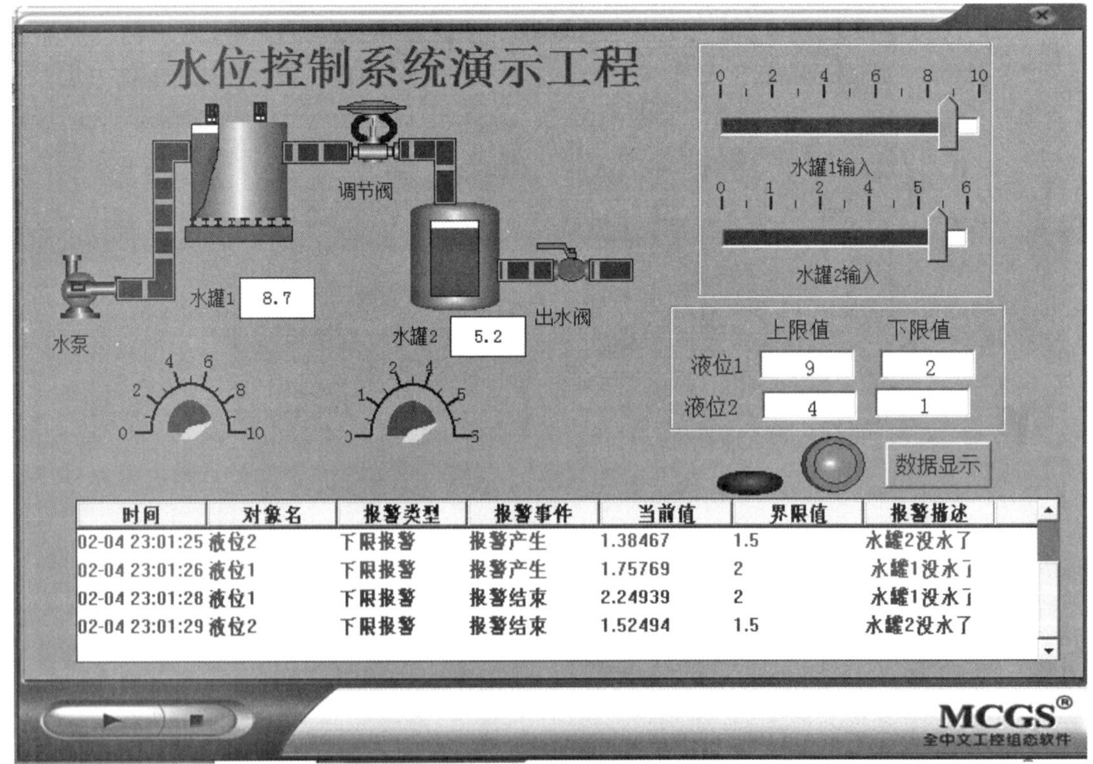


图 3－1－25　水位控制窗口最终效果

报警显示与报警数据输出

MCGSTPC 液位模拟控制系统（数据报表与曲线显示）

所谓数据报表就是根据实际需要以一定格式将统计分析后的数据记录显示和打印出来，如实时数据报表、历史数据报表（班报表、日报表、月报表等）。数据报表在工控系统中是必不可少的一部分，是数据显示、查询、分析、统计、打印的最终体现，是整个工控系统的最终输出结果。数据报表是对生产过程中系统监控对象状态的综合记录和规律总结。

数据显示窗口最终效果如图 3-1-26 所示。

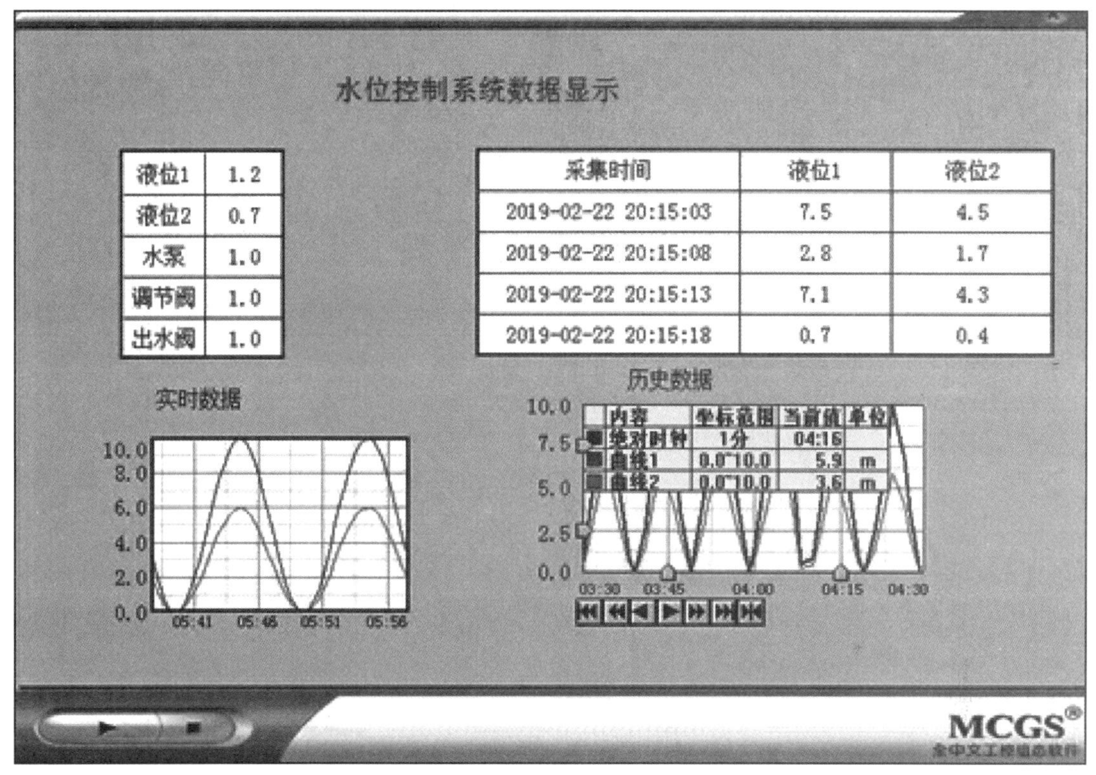


图 3-1-26　数据显示窗口最终效果

该窗包括 1 个标题（水位控制系统数据显示）、2 个数据（实时数据、历史数据）、2 个曲线（实时曲线、历史曲线）。

**1. 报表输出**

1）实时数据报表

实时数据报表是对瞬时量的反映，可以通过 MCGS 嵌入版组态软件的自由表格构件来组态显示实时数据报表。

具体制作步骤如下。

（1）在用户窗口中，新建一个窗口，窗口名称、窗口标题均设置为“数据显示”。

（2）双击“数据显示”窗口，进入动画组态界面。

（3）按照效果图，在绘图工具箱中单击“标签”按钮 A，制作如下内容。

①1 个标题：水位控制系统数据显示；

②4 个注释：实时数据、历史数据。

（4）单击绘图工具箱中的“自由表格”按钮，在桌面适当位置绘制一个表格。

（5）双击表格进入编辑状态。编辑一个5行2列的表格。

（6）在A列的5个单元格中分别输入“液位1”“液位2”“水泵”“调节阀”“出水阀”。在B列的5个单元格中均输入“1|0”，表示输出的数据有1位小数，无空格。

（7）在B列中，选中“液位1”对应的单元格，单击鼠标右键。从快捷菜单中选择“连接”选项，如图3-1-27所示。

（8）再次单击鼠标右键，弹出数据对象列表，从实时数据库中选取所要连接的变量，如图3-1-28所示，B列的1、2、3、4、5行分别与数据对象“液位1”“液位2”“水泵”“调节阀”“出水阀”建立连接。

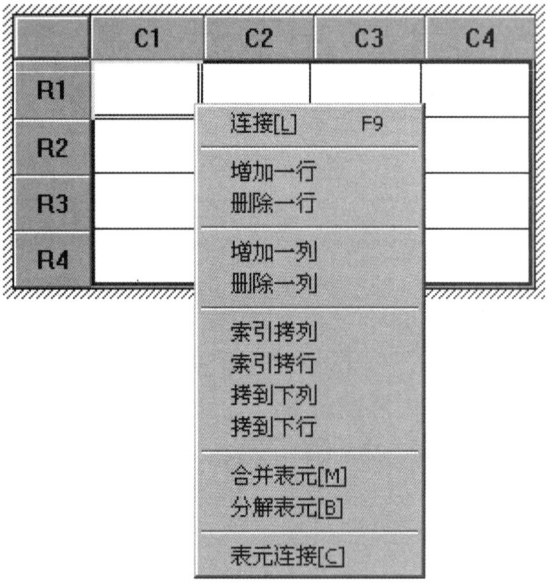

图3-1-27　连接变量设置

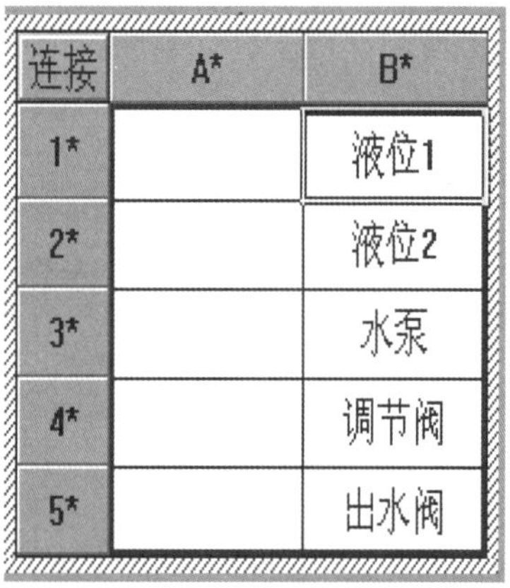

图3-1-28　数据对象设置

（9）在“水位控制”窗口中增加一个名为“数据显示”的按钮，在“操作属性”标签的“打开用户窗口”下拉菜单中选择“数据显示”选项。

按F5键进入运行环境，单击“数据显示”按钮，即可打开“数据显示”窗口。

2）历史数据报表

历史数据报表通常用于从历史数据库中提取数据记录，并以一定的格式显示历史数据。实现历史数据报表有两种方式：一种是利用动画构件中的“历史表格”构件；另一种是利用动画构件中的“存盘数据浏览”构件。

利用“历史表格”构件实现历史数据报表的具体操作如下。

（1）在“数据显示”窗口中，单击绘图工具箱中的“历史表格”按钮，在适当位置绘制一个历史表格。

（2）双击历史表格进入编辑状态，制作一个5行3列的表格。参照实时数据报表部分相关内容进行制作。

①表头分别为“采集时间”“液位1”“液位2”。

②数值输出格式均为“1丨0”。效果参见图 3-1-26。

（3）选中 R2、R3、R4、R5，单击鼠标右键，选择“连接”选项。

（4）单击菜单栏中的“表格”菜单，选择“合并表元”选项，所选区域中会出现反斜杠。

（5）双击该区域，弹出“数据库连接设置”对话框（如图 3-1-29 所示），具体设置如下。

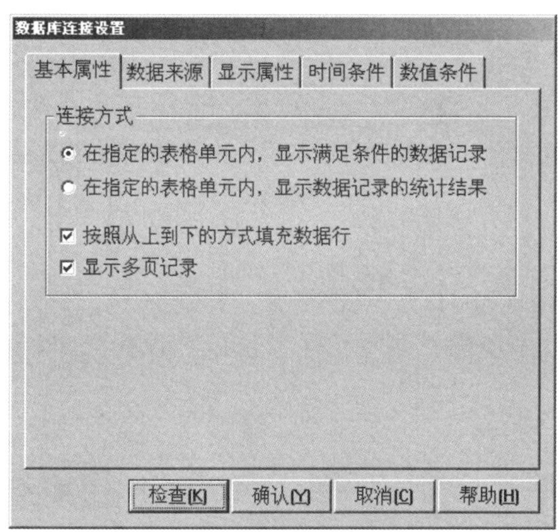


（a）

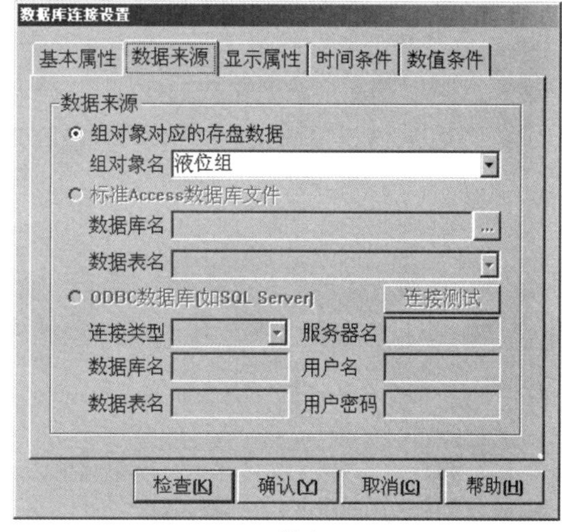


（b）

（c）

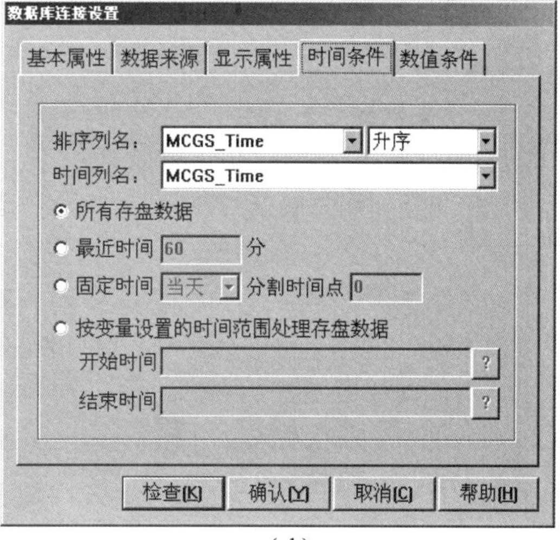


（d）

图 3-1-29　“数据库连接设置”对话框

（a）“基本属性”标签；（b）“数据来源”标签；（c）“显示属性”标签；（d）“时间条件”标签

①在“基本属性”标签中，“连接方式”选择“在指定的表格单元内，显示满足条件的数据记录”；勾选“按照从上到下的方式填充数据行”“显示多页记录”复选框。

②在“数据来源”标签中，单击“组对象对应的存盘数据”单选按钮；“组对象名”选择“液位组”。

③在“显示属性”标签中，单击“复位”按钮。

④在“时间条件”标签中，“排序列名”选择“MCGS_TIME”和“升序”；“时间列名”选择“MCGS_TIME”；单击“所有存盘数据”单选按钮。

2. 曲线显示

1）实时曲线

实时曲线构件是用曲线显示一个或多个数据对象数值的动画图形，像笔绘记录仪一样实时记录数据对象值的变化情况。

具体制作步骤如下。

（1）双击进入“数据显示”窗口。在实时数据报表的下方，使用“标签”构件制作一个标签，输入文字“实时曲线”。

（2）单击绘图工具箱中的“实时曲线”按钮，在标签下方绘制一条实时曲线，并调整大小。

（3）双击实时曲线，弹出“实时曲线构件属性设置”对话框，进行如下设置。

①在“基本属性”标签中，“Y 轴主划线”设置为“5”，其他不变。

②在“标注属性”标签中，“时间单位”设置为“秒钟”，“小数位数”设置为“1”，“最大值”设置为“10”，其他不变。

③在“画笔属性”标签中，进行如下设置。

a.“曲线 1”对应的“表达式”设置为“液位 1”；颜色为蓝色。

b.“曲线 2”对应的“表达式”设置为“液位 2”；颜色为红色。

（4）单击“确认”按钮即可。

这时，在运行环境中单击“数据显示”按钮，就可看到实时曲线。双击实时曲线可以将其放大。

2）历史曲线

历史曲线构件实现了历史数据的曲线浏览功能。运行时，历史曲线构件能够根据需要画出相应历史数据的趋势效果图。历史曲线构件主要用于事后查看数据和状态变化趋势以及总结规律。

具体制作步骤如下。

（1）在“数据显示”窗口中，使用标签构件在历史数据报表下方制作一个标签，输入文字“历史曲线”。

（2）在标签下方，单击绘图工具箱中的“历史曲线”按钮，绘制一条一定大小的历史曲线。

（3）双击该历史曲线，弹出“历史曲线构件属性设置”对话框，进行如下设置。

①在“基本属性”标签中，设置如下。

a.“曲线名称”设置为“液位历史曲线”。

b.“Y 轴主划线”设置为“5”。

c.“背景颜色”设置为“白色”。

②在“存盘数据属性”标签中，“存盘数据来源”选择“组对象对应的存盘数据”，并在下拉列表中选择“液位组”选项；在“标注设置属性”标签中，“时间单位”设置为“分”，“时间格式”设置为“分：秒”，“曲线起始点”设置为“存盘数据的开头”。

③在“曲线标识”标签中，设置如下。

a. 选中“曲线 1”，“曲线内容”设置为“液位 1”；“曲线颜色”设置为“蓝色”；“工程单位”设置为“m”；“小数位数”设置为“1”；“最大值”设置为“10”；“实时刷新”设置为“液位 1”；其他不变，如图 3－1－30 所示。

图 3－1－30　“曲线标识”标签设置

b. 选中“曲线 2”，“曲线内容”设置为“液位 2”；“曲线颜色”设置为“红色”；“小数位数”设置为“1”；“最大值”设置为“10”；“实时刷新”设置为“液位 2”。

④在“高级属性”标签中，设置如下。

a. 勾选“运行时显示曲线翻页操作按钮”复选框。

b. 勾选“运行时显示曲线放大操作按钮”复选框。

c. 勾选“运行时显示曲线信息显示窗口”复选框。

d. 勾选“运行时自动刷新”复选框，将刷新周期设为 1 秒，并设置在 60 秒后自动恢复刷新状态，如图 3－1－31 所示。

进入运行环境，单击“数据显示”按钮，打开“数据显示”窗口，就可以看到实时数据报表、历史数据报表、实时曲线、历史曲线，如图 3－1－32 所示。

MCGSTPC 液位模拟控制系统（安全机制）

## 安全机制

为了避免现场操作的任意性和无序状态，防止因误操作干扰系统的正常运行，MCGS 嵌入版组态软件提供了一套完善的安全机制，严格限制各类操作的权限，使不具备操作资格的人员无法进行操作。

### 1. 如何建立安全机制

MCGS 建立安全机制的要点是：严格规定操作权限，不同类别的操作由不同权限的人员负责，只有获得相应操作权限的人员才能进行某些功能的操作。

建立安全机制的具体步骤如下。

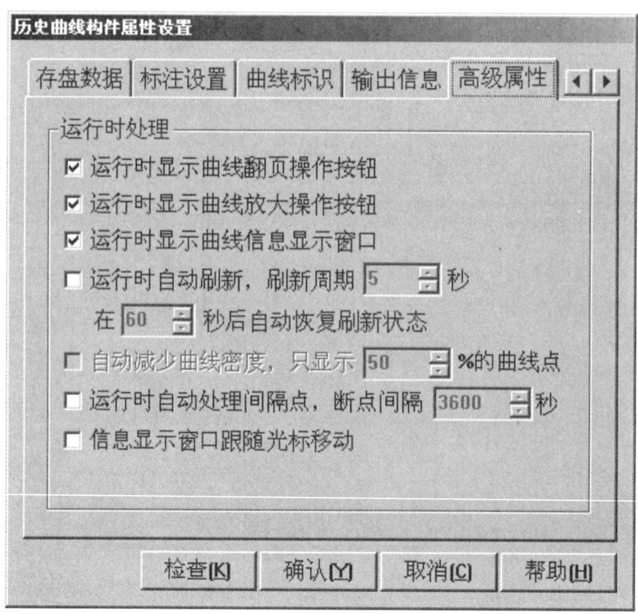

图 3-1-31 “高级属性”标签设置

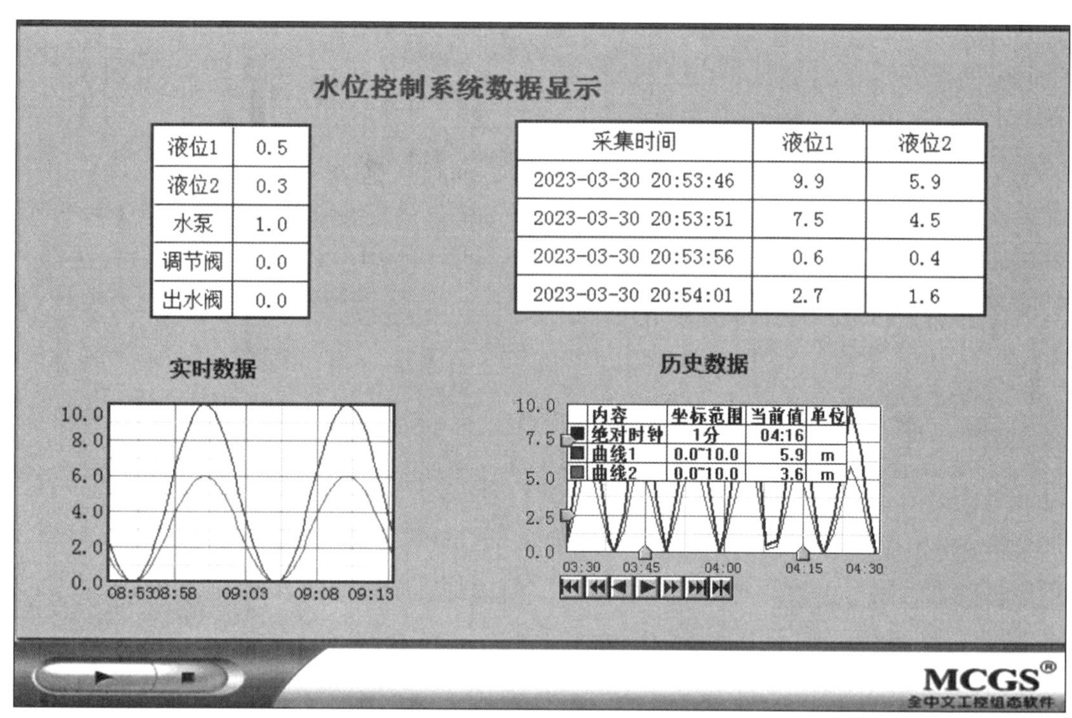

图 3-1-32 “数据显示”窗口运行效果

1）定义用户和用户组

（1）选择“工具”菜单中的“用户权限管理”选项，打开用户管理器。默认定义的用户、用户组为负责人、管理员组。

（2）单击用户组列表，进入用户组编辑状态。

（3）单击“新增用户组”按钮，弹出“用户组属性设置”对话框，进行如下设置。

①用户组名称：操作员组。

②用户组描述：成员仅能进行操作。

（4）单击“确认”按钮，回到用户管理器。

（5）单击用户列表，单击“新增用户”按钮，弹出“用户属性设置”对话框，进行如下设置。

①用户名称：张工；

②用户描述：操作员；

③用户密码：123；

④确认密码：123；

⑤隶属用户组：操作员组。

（6）单击“确认”按钮，回到用户管理器。

（7）再次进入用户组编辑状态，双击“操作员组”，在用户组成员中选择“张工”。

（8）单击“确认”按钮，再单击“退出”按钮，退出用户管理器。

负责人密码设置同操作员设置一样，为了方便操作，本工程未设置负责人密码。

2）系统权限管理

（1）进入主控窗口，选中“主控窗口”图标，单击“系统属性”按钮，打开“主控窗口属性设置”对话框。

（2）在“基本属性”标签中，单击“权限设置”按钮。在“许可用户组拥有此权限”列表中，选择“操作员组”，单击“确认”按钮，返回“主控窗口属性设置”对话框。

（3）在下方的选择框中选择“进入登录，退出不登录”选项，单击“确认”按钮，系统权限设置完毕。

3）操作权限管理

（1）进入“水位控制”窗口，双击水罐1对应的滑动输入器，打开滑动输入器的“构件属性设置”对话框。

（2）单击下部的“权限”按钮，打开“用户权限设置”对话框。

（3）选中“操作员组”，单击“确认”按钮，退出。

按F5键运行工程，弹出“用户登录”对话框，如图3－1－33所示。

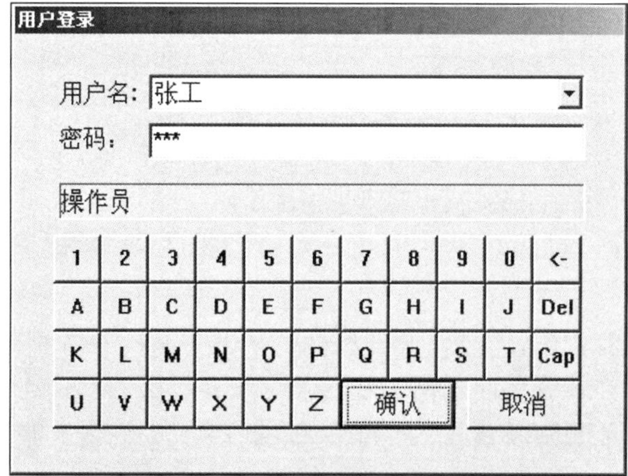


图3－1－33 “用户登录”对话框

"用户名"选择"张工"，在"密码"文本框中输入"123"，单击"确认"按钮，工程开始运行。

水罐2对应的滑动输入器设置同上。

2. 保护工程文件

为了保护工程开发人员的劳动成果和利益，MCGS嵌入版组态软件提供了工程运行"安全性"保护措施，进行工程密码设置。

具体操作步骤如下。

（1）回到MCGS工作台，选择"工具"菜单"工程安全管理"→"工程密码设置"选项，如图3-1-34所示，弹出"修改工程密码"对话框，如图3-1-35所示。

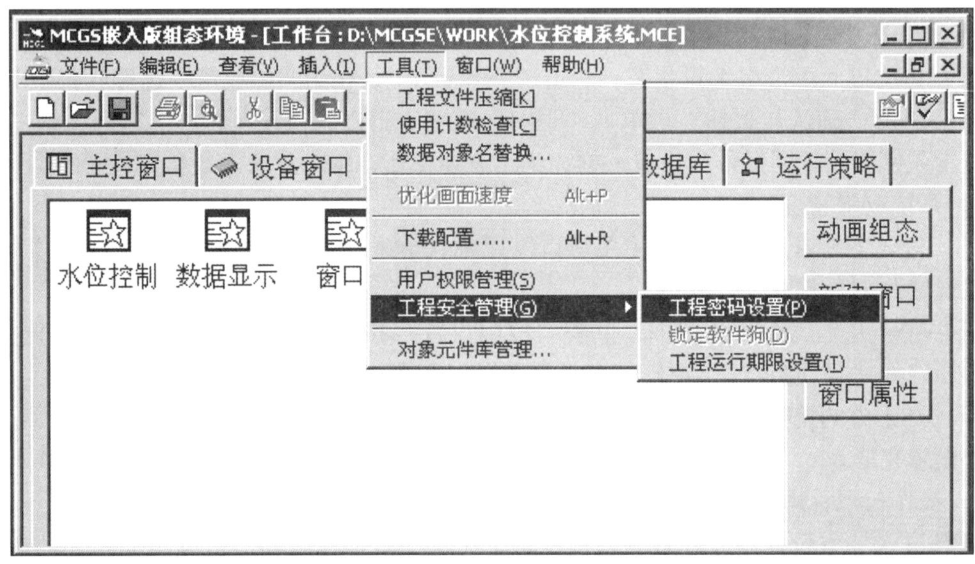


图3-1-34 "工程密码设置"选项

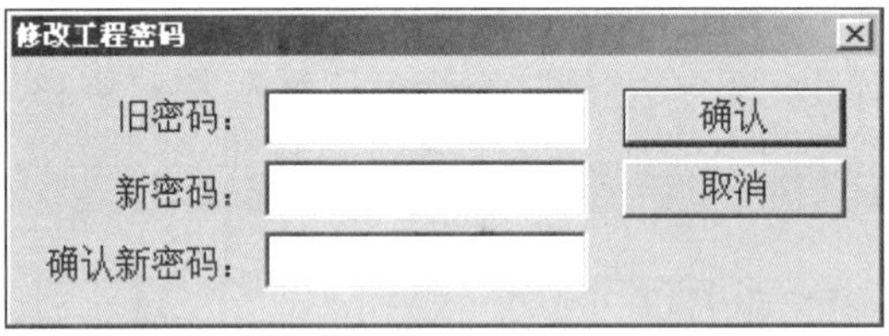

修改工程密码

| | | |
|---|---|---|
| 旧密码： | | 确认 |
| 新密码： | | 取消 |
| 确认新密码： | | |

图3-1-35 "修改工程密码"对话框

（2）在"新密码""确认新密码"文本框输入"123"，单击"确认"按钮，工程密码设置完毕。

完成用户权限和工程密码设置后，可以测试一下MCGS的安全管理。首先关闭当前工程，然后重新打开工程"水位控制系统"，此时弹出"输入工程密码"对话框，如图3-1-36所示。

图3-1-36 "输入工程密码"对话框

在该对话框中输入工程密码"123"，然后单

击“确认”按钮，打开工程。

## 拓展提升

### 1. 组态结果检查

在组态过程中，不可避免地会产生各种错误，错误的组态会导致各种无法预料的结果，要保证组态生成的应用系统能够正确运行，必须保证组态结果准确无误。MCGS 嵌入版组态软件提供了多种措施来检查组态结果的正确性，应密切注意系统提示的错误信息，养成及时发现问题和解决问题的习惯。

1）随时检查

MCGS 大多数属性设置对话框中都设有“检查（C）”按钮，用于对组态结果的正确性进行检查。每当用户完成一个对象的属性设置后，可使用该按钮及时进行检查，如有错误，系统会提示相关的信息。

2）存盘检查

在完成用户窗口、设备窗口、运行策略和系统菜单的组态配置后，一般都要对组态结果进行存盘处理。存盘时，MCGS 自动对组态的结果进行检查，若发现错误，系统会提示相关的信息。

3）统一检查

全部组态工作完成后，应对整个工程文件进行统一检查。关闭除工作台窗口以外的其他窗口，单击工具条右侧的“组态检查”按钮，或执行“文件”菜单中的“组态结果检查”命令，即开始对整个工程文件进行组态结果正确性检查。

注意：为了提高应用系统的可靠性，尽量避免因组态错误而引起整个应用系统的失效，MCGS 嵌入版组态软件对所有组态有错的地方在运行时跳过，不进行处理。但必须强调指出，如果对系统检查出来的错误不及时进行纠正处理，会使应用系统在运行中发生异常现象，很可能造成整个系统的失效。

### 2. 工程测试

新建工程在 MCGS 嵌入版组态环境中完成（或部分完成）组态配置后，应当转入 MCGS 嵌入版模拟运行环境，通过试运行，进行综合性测试检查。在组态过程中，可随时进入运行环境，完成一部分测试一部分，发现错误及时修改。主要从以下几个方面对新工程进行测试检查：外部设备、系统属性、动画动作、按钮动作、用户窗口、图形界面、运行策略。

1）外部设备的测试检查

外部设备是应用系统操作的主要对象，是通过配置在设备窗口内的设备构件实施测量与控制的。因此，在系统联机运行之前，应首先对外部设备本身和组态配置结果进行测试检查。外部设备包括硬件设置、供电系统、信号传输、接线接地等各个环节，设备窗口组态配置包括设备构件的选择及其属性设置、设备通道与实时数据库数据对象的连接、确认正确无误后方可转入联机运行。

2）动画动作的测试检查

首先，利用模拟设备产生的数据进行测试，定义若干个测试专用的数据对象，并设定一组典型数值或在运行策略中模拟对象值的变化，测试图形对象的动画动作是否符合设计意图；然后，进行运行过程中的实时数据测试检查，可设置一些辅助动画，显示关键数据的值，测试图形对象的动画动作是否符合实际情况。

3）按钮动作的测试检查

检查按钮标签文字是否正确。实际操作按钮，测试系统对按钮动作的响应是否符合设计意图，是否满足实际操作的需要。当设有快捷键时，应检查它与系统其他部分的快捷键设置是否冲突。

4）用户窗口的测试检查

测试用户窗口能否正常打开和关闭，测试窗口的外观是否符合要求。对于经常打开和关闭的窗口，通过对其执行速度测试，检查是否将该类窗口设置为内存窗口（在主控窗口中设置）。

5）图形界面的测试检查

图形界面由多个用户窗口构成，各个用户窗口的外观、大小及相互之间的位置关系需要仔细调整和精确定位，才能获得满意的显示效果。在系统综合测试阶段，建议先进行简单布局，重点检查图形界面的实用性及可操作性，待整个应用系统基本完成调试后，再对所有用户窗口的大小及位置关系进行精细的调整。

6）运行策略的测试检查

建议用户一次只对一个策略块进行测试，测试的方法是创建辅助的用户窗口，用来显示策略块中所用到的数据对象的数值。在测试过程中，可以人为地设置某些控制条件，观察系统运行流程的执行情况，对策略的正确性作出判断。同时，还要注意观察策略块运行中系统其他部分的工作状态，检查策略块的调度和操作职能是否正确实施。

## 练习与提高

（1）组对象数据类型对象成员有什么要求？

（2）报警对象虽然选择了液位组，但无报警信息，可能是什么原因？

（3）如何在组态运行过程中修改报警限值？

（4）如何判断一个表格是自由表格还是历史表格？

## 任务评价

任务评价见表3－1－3。

表3－1－3 “MCGSTPC水位控制系统”任务评价

| 学习成果 | | | 评分表 | | |
|---|---|---|---|---|---|
| 学习内容 | 出现的问题 | 解决方法 | 学生自评 | 小组互评 | 教师评分 |
| 工程建立的一般过程和步骤（10%） | | | | | |
| 画面及动画制作（20%） | | | | | |
| 实时数据库设置（10%） | | | | | |
| 控制流程的编写（15%） | | | | | |
| 模拟设备的连接（5%） | | | | | |
| 报警输出（10%） | | | | | |

续表

| 学习成果 | | | 评分表 | | |
|---|---|---|---|---|---|
| 学习内容 | 出现的问题 | 解决方法 | 学生自评 | 小组互评 | 教师评分 |
| 报表输出及曲线显示（15%） | | | | | |
| 建立安全机制（10%） | | | | | |
| 模拟运行的一般步骤（5%） | | | | | |

# 任务 3.2　MCGSTPC 地铁自动售票系统的设计

## 任务目标

知识目标：

（1）掌握用户窗口支持事件的概念；

（2）了解内部对象操作的函数和常用数学函数的含义。

技能目标：

（1）能完成用户事件的设置；

（2）能应用内部对象操作的函数和常用数学函数编程；

（3）能进行复杂脚本的编写。

素养目标：

（1）培养学生爱岗敬业、细心踏实、精益求精的工匠精神；

（2）培养学生勇于创新的职业精神；

（3）培养学生分析问题、解决问题的能力。

## 任务描述

MCGSTPC 地铁自动售票系统的设计（任务引入与分析）

随着城市化进程的发展和人口的增加，交通拥堵问题成为人们出行的重大障碍，解决交通拥堵问题刻不容缓，而地价上涨、车辆增多等因素又限制了地面交通的发展，因此解决的途径指向了城市轨道交通系统，特别是地铁系统。

为了更快捷地满足人们地铁出行的需求，售票环节也成为优化重点之一，因此地铁自动售票系统应运而生。某项目团队承担了一项利用 MCGS 嵌入版组态软件设计地铁自动售票系统的任务。具体功能描述如下。

**1. 调试**

系统每次启动前必须进行设备调试。

要求可通过▼按钮和▲按钮进行调试部件选择，被选中的部件显示红色边框并且指向的箭头变为绿色，同时要求文本框中显示被选中部件的名称。图 3－2－1 所示为传送带调试选中状态，本界面要求所有部件可以被循环选中。具体各部分调试功能由于任务篇幅问题，在这里不做要求。

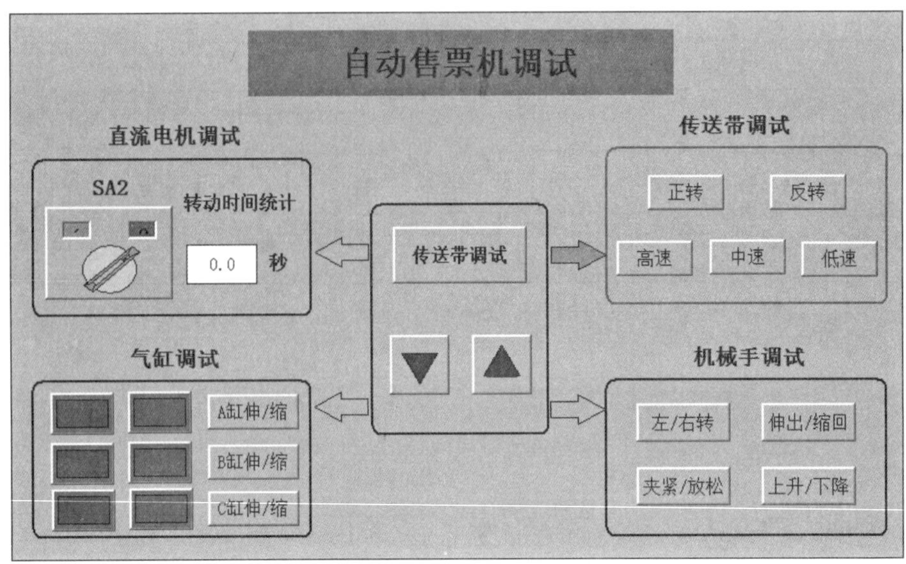


图 3-2-1　调试界面

**2. 初始化**

当系统调试完成后，将模块上的转换开关 SA2 切换到售票模式，出现图 3-2-2 所示界面，要求延时 5 s 以模拟系统初始化过程。

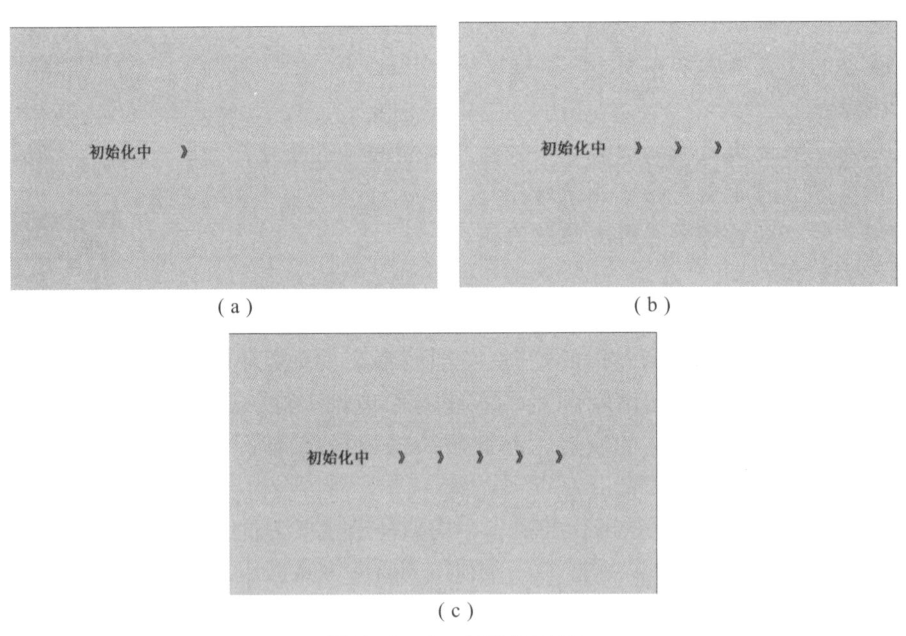


图 3-2-2　初始化界面

(a) 初始化 1 s 时的界面；(b) 初始化 3 s 时的界面；(c) 初始化 5 s 时的界面

**3. 购票**

当系统完成初始化过程后，自动进入图 3-2-3 所示系统界面。其中，“XXX” 表示选择起始站的名称。当选中了某个起始站以后可以按下“确认”按钮进入选择界面，如图 3-2-4 所示。

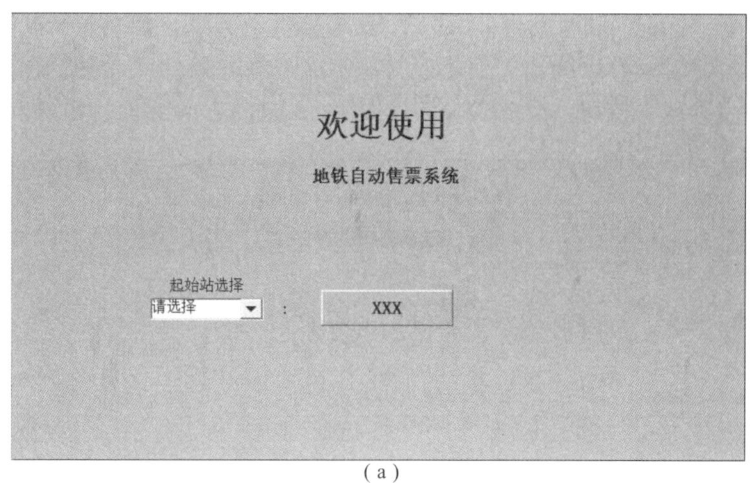


(a)

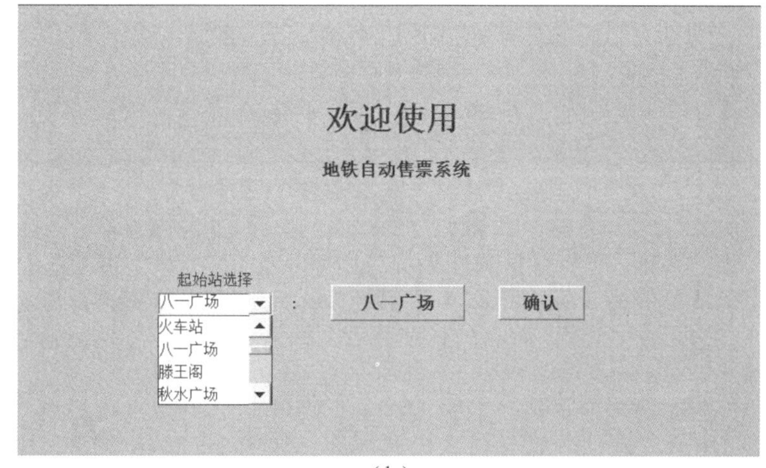


(b)

图 3-2-3　系统界面

(a) 起始站未选择之前；(b) 起始站选择之后

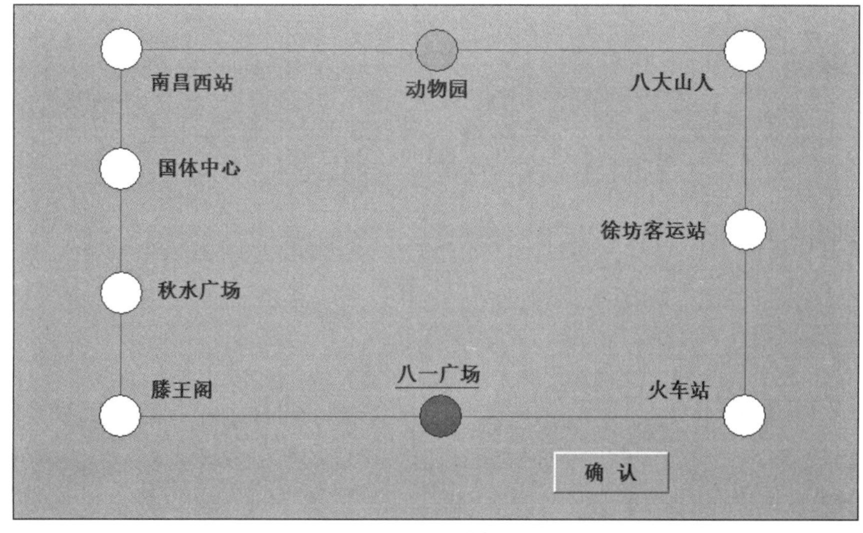


图 3-2-4　选择界面

起始站以下划线标记，同时站台标志以 1 Hz 频率红色闪烁，被选择的目标站台以蓝色显示，当选择起始站的时候可以弹出“对不起，您不能选择起始站!”的提示，提示文字闪烁，选择完成后出现“确认”按钮，按下“确认”按钮可以进入结算界面，如图 3－2－5 所示。

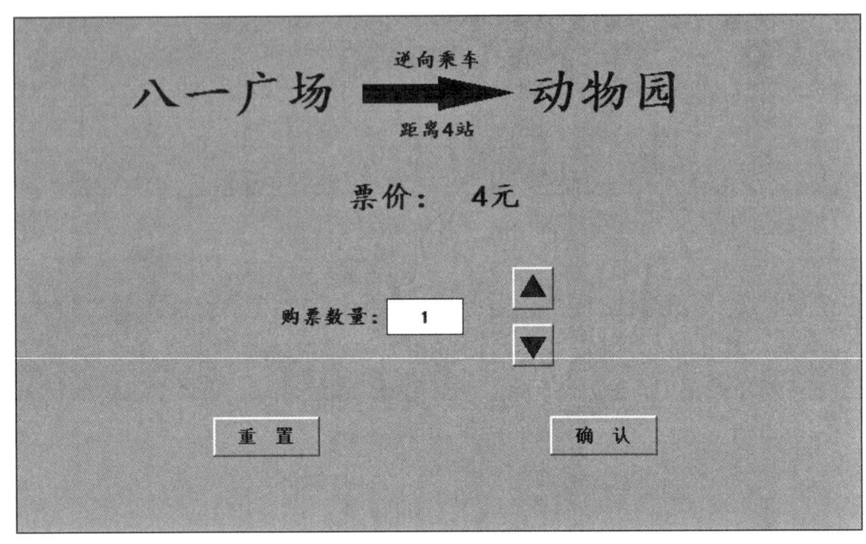

图 3－2－5　结算界面

要求选择了目标站台以后可以自动计算最短的路径、乘车方向和票价，距离 1～2 站票价为 2 元，距离 3 站票价为 3 元，距离 4 站票价为 4 元。进入结算选择界面以后“购票数量”默认为“1”，可以通过▲按钮增加购票数量，购票数量最多不能超过 9 张。可以通过▼按钮减少购票数量，购票数量最少不能小于 1 张。按下“重置”按钮回到上一个界面进行目标站的选择。按下“确认”按钮进入出票界面，如图 3－2－6 所示。按下“投币”按钮，投币金额会上涨，当投币金额等于需投币金额时显示“正在出票，请稍候...”，显示

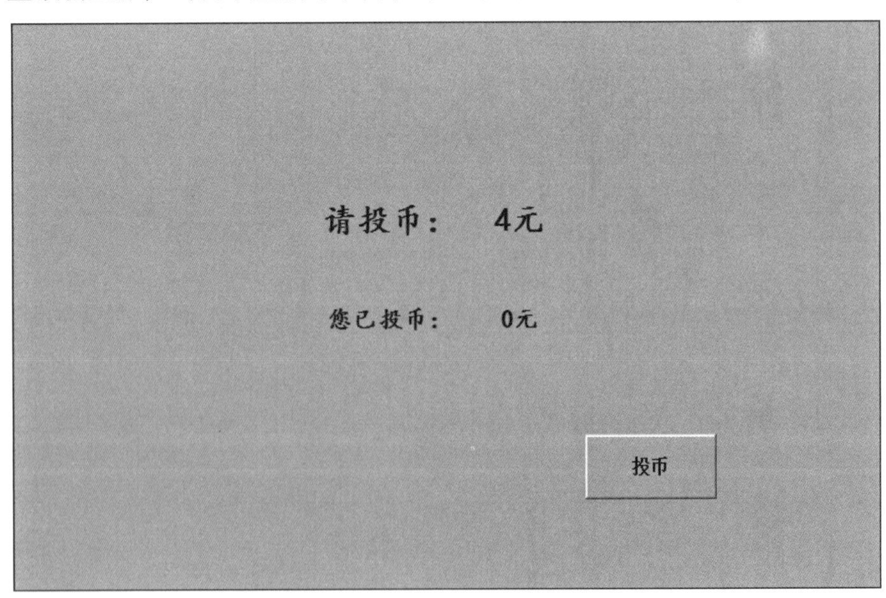

图 3－2－6　出票界面

5 s 之后完成整个售票过程，再次回到系统界面。如果在 10 s 之内未完成投币，则认为乘客放弃购票，再次回到系统界面。

## 知识储备

### 3.2.1　用户窗口的事件

在 MCGS 嵌入版组态软件中，用户窗口支持事件的概念。所谓事件，就是当用户在用户窗口中进行某些操作时，用户窗口会根据用户的不同操作进行相应的处理。例如，当用户单击用户窗口时，就会触发用户窗口的 Click 事件，同时执行在 Click 事件中定义的一系列操作。

MCGS 嵌入版组态软件的用户窗口包括如下事件。

#### 1. Click

当单击时触发。

#### 2. DBLClick

当双击时触发。

#### 3. DBRClick

当鼠标右键双击时触发。

#### 4. MouseDown

当鼠标按下时触发，具体如下。

（1）参数 1：鼠标按下时的鼠标按键信息，为 1 时，表示鼠标左键按下，为 2 时，表示鼠标右键按下，为 4 时，表示鼠标中键按下。

（2）参数 2：鼠标按下时的键盘信息，为 1 时，表示 Shift 键按下，为 2 时，表示 Control 键按下，为 4 时，表示 Alt 键按下。

（3）参数 3：鼠标按下时的 X 坐标。

（4）参数 4：鼠标按下时的 Y 坐标。

#### 5. MouseMove

当鼠标移动时触发，具体如下。

（1）参数 1：鼠标移动时的鼠标按键信息，为 1 时，表示鼠标左键按下，为 2 时，表示鼠标右键按下，为 4 时，表示鼠标中键按下。

（2）参数 2：鼠标移动时的键盘信息，为 1 时，表示 Shift 键按下，为 2 时，表示 Control 键按下，为 4 时，表示 Alt 键按下。

（3）参数 3：鼠标的 X 坐标。

（4）参数 4：鼠标的 Y 坐标。

#### 6. MouseUp

当鼠标抬起时触发，具体如下。

（1）参数 1：鼠标抬起时的鼠标按键信息，为 1 时，表示鼠标左键按下，为 2 时，表示鼠标右键按下，为 4 时，表示鼠标中键按下。

（2）参数 2：鼠标抬起时的键盘信息，为 1 时，表示 Shift 键按下，为 2 时，表示 Control 键按下，为 4 时，表示 Alt 键按下。

（3）参数 3：鼠标抬起时的 X 坐标。

（4）参数4：鼠标抬起时的 Y 坐标。

#### 7. KeyDown

当按下键盘按键时触发，具体如下。

（1）参数1：数值型，按下按键的 ASCII 码。

（2）参数2：数值型，0～7 位是按键的扫描码。

#### 8. KeyUp

当键盘按键抬起时触发，具体如下。

（1）参数1：数值型，按下按键的 ASCII 码。

（2）参数2：数值型，0～7 位是按键的扫描码。

#### 9. Load

当窗口装载时触发。

#### 10. Unload

当窗口关闭时触发。

## 任务实施

本地铁自动售票系统共包含6个用户窗口，分别是调试界面、初始化界面、系统界面、选择界面、结算界面以及出票界面。

由于用户窗口较多，直接将脚本程序写入运行策略很容易导致各用户窗口程序混淆，给调试带来困难，所以在这个模拟系统中，尽量将各用户窗口的脚本程序写在用户窗口属性设置对话框的启动脚本、循环脚本和退出脚本或者用户窗口的事件里。

### 上位机 MCGS 系统设计

#### 1. 建立工程

（1）创建名为“地铁自动售票系统”的工程文件。

（2）本工程包含6个用户窗口，分别是调试界面、初始化界面、系统界面、选择界面、结算和出票界面，设置“调试界面”用户窗口为启动窗口，运行时最先进行加载。

#### 2. 制作调试界面

MCGSTPC 地铁自动售票系统的设计（调试界面）－上

MCGSTPC 地铁自动售票系统的设计（调试界面）－下

1）编辑画面

选中“调试界面”窗口图标，单击“动画组态”按钮，进入动画组态窗口，开始画面的编辑，如图 3－2－7 所示。

注意：画面中部被选中部件名的显示区域为凸平面和标签。

2）定义数据对象

在本用户窗口中，需定义的数据对象见表 3－2－1。

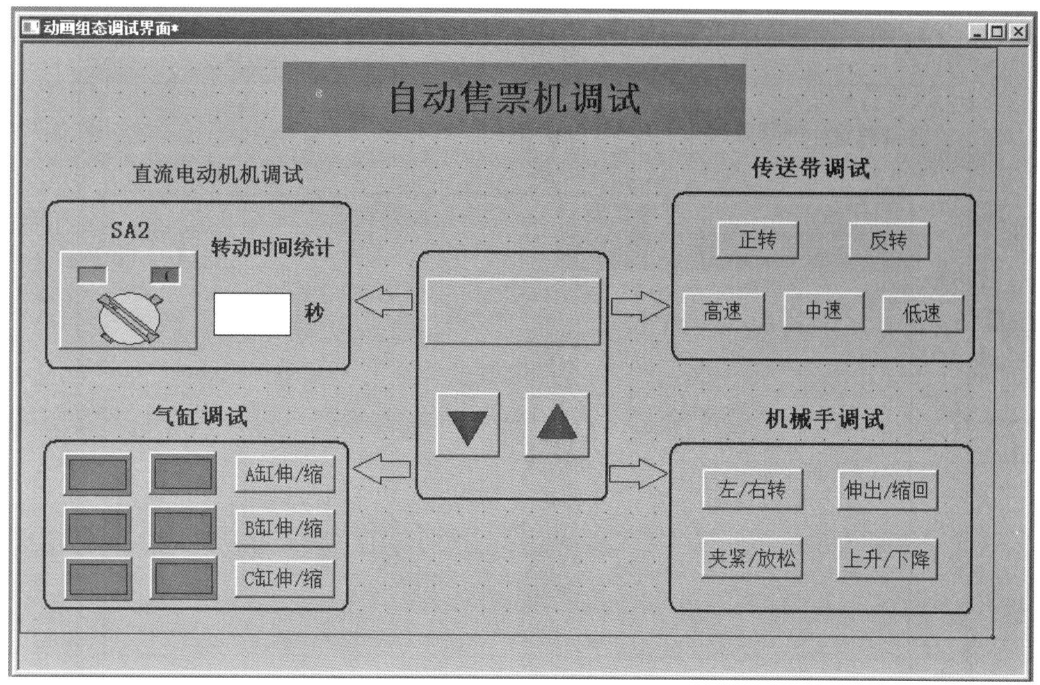


图 3－2－7　调试界面

表 3－2－1　数据对象

| 对象名称 | 类型 | 注释 |
| --- | --- | --- |
| Select | 数值型 | 循环选择的当前值（对象初值为 0） |
| SelectPart | 字符型 | 被选中部分的名称 |
| TS_ZP | 开关型 | 直流电动机调试部分被选中 |
| TS_TL | 开关型 | 气缸调试部分被选中 |
| TS_CSD | 开关型 | 传送带调试部分被选中 |
| TS_JXS | 开关型 | 机械手调试部分被选中 |
| SA2 | 开关型 | 转换开关 |

3）动画、动作控制连接

本用户窗口需要动画效果和动作控制的部分包括：调试部件选择按钮设置、部件选中显示设置、被选中部件名称显示设置、转换开关 SA2 设置、用户窗口脚本设置和调试界面到初始化界面的切换。

（1）调试部件选择按钮设置。

双击▼按钮，打开"单元属性"对话框，进行"动画连接"设置，如图 3－2－8 所示，单击"标准按钮"行，在该行右侧出现两个按钮 ? >，单击"连接表达式"右侧的 > 按钮，打开"标准按钮构建属性设置"对话框，在"脚本程序"标签中的"抬起脚本"中输入以下程序。

```
IF Select >0 THEN
```

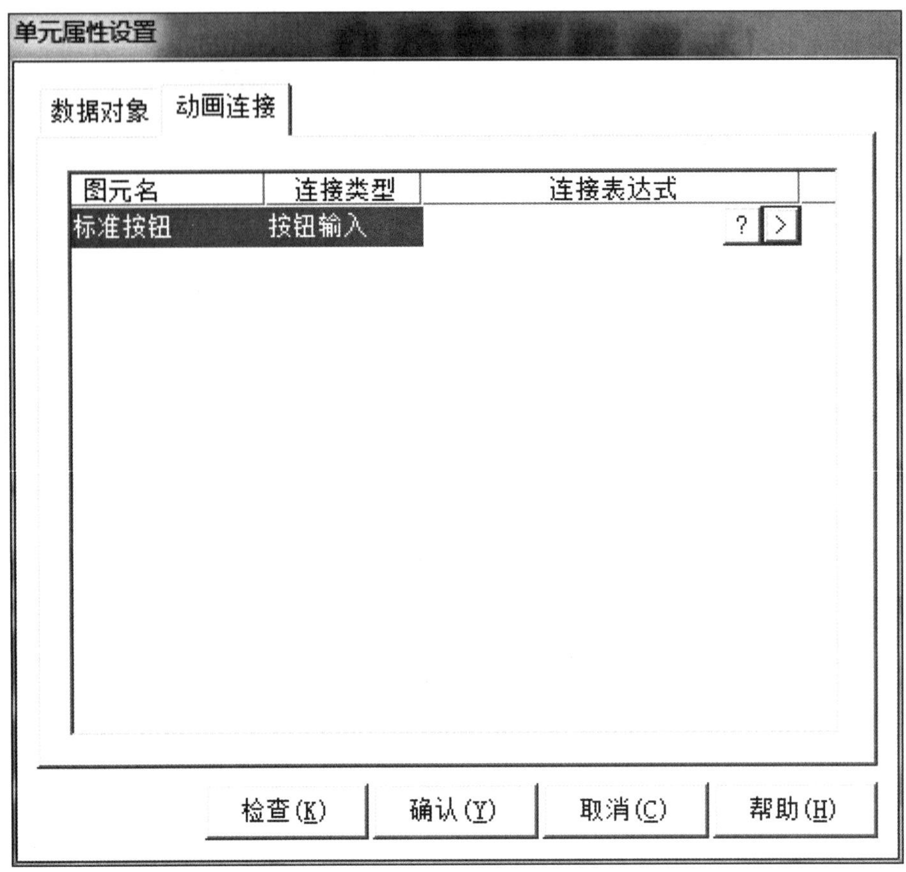


图 3-2-8 “单元属性设置”对话框

```
    Select = Select - 1
ELSE
    Select = 3
ENDIF
```

单击“确认”按钮即可完成▼按钮的设置，以相同的方法设置▲按钮，脚本程序如下。

```
IF Select < 3 THEN
    Select = Select + 1
ELSE
    Select = 0
ENDIF
```

（2）部件选中显示设置。

①双击“直流电动机调试”下方的圆角矩形，打开“动画组态属性设置”对话框，进行如下设置。

a. 在“属性设置”标签中勾选“边线颜色”复选框，则会自动添加“边线颜色”标签。

b.“边线颜色”标签中的“表达式”设置为“TS_ZP”。

c.“边线颜色”标签中的“边线颜色连接”设置为：分段点“0”对应颜色为黑色，分段点“1”对应颜色为红色。

②双击指向“直流电动机调试”的箭头，打开“动画组态属性设置”对话框，进行如下设置。

a. 在“属性设置”标签中勾选“填充颜色”复选框，则会自动添加“填充颜色”标签。

b.“填充颜色”标签中的“表达式”设置为“TS_ZP”。

c.“填充颜色”标签中的“边线颜色连接”设置为：分段点“0”对应颜色为灰色，分段点“1”对应颜色为绿色。

以相同的方法设置其余部件选中显示，相关数据对象见表 3－2－1。

（3）被选中部件名称显示设置。

双击用于显示被选中部件名称的标签，打开“标签动画组态属性设置”对话框，进行如下设置。

①在“属性设置”标签中勾选“显示输出”复选框，则会自动添加“显示输出”标签。

②“显示输出”标签中的“表达式”设置为“SelectPart”。

③“显示输出”标签中的“输出值类型”设置为“字符串输出”。

（4）转换开关 SA2 设置。

双击转换开关 SA2，打开“单元属性设置”对话框，进行“数据对象”设置。

①填充颜色的数据对象连接设置为 SA2。

②按钮输入的数据对象连接设置为 SA2。

（5）用户窗口脚本设置。

双击用户窗口空白处，打开“用户窗口属性设置”对话框，进行“循环脚本”设置。

①循环时间为 100 ms。

②脚本程序如下。

```
IF Select = 0 THEN
TS_TL = 0
TS_CSD = 0
TS_JXS = 0
TS_ZP = 1
SelectPart = "直流电动机调试"
ENDIF
IF Select = 1 THEN
  TS_TL = 0
TS_CSD = 1
TS_JXS = 0
TS_ZP = 0
SelectPart = "传送带调试"
ENDIF
```

```
IF Select =2 THEN
  TS_TL =0
TS_CSD =0
TS_JXS =1
TS_ZP =0
SelectPart ="机械手调试"
ENDIF
IF Select =3 THEN
  TS_TL =1
TS_CSD =0
TS_JXS =0
TS_ZP =0
SelectPart ="气缸调试"
ENDIF
```

（6）调试界面到初始化界面的切换。

①在“运行策略”窗口中，双击“循环策略”进入“策略组态”窗口。双击图标打开“策略属性设置”对话框，将循环时间设置为200 ms，单击“确认”按钮。

②在“策略组态”窗口中，单击工具条中的“新增策略行”按钮，增加一个策略行。

③单击策略工具箱中的“脚本程序”按钮，将鼠标指针移到策略块图标上，单击，添加窗口操作构件，如图3－2－9所示。

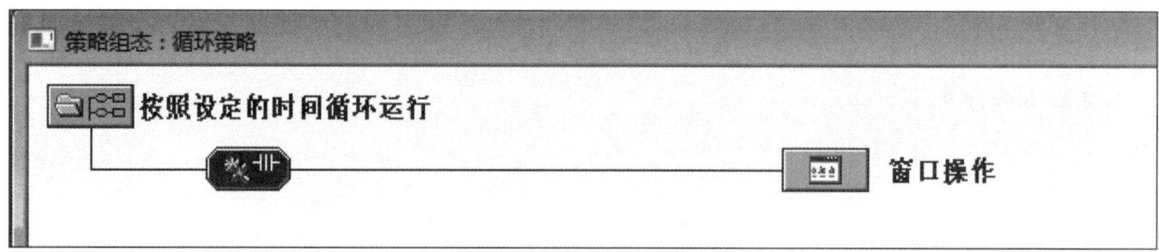


图3－2－9　循环策略设置

④双击策略行中的图标，打开“表达式条件”对话框，如图3－2－10所示，进行如下设置。

a.“表达式”设置为“SA2”。

b. 在“条件设置”区域单击“表达式的值产生正跳变时条件成立一次”单选按钮。然后单击“确认”按钮，完成设置。

⑤双击**窗口操作**图标，进入“窗口操作”窗口，进行如下设置。

a. 勾选“打开窗口”复选框，并设置为“初始化界面”。

b. 勾选“关闭窗口”复选框，并设置为“调试界面”。

单击“确认”按钮，完成设置，至此“调试界面”用户窗口制作完毕。

表达式条件

策略行条件属性

表达式

SA2 ?

条件设置

○ 表达式的值非0时条件成立

○ 表达式的值为0时条件成立

◉ 表达式的值产生正跳变时条件成立一次

○ 表达式的值产生负跳变时条件成立一次

内容注释

检查(K) 确认(Y) 取消(C) 帮助(H)

图 3-2-10 “表达式条件”对话框

MCGSTPC 地铁自动售票系统的设计（初始化界面）

### 3. 制作初始化界面

1）编辑画面

选中“初始化界面”窗口图标，单击“动画组态”按钮，进入动画组态窗口，开始画面的编辑，如图 3-2-11 所示。

图 3-2-11 初始化界面

2）定义数据对象

在本用户窗口中，需定义的数据对象见表 3－2－2。

表 3－2－2　数据对象

| 对象名称 | 类型 | 注释 |
|---|---|---|
| Info | 字符型 | 初始化过程显示 |
| TimerVal | 数值型 | 定时器当前值 |

3）动画、动作控制连接

本用户窗口需要动画效果和动作控制的部分包括初始化显示设置和用户窗口脚本设置。

（1）初始化显示设置。

双击用于显示初始化的标签，打开“标签动画组态属性设置”对话框，进行如下设置。

①在“属性设置”标签中勾选“显示输出”复选框，则会自动添加“显示输出”标签。

②“显示输出”标签中的“表达式”设置为“Info”。

③“显示输出”标签中的“输出值类型”设置为“字符串输出”。

（2）用户窗口脚本设置。

双击用户窗口空白处，打开“用户窗口属性设置”对话框，进行脚本程序输入。

①在“启动脚本”标签中设置脚本程序如下。

```
!TimerRun(1)
!TimerSetOutput(1,TimerVal)
Info = "初始化"
```

②进行“用户窗口属性设置”对话框的“循环脚本”标签的设置。

a. 设置循环时间为 100 ms。

b. 脚本程序如下。

```
IF TimerVal >= 5 THEN
    用户窗口.系统界面.Open()
    用户窗口.初始化界面.Close()
ENDIF
Info = Info + " >> "
```

③在“退出脚本”标签中设置脚本程序如下。

```
!TimerReset(1,0)
!TimerStop(1)
!TimerClearOutput(1)
```

至此，“初始化界面”用户窗口制作完毕。

MCGSTPC 地铁自动售票系统的设计（系统界面）

### 4. 制作系统界面

1）编辑画面

选中“系统界面”窗口图标，单击“动画组态”按钮，进入动画组态窗口，开始画面的编辑，如图 3－2－12 所示。

注意：画面中部起始站名的显示区域为凸平面和标签。

2）定义数据对象

在本用户窗口中，需定义的数据对象见表 3－2－3。

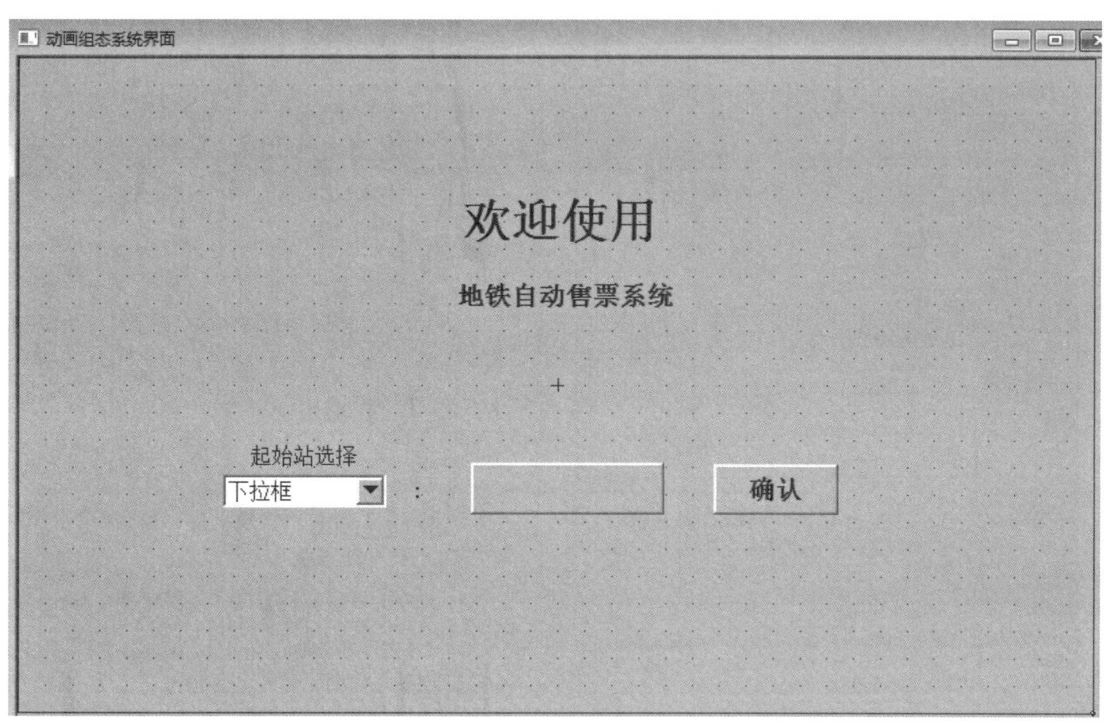


图 3-2-12　系统界面

表 3-2-3　数据对象

| 对象名称 | 类型 | 注释 |
| --- | --- | --- |
| Data3 | 字符型 | 起始站选择下拉列表名 |
| ID3 | 数值型 | 起始站 ID 号（对象初值为 0） |
| Station3 | 字符型 | 显示起始站名称（对象初值为 XXX） |

3）动画、动作控制连接

本用户窗口需要动画效果和动作控制的部分包括：下拉列表设置、起始站显示设置、“确认”按钮设置和用户窗口脚本设置。

（1）下拉列表设置。

①双击下拉列表，打开“组合框属性编辑”对话框，进行“基本属性”标签的设置，如图 3-2-13 所示。

a. 单击“数据关联”右侧的...按钮，打开“变量选择”对话框，选择对象“Data3”。

b. 单击“ID 号关联”右侧的...按钮，打开“变量选择”对话框，选择对象“ID3”。

②进行“组合框属性编辑”对话框的“选项设置”标签的设置，如图 3-2-14 所示。

在“选项设置”列表框中依次写入所有的站名——“火车站”“八一广场”“滕王阁”“秋水广场”“国体中心”“南昌西站”“动物园”“八大山人”“徐坊客运站”，每个站名各占一行。

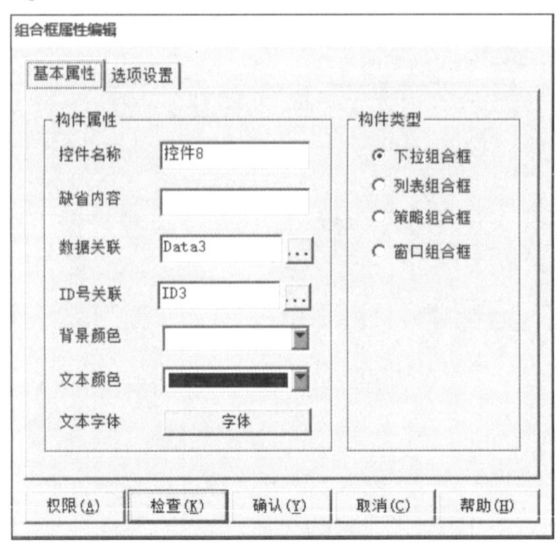


图 3-2-13 “组合框属性编辑”对话框

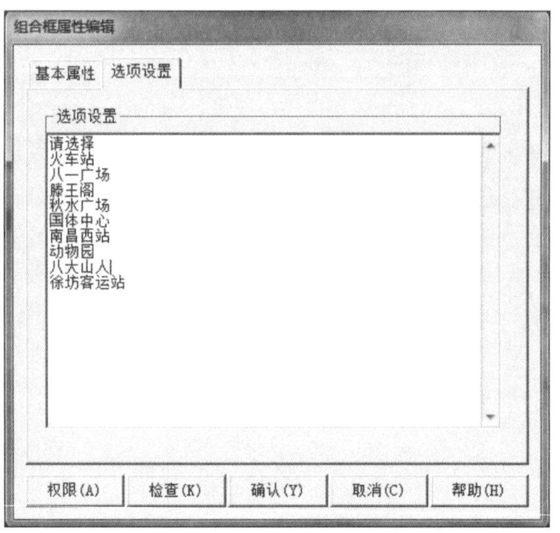


图 3-2-14 “选项设置”标签

（2）起始站显示设置。

双击用于显示起始站名称的标签，打开“标签动画组态属性设置”对话框，进行如下设置：

①在“属性设置”标签中勾选“显示输出”复选框，则会自动添加“显示输出”标签。

②“显示输出”标签中的“表达式”设置为“Station3”。

③“显示输出”标签中的“输出值类型”设置为“字符串输出”。

（3）“确认”按钮设置。

双击“确认”按钮，打开“标准按钮构件属性设置”对话框，进行如下设置。

①在“操作属性”标签的“抬起脚本”中进行如下设置。

a. 勾选“打开用户窗口”复选框，并设置为“结算”。

b. 勾选“关闭用户窗口”复选框，并设置为“选择界面”。

②在“可见度属性”标签中进行如下设置。

a.“表达式”设置为“ID4 >0”。

b.“表达式非零时”设置为“按钮可见”。

（4）用户窗口脚本设置。

双击用户窗口空白处，打开“用户窗口属性设置”对话框，进行“循环脚本”标签的设置。

①设置循环时间为 100 ms。

②脚本程序如下。

```
IF ID3 >0 THEN
    Station3 = Data3
ENDIF
```

至此，“系统界面”用户窗口制作完毕。

MCGSTPC 地铁自动售票系统的设计（选择界面）－上

MCGSTPC 地铁自动售票系统的设计（选择界面）－下

### 5. 制作选择界面

1）编辑画面

选中“选择界面”窗口图标，单击“动画组态”按钮，进入动画组态窗口，开始画面的编辑，如图 3－2－15 所示。

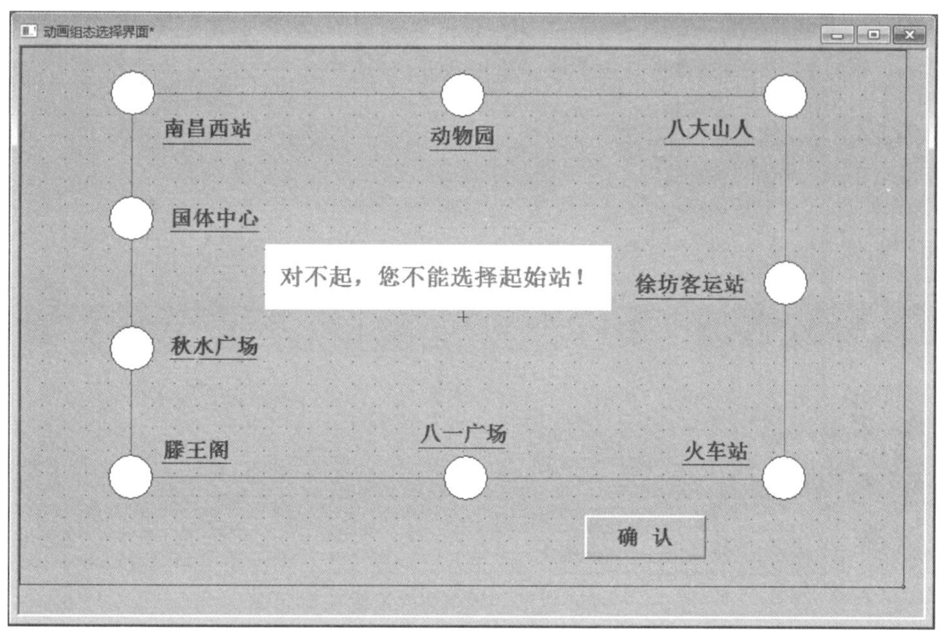


图 3－2－15　选择界面

2）定义数据对象

在本用户窗口中，需定义的数据对象见表 3－2－4。

表 3－2－4　数据对象

| 对象名称 | 类型 | 注释 |
| --- | --- | --- |
| ShowInfo | 字符型 | 显示报警弹窗内容 |
| ID4 | 数值型 | 乘车目的地 ID 号（对象初值为 0） |
| TimerVal2 | 数值型 | 定时器当前值 |
| Station4 | 字符型 | 乘车目的地站名 |

3）动画、动作控制连接

本用户窗口需要动画效果和动作控制的部分包括：站点选择设置、报警弹窗设置、“确认”按钮设置和用户窗口脚本设置。

（1）站点选择设置。

①双击“火车站”下方的横线，打开“动画组态属性设置”对话框，在“属性设置”标签中，勾选“可见度”复选框，在新增的“可见度”标签中进行设置，如图 3－2－16 所示。

a.“表达式”设置为“ID3＝1”。

b.“当表达式非零时”设置为“对应图符可见”。

以相同的方法，顺时针设置其他站点，ID3 分别为 2～9。

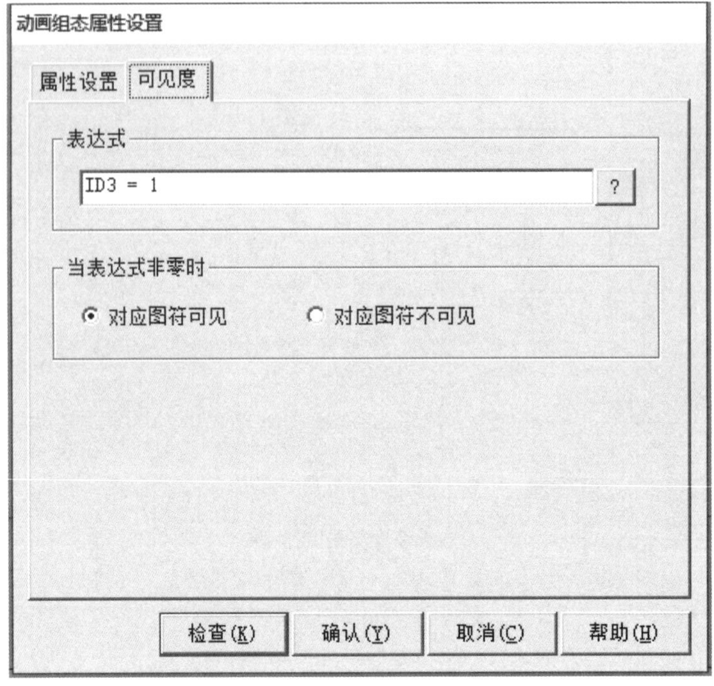


图 3-2-16 “动画组态属性设置”对话框

②双击“火车站”下方的，打开“动画组态属性设置”对话框，进行如下设置。

a. 在“属性设置”标签中填充颜色设置为白色，勾选“填充颜色”和“闪烁效果”复选框，则会自动添加“填充颜色”标签和“闪烁效果”标签。

b. “填充颜色”标签中的“表达式”设置为“ID4 = 1”；“填充颜色连接”设置为：分段点“0”对应白色，分段点“1”对应蓝色；

c. “闪烁效果”标签的“表达式”设置为“ID3 = 1”；“闪烁方式”设置为：“用图元性质的变化实现闪烁”，填充颜色为红色，边线颜色为黑色，字符颜色为黑色，“闪烁速度”为“快”。

以相同的方法，顺时针依次设置其他站点，ID3 分别为 2 ~ 9，ID4 分别为 2 ~ 9。

③用鼠标右键单击“火车站”下方的，打开快捷菜单，选择“事件”选项，打开“事件组态”对话框，如图 3-2-17 所示。双击 Click 事件，打开“事件参数连接组态”对话框，如图 3-2-18 所示，单击“事件连接脚本”按钮，进入脚本编辑状态。

脚本程序如下。

```
IF ID3 =1 THEN
    ShowInfo ="对不起,您不能选择起始站!"
    !TimerRun(2)
    !TimerSetOutput(2,TimerVal2)
ELSE
    ID4 =1
    Station4 ="火车站"
ENDIF
```

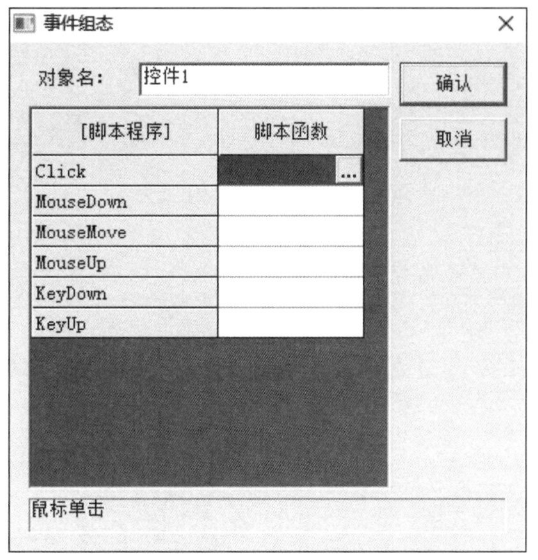


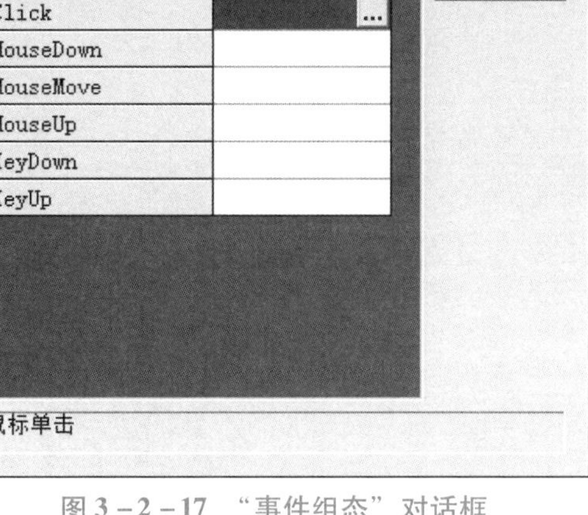


图 3-2-17 “事件组态”对话框

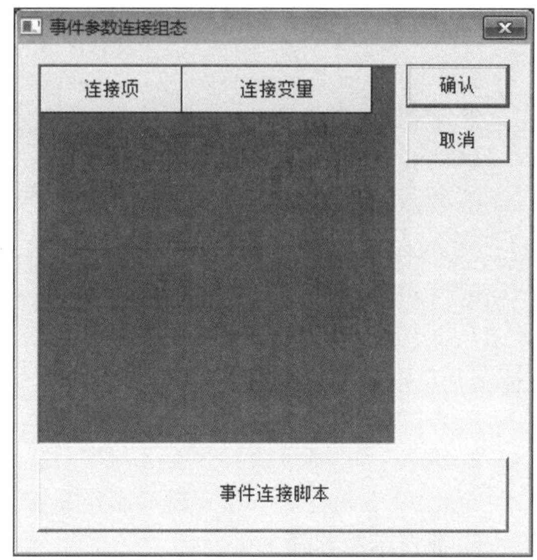


图 3-2-18 “事件参数连接组态”对话框

以相同的方法设置其他站点即可。

(2) 报警弹窗设置。

双击用于报警弹窗的标签，打开“标签动画组态属性设置”对话框，进行如下设置。

在“属性设置”标签中勾选“可见度”和“闪烁效果”复选框，则会自动添加“可见度”标签和“闪烁效果”标签。

①在“闪烁效果”标签进行如下设置。

a. “表达式”设置为“!StrComp(ShowInfo,"")<>0”。

b. “闪烁方式”选择“用图元属性的变化实现闪烁”。

c. 填充颜色为白色，边线颜色为红色，字符颜色为黑色。

d. “闪烁速度”设置为“快”。

②在“可见度”标签进行如下设置。

a. “表达式”设置为“!StrComp(ShowInfo,"")<>0”。

b. “表达式非零时”选择“对应图符可见”。

(3) “确认”按钮设置。

双击“确认”按钮，打开“标准按钮构件属性设置”对话框，进行如下设置。

①在“脚本程序”标签的“抬起功能”中进行如下设置。

a. 勾选“打开用户窗口”复选框，并设置为“结算界面”。

b. 勾选“关闭用户窗口”复选框，并设置为“选择界面”。

③在“可见度属性”标签中进行如下设置。

a. “表达式”设置为“ID4 >0”。

b. “表达式非零时”选择“按钮可见”。

(4) 用户窗口脚本设置。

双击用户窗口空白处，打开“用户窗口属性设置”对话框，进行脚本程序输入。

①在“启动脚本”标签中，脚本程序如下。

```
ShowInfo = ""
ID4 = 0
```

②在“循环脚本”标签中进行如下设置。

a. 循环时间设置为 100 ms。

b. 脚本程序如下。

```
IF TimerVal2 >= 3 Then
    ShowInfo = ""
    !TimerReset(2,0)
    !TimerStop(2)
    !TimerClearOutput(2)
ENDIF
```

至此，“选择界面”用户窗口制作完毕。

### 6. 制作结算界面

1）编辑画面

选中“结算界面”窗口图标，单击“动画组态”按钮，进入动画组态窗口，开始画面的编辑，如图 3－2－19 所示。

地铁自动售票系统的设计（结算界面）

注意：本用户窗口中所用到的矩形框均为标签。

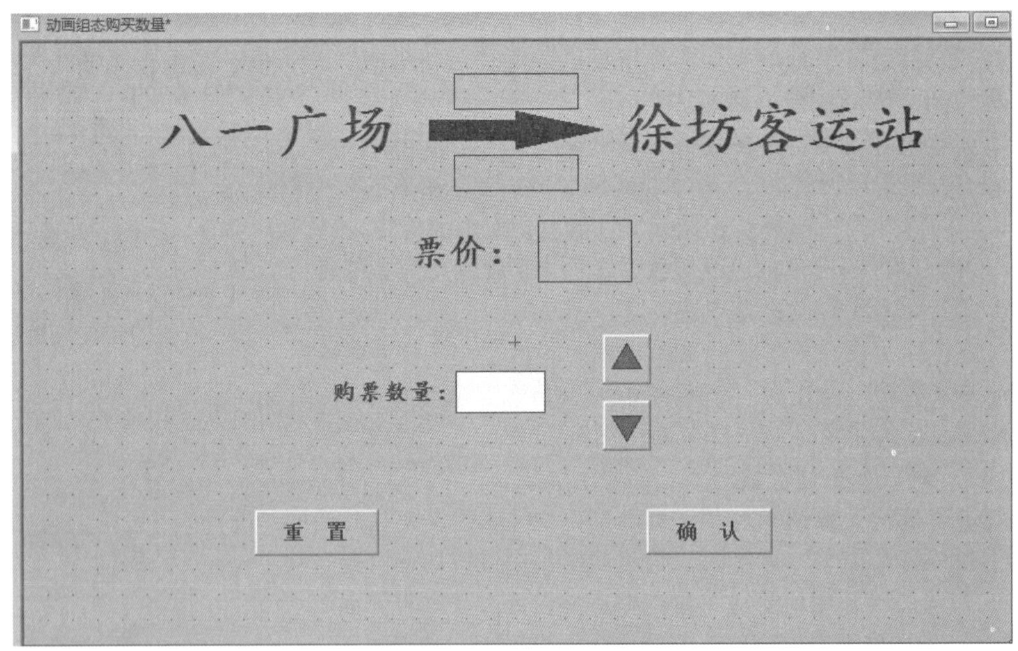


图 3－2－19　结算界面

2）定义数据对象

在本用户窗口中，需定义的数据对象见表 3－2－5。

表3-2-5 数据对象

| 对象名称 | 类型 | 注释 |
|---|---|---|
| Direction | 字符型 | 乘车方向 |
| Distance | 字符型 | 乘车距离 |
| SinglePrice | 数值型 | 单人票价 |
| BuyNum | 数值型 | 购票数量 |

3）动画、动作控制连接

本用户窗口需要动画效果和动作控制的部分包括：乘车起始站显示、乘车下车站显示、乘车方向和乘车距离等4个标签的设置，票价、购票数量选择和显示设置，“确认”按钮和“重置”按钮设置，用户窗口脚本设置。

（1）乘车起始站显示、乘车下车站显示、乘车方向和乘车距离等4个标签的设置。

a. 双击箭头左边的标签，进入“标签动画组态属性设置”窗口，进行如下设置：

b. 在“属性设置”标签中勾选“显示输出”复选框，则会自动添加“显示输出”标签。

①“显示输出”标签中的“表达式”设置为“Station3”；“输出值类型”选择“字符串输出”。

②以相同的方法设置箭头右边的标签，“显示输出”标签中的“表达式”设置为“Station4”。

③以相同的方法设置箭头上部的标签，“显示输出”标签中的“表达式”设置为“Direction”。

④以相同的方法设置箭头下部的标签，“显示输出”标签中的“表达式”设置为“Distance”。

（2）票价、购票数量选择和显示设置。

①双击“票价”右侧的标签，打开“标签动画组态属性设置”对话框，进行如下设置。

a. 在“属性设置”标签中勾选“显示输出”复选框，则会自动添加“显示输出”标签。

b.“显示输出”标签中的“表达式”设置为“SinglePrice”；“单位”为“元”。“输出值类型”选择“数值量输出”。

②双击▼按钮，打开“单元属性设置”对话框，进行“动画连接”标签的设置。单击“标准按钮行”，在该行右侧出现两个按钮 ? > ，单击“连接表达式”右侧的 > 按钮，打开“标准按钮构建属性设置”对话框，在“脚本程序”标签的“抬起脚本”中输入如下脚本程序。

```
IF BuyNum >1 THEN
    BuyNum = BuyNum -1
ENDIF
```

③单击“确认”按钮即可完成▼按钮的设置，以相同的方法设置▼按钮，脚本程序如下。

```
IF BuyNum < 9 THEN
    BuyNum = BuyNum + 1
ENDIF
```

④双击“购买数量”右边的标签，打开“标签动画组态属性设置”对话框，进行如下设置。

a. 在“属性设置”标签中勾选“显示输出”复选框，则会自动添加“显示输出”标签。

b.“显示输出”标签中的“表达式”设置为“BuyNum”；“输出值类型”选择“数值量输出”；“输出格式”选择“十进制，自然小数位”。

（3）“确认”按钮和“重置”按钮设置。

①双击“确认”按钮，打开“标准按钮构件属性设置”对话框，进行如下设置。

在“操作属性”标签的“抬起功能”中勾选“打开用户窗口”复选框，“操作对象”为“出票界面”；勾选“关闭用户窗口”复选框，“操作对象”为“结算界面”。

②双击“重启”按钮，打开“标准按钮构件属性设置”对话框，进行如下设置。

a. 在“操作属性”标签的“抬起功能”中勾选“打开用户窗口”复选框，“操作对象”为“选择界面”；勾选“关闭用户窗口”复选框，“操作对象”为“结算界面”。

b. 在“脚本程序”标签的“抬起脚本”中输入“BuyNum = 1”。

（4）用户窗口脚本设置。

双击用户窗口空白处，打开“用户窗口属性设置”对话框，进行脚本程序输入。

在“启动脚本”标签中，脚本程序如下。

```
IF(ID3 > ID4 And(ID3 - ID4) > 4)OR(ID3 < ID4 AND !Abs(ID3 - ID4) <= 4)THEN
    Direction = "正向乘车"
ELSE
    Direction = "逆向乘车"
ENDIF
IF ID3 < ID4 THEN
    IF(ID4 - ID3) > 4 THEN
        Distance = "距离" + !Str(9 - ID4 + ID3) + "站"
    ELSE
        Distance = "距离" + !Str(ID4 - ID3) + "站"
    ENDIF
ELSE
    IF(ID3 - ID4) > 4 THEN
        Distance = "距离" + !Str(9 - ID3 + ID4) + "站"
    ELSE
        Distance = "距离" + ! Str(ID3 - ID4) + "站"
    ENDIF
ENDIF
```

```
IF !Val(!mid(Distance,3,1)) <=2 THEN
    SinglePrice =2
ENDIF
IF !Val(!mid(Distance,3,1)) >2 And !Val(Distance) <=3 THEN
    SinglePrice =3
ENDIF
IF !Val(!mid(Distance,3,1)) >3 And !Val(Distance) <=4 THEN
    SinglePrice =4
ENDIF
BuyNum =1
```

至此，“结算界面”用户窗口制作完毕。

MCGSTPC 地铁自动售票系统的设计（出票界面）

### 7. 制作出票界面

1）编辑画面

选中“出票界面”窗口图标，单击“动画组态”按钮，进入动画组态窗口，开始画面的编辑，如图 3－2－20 所示。

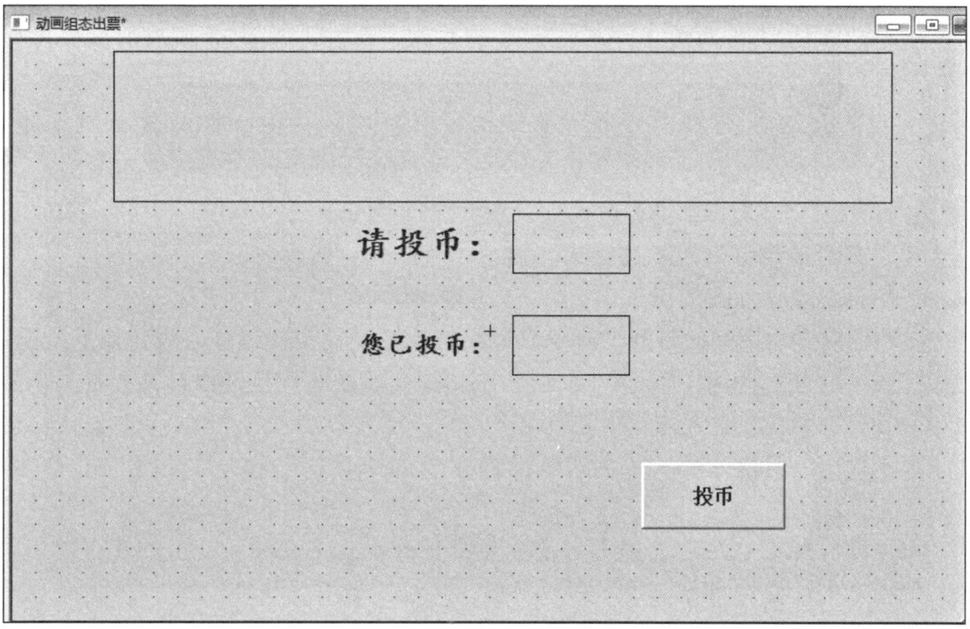

图 3－2－20 出票界面

注意：本用户窗口中所用到的矩形框均为标签。

2）定义数据对象

在本用户窗口中，需定义的数据对象见表 3－2－6 所示。

表 3－2－6 数据对象

| 对象名称 | 类型 | 注释 |
|---|---|---|
| SaleInfo | 字符型 | 出票信息显示 |

续表

| 对象名称 | 类型 | 注释 |
| --- | --- | --- |
| Price | 字符型 | 应投币金额 |
| PayMoney | 数值型 | 已投币金额 |

3）动画、动作控制连接

本用户窗口需要添加动画效果和动作控制的部分包括：应投币金额和已投币金额的设置出票信息显示标签的设置、“投币”按钮设置、“用户窗口属性设置”对话框中入脚本程序输入。

（1）应投币金额和已投币金额的设置。

①双击“请投币”右侧的标签，打开“标签动画组态属性设置”对话框中，进行如下设置。

a. 在“属性设置”标签中勾选“显示输出”复选框，则会自动添加“显示输出”标签。

b.“显示输出”标签中的“表达式”设置为“Price”；“单位”为“元”；“输出值类型”选择“数值量输出”；“输出格式”为“十进制，自然小数位”。

②以相同的方法设置“您已投币”右侧的标签，打开“标签动画组态属性设置”对话框。

a. 在“属性设置”标签中勾选“显示输出”复选框，则会自动添加“显示输出”标签。

b.“显示输出”标签中的“表达式”设置为“PayMoney”；“单位”为“元”；“输出值类型”选择“数值量输出”；“输出格式”为“十进制，自然小数位”。

（2）出票信息显示标签的设置。

双击出票信息显示标签，打开“标签动画组态属性设置”对话框，进行如下设置。

①在“属性设置”标签中勾选“显示输出”和“可见度”复选框，则会自动添加“显示输出”标签和“可见度”标签。

②“显示输出”标签中的“表达式”设置为“SaleInfo”；“输出值类型”选择“字符串输出”。

③“可见度”标签中的“表达式”设置为“!StrComp(SaleInfo,"")<>0”；“当表达式非零时”选择“对应图符可见”。

④设置完毕后，将该标签覆盖于投币信息的上层。

（3）“投币”按钮设置。

双击“投币”按钮，打开“标准按钮构件属性设置”对话框，进行如下设置。

在“脚本程序”标签的“抬起功能”中输入脚本程序：

```
PayMoney = PayMoney + 1
```

（4）“用户窗口属性设置”对话框中脚本程序输入

双击用户窗口空白处，打开“用户窗口属性设置”对话框，进行脚本程序输入。

①“启动脚本”标签中，脚本程序如下。

```
Price = SinglePrice *  BuyNum
```

```
!TimerRun(1)
!TimerSetOutput(1,TimerVal)
SaleInfo = ""
```

②在“循环脚本”标签中，循环时间为 100 ms。

脚本程序如下。

```
IF TimerVal >=10 THEN
    用户窗口.系统界面.Open()
    用户窗口.出票.Close()
ENDIF
IF PayMoney >0 And PayMoney >= Price THEN
    SaleInfo ="正在出票,请稍候..."
ENDIF
```

③在“退出脚本”标签中，脚本程序如下。

```
!TimerReset(1,0)
!TimerStop(1)
!TimerClearOutput(1)
PayMoney =0
用户窗口.系统界面.Open()
用户窗口.出票.Close()
```

至此，整个系统设置完毕。

系统调试

下载工程后进入 MCGS 模拟运行环境，观察各用户窗口的功能是否能达到控制要求，若未达到控制要求，则需返回组态环境进行相应修改后再次下载工程并模拟运行工程，直至完全达到控制要求。

## 拓展提升

MCGS 嵌入版组态软件为用户提供了一些常用的数学函数和对 MCGS 嵌入版系统内部对象操作的函数。组态时，可在表达式中或用户脚本程序中直接使用这些函数。为了与其他名称区别，系统内部函数的名称一律以“!”符号开头，包括运行环境操作函数、数据对象操作函数、用户登录操作函数等 11 类函数。

在进行编程时，如需了解系统函数的含义及使用方法，除了查看《MCGS 嵌入版说明书》以外，还可以查看 MCGS 嵌入版组态软件的“帮助”系统。在菜单栏中选择“帮助”→“帮助目录”选项，或直接按 F1 键，即可打开 MCGS 嵌入版组态软件的“帮助”系统，如图 3-2-21 所示，在 MCGS 嵌入版帮助系统左侧输入索引的函数名或者直接双击选择函数，则可以在“帮助”系统中显示这些常用函数的含义及具体用法。

## 练习提高

（1）常用的定时器指令有哪些？它们各有什么作用？

（2）MCGS 嵌入版组态软件中有哪些地方可以输入脚本程序？它们的作用有何不同？

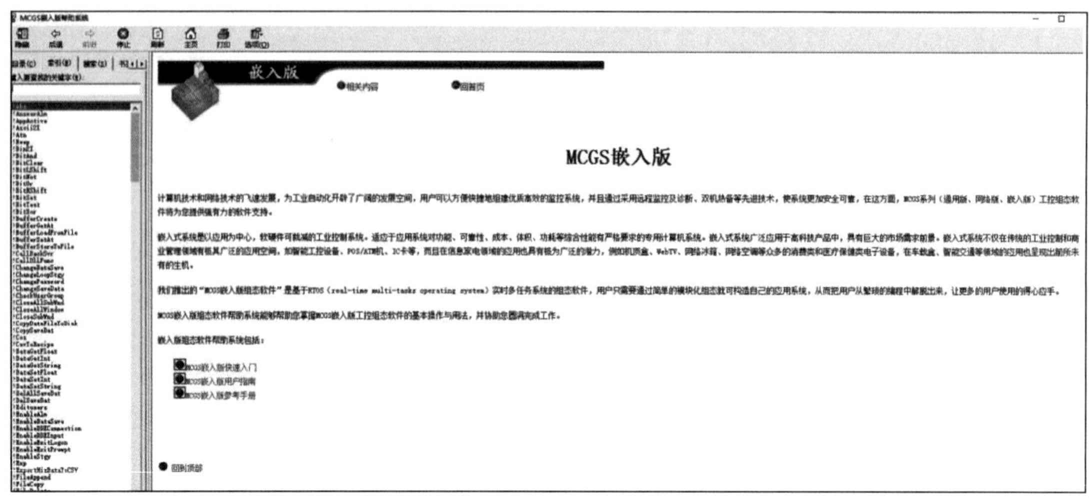


图 3-2-21　MCGS 嵌入版组态软件的“帮助”系统

（3）循环脚本、启动脚本和退出脚本有什么区别？

（4）尝试用其他方法实现初始化界面的功能。

## 任务评价

任务评价见表 3-2-7。

表 3-2-7　“MCGSTPC 地铁自动售票系统的设计”任务评价

| 学习成果 | | | 评分表 | | |
|---|---|---|---|---|---|
| 学习内容 | 出现的问题 | 解决方法 | 学生自评 | 小组互评 | 教师评分 |
| 工程建立的一般过程和步骤（10%） | | | | | |
| 模拟运行的一般步骤（5%） | | | | | |
| 实时数据库的设置（5%） | | | | | |
| 调试界面功能（15%） | | | | | |
| 初始化界面功能（10%） | | | | | |
| 系统界面功能（15%） | | | | | |
| 选择界面功能（15%） | | | | | |
| 结算界面功能（15%） | | | | | |
| 出票界面功能（10%） | | | | | |

# 项目四 MCGS 嵌入版组态软件的进阶工程实例

## 引导语

工业现场需要监控大量的模拟信号，模拟输入信号如温度、压力、流量、液位这些连续变化的信号，模拟输出信号则基本上用于控制工业现场的执行设备，如控制阀门的开度、控制变频器的调速等。MCGS 嵌入版组态软件不仅能监控数字信号的变化，还能实时监控模拟信号的变化，模拟量通过变送器转换为统一的电压或电流信号，这些信号进入 PLC，经由 A/D 单元转换为数字量，经过处理后，再经由 D/A 单元转换成模拟量输出，通过设备连接，使外部设备采集的模拟输出信号以被读取的方式上传至 MCGS 嵌入版组态软件，MCGS 嵌入版组态软件再对数据进行存储、处理、分析，并将相关数据以表格、曲线等形式显示，从而实现对控制过程的自动控制。

## 任务 4.1 MCGSTPC + PLC + 变频器电动机转速控制系统的设计

### 任务目标

知识目标：

(1) 掌握动画组态界面的绘制步骤；

(2) 掌握同类构件不同的动画属性的设置方法；

(3) 掌握标准按钮脚本程序的添加方法。

技能目标：

(1) 能熟练绘制动画组态界面；

(2) 能根据需要合理选择适当的构件；

(3) 能掌握不同构件下脚本程序的添加方法。

素养目标：

(1) 培养学生认真探索的求知精神；

（2）培养学生节能环保的意识。

## 任务描述

大型建筑中用于风机、泵类等的电动机大多数都适合采用调速运行。但其传统的调节方法是风机、泵类采用交流电动机恒速传动，靠调节风闸和阀门的开度来调节流量，这种调节方法以耗用大量能源为代价，并且无法实现完善的自动控制。近年来交流调速中最活跃、发展最快的就是变频调速技术，即使用变频器对交流电动机调速，从而实现无级调速，也就是可以使电动机在0到额定转速之间的任意转速下工作。不仅如此，现在的变频器还能在其他方面很方便地对电动机进行控制，比如电动机的启动制动控制、正反转控制等。

本系统针对电动机的运行特点，采用了MICROMASTER 420系列变频器，能很好地控制电动机的转速。

图4－1－1所示是电动机转速控制系统的模拟仿真。该系统由电动机、系统控制元件和速度控制元件等组成，控制要求如下：电动机能分别在0 Hz、10 Hz、20 Hz、30 Hz的频率下运行，当按下“正/反转启动”按钮时，电动机以10 Hz的频率开始运行，同时相应的指示灯亮，接触器吸合，每按一次“加速”/“减速”按钮，电动机频率增加/减少10 Hz，直至按下“停止”按钮时，电动机停止运行，同时指示灯灭。

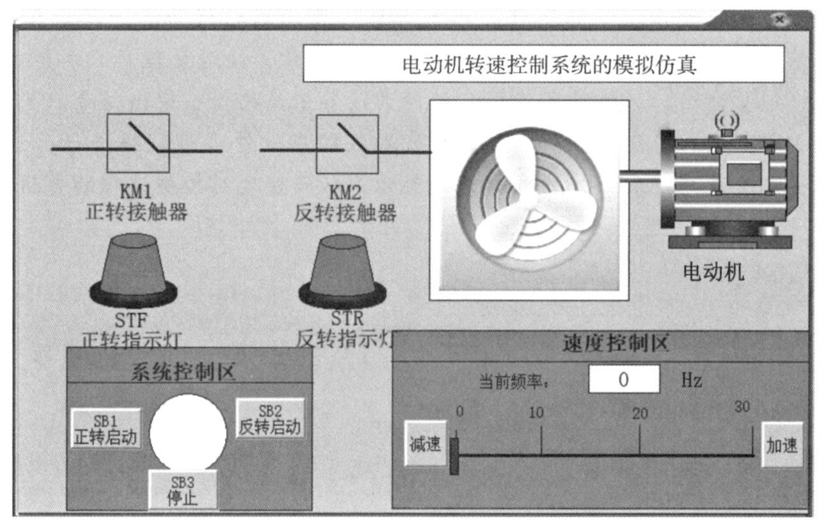

图4－1－1　电动机转速控制系统的模拟仿真

## 知识储备

### 4.1.1　变频器介绍

变频器介绍

在电力拖动系统中，经常会用到交流电动机。交流电动机结构简单、维护方便、成本低，但是调速性能却很差，在对调速性能要求较高的情况下，交流电动机就显现出劣势。变频调速技术由此应运而生。变频调速技术即使用变频器对交流电动机调速，它可以使交流电动机在0到额定转速之间的任意转速下工作，不仅如此，现在的变频器还能用于其他方面，如电动机的启动、制动控制，正反转控制等，十分方便。

交流异步电动机的转速计算公式为

$$n = 60f(1 - s)/p$$

根据公式，可得到影响电动机转速的 3 个因素：电源频率 $f$、电动机极对数 $p$ 和电动机转差率 $s$。由于多数电动机的转差率 $s$ 和极对数 $p$ 在制造时就已经确定，调速性能非常有限，所以改变电源频率 $f$ 是调节转速的最佳方式。我国的交流电工频为 50 Hz，通过变频器可以使交流电的频率在 0 到几百、几千甚至上万 Hz 之间任意调整，因此，以控制电源频率为目的的变频器是电动机调速设备的首选。

变频器参数设置

## 4.1.2　变频器工作原理

### 2. 变频器工作原理

本任务中使用的是西门子 MICROMASTER 420 通用型变频器。MICROMASTER420 通用型变频器由微处理器控制，并采用具有现代先进技术水平的绝缘栅双极型晶体管（IGBT）作为功率输出器件。因此，它具有很高的运行可靠性和功能多样性。

MICROMASTER420 通用型变频器具有数字量输入端口 3 个、模拟量输入端口 1 个、模拟量输出端口 1 个、继电器输出端口 1 个。为了实现电动机的多段速度，可以运用数字量输入端口的不同组合改变电源频率来达到调速的目的。

用数字量实现电动机多段速度运行，有如下 3 种方法。

（1）直接选择（P0701 – P0703 = 15）。在这种操作方式下，一个数字量输入选择一个固定频率。当多个选择同时激活时，选定的频率是它们的总和（另外还需要启动 ON 信号）。

（2）直接选择（P0701 – P0703 = 16）。在这种操作方式下，数字量输入既选择固定频率又具备启动功能。

（3）二进制编码选择（P0701 – P0703 = 17）。使用这种方法最多可以选择 7 个固定频率。

## 任务实施

### 任务分析

本系统由上位机（MCGS）和下位机西门子 S7 – 200 Smart 系列 PLC 构成。

电动机正反转转速控制系统——制作界面

上位机 MCGS 系统包括以下部分。

#### 1. 用户窗口

位图构件 1 个、电动机构件 1 个、矩形构件 9 个、直线构件 15 个、椭圆构件 1 个、指示灯构件 5 个、箭头构件 4 个、标准按钮构件 5 个、标签构件 15 个。

#### 2. 运行策略

添加脚本程序。

上位机与下位机联机可实现电动机转速的控制。

### 上位机 MCGS 系统设计

#### 1. 制作工程画面

1）建立画面

（1）创建名为“电动机转速控制系统”的工程文件。

（2）创建名为“电动机转速控制”的用户窗口，由于该工程仅有一个用户窗口，所以“电动机转速控制”用户窗口默认为启动窗口，运行时自动加载。

2）编辑画面

选中“电动机转速控制”窗口图标，单击“动画组态”，进入动画组态窗口，开始编辑画面。

（1）制作文字框图。

①单击工具条中的“工具箱”按钮，打开绘图工具箱。

②单击绘图工具箱中的（标签）按钮，光标呈“十字”形，在窗口顶端中心位置拖拽鼠标，根据需要拉出一个一定大小的矩形。

③在光标闪烁位置输入文字“电动机转速控制系统的模拟仿真”，按 Enter 键或在窗口任意位置单击，文字输入完毕。

④选中文字框，进行如下设置。

a. 单击工具条中的（填充色）按钮，设定文字框的背景颜色为黄色。

b. 单击工具条中的（线色）按钮，设置文字框的边线颜色为黑色。

c. 单击工具条中的（字符字体）按钮，设置文字字体为宋体，字型为粗体，字号为三号。

d. 单击工具条中的（字符颜色）按钮，将文字颜色设为黑色。

（2）绘制马达和电动机叶片。

①单击绘图工具箱中的（插入元件）按钮，弹出“对象元件库管理”对话框，如图 4－1－2 所示。

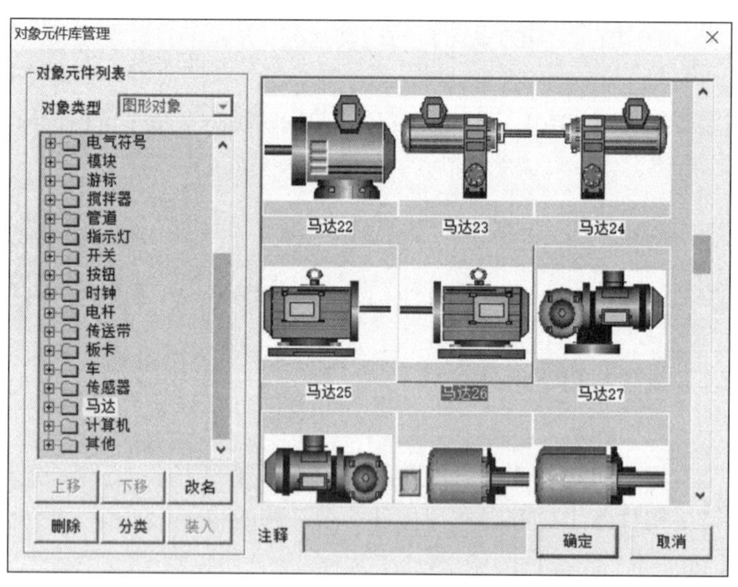

图 4－1－2 “对象元件库管理”对话框

②从“马达”类中选取“马达 26”。

③导入位图。在计算机中保存一张电动机叶片的图像（以 BMP 格式保存），单击绘图工具箱中的（位图）按钮，根据需要拉出一定的大小，再次选中位图控件，单击鼠标右键，选择“装载位图”选项，然后找到要放置的位图并双击，即可导入电动机叶片的图像。

④利用标签的功能为电动机添加注释。

（3）绘制接触器和指示灯。

①单击绘图工具箱中的 （直线）按钮，插入直线，并双击直线，打开“动画组态属性设置”对话框，将“边线颜色”设置为“黑色”，将边线线型设置为合适的线型，勾选“可见度”复选框。

②单击绘图工具箱中的 （插入元件）按钮，从“指示灯”类中选取“指示灯1”，调整大小并放置到合适的位置。

③利用标签的功能给两个接触器和两个指示灯添加注释。

（4）绘制系统控制区。

①单击绘图工具箱中的 （矩形）按钮，根据需要拉出一定的大小，双击矩形框，打开“动画组态属性设置”对话框，将“填充颜色”设置为“玫红色”。

②单击绘图工具箱中的 （直线）按钮，插入直线，将矩形框分为两部分。

③利用绘图工具箱中的“标签”按钮，制作“系统控制区”标题。

④单击绘图工具箱中的 （标准）按钮，光标呈“十字”形，在窗口中的适当位置拖拽鼠标，根据需要拉出一个一定大小的矩形，按此步骤依次添加3个按钮并调整位置，依次修改按钮文本为“正转启动SB1”“反转启动SB2”和“停止SB3”。

⑤单击绘图工具箱中的 （椭圆）按钮，绘制一个椭圆，将“填充颜色”设置为“白色”。

⑥单击绘图工具箱中的 （常用符号）按钮，打开“常用符号”对话框，选择细箭头 ，具体操作如下。

a. 光标呈“十”字形后，在窗口中的适当位置拖拽鼠标，根据需要拉出一个一定大小的箭头，将“填充颜色”设置为“黄色”，按此步骤依次添加3个箭头，选中箭头控件。

b. 单击鼠标右键，选择“排列”→“旋转”选项可以调整箭头的方向。

系统控制区绘制效果如图4-1-3所示。

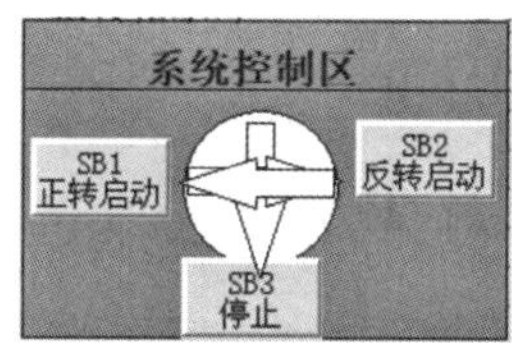


图4-1-3 系统控制区绘制效果

（5）绘制速度控制区。

①单击绘图工具箱中的 （矩形）按钮，根据需要拉出一定的大小，双击矩形框，打开“动画组态属性设置”对话框，将“填充颜色”设置为“玫红色”。

②单击绘图工具箱中的 （直线）按钮，插入直线，将矩形框分为两部分。

③利用绘图工具箱中的“标签”按钮，制作“速度控制区”标题。

④下半部分为电动机运行频率显示区域。

a. 以数值的形式显示。

• 单击绘图工具箱中的“标签”按钮，设置标签填充颜色为白色，字符颜色为黑色，输入文本“####”。

• 单击“标签”按钮制作两个标签，分别输入文本“当前频率:”和频率的单位“Hz”。

b. 以游标的形式显示。

• 制作用于显示电动机转速的刻度表。单击绘图工具箱中的 ╲ （直线）按钮，插入直线。

• 单击绘图工具箱中的“标签”按钮，在刻度表上方添加相应的频率值。

• 单击绘图工具箱中的 ▭ （矩形）图标，调整到合适大小，设置填充颜色为蓝色，制作游标。

• 按“Ctrl + C”组合键，复制 3 个同样的游标，效果如图 4 – 1 – 4 所示。

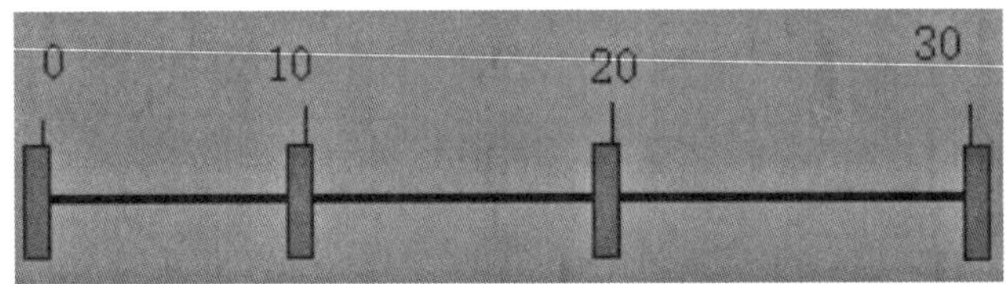

图 4 – 1 – 4　游标显示效果

⑤单击绘图工具箱中的 ⌴ （标准）按钮，光标呈“十”字形，在窗口中的适当位置拖拽鼠标，根据需要拉出一个一定大小的矩形，按此步骤依次添加 2 个按钮并调整位置，分别修改按钮文本为“加速”“减速”。

速度控制区绘制效果如图 4 – 1 – 5 所示。

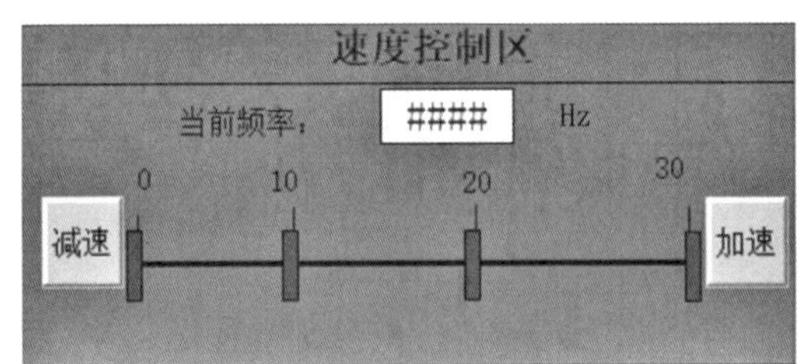

图 4 – 1 – 5　速度控制区绘制效果

电动机正反转转速控制系统——动画连接

### 2. 定义数据对象

单击工作台中的“实时数据库”窗口标签，进入“实时数据库”窗口页，本工程中需要用到的数据对象见表 4 – 1 – 1。

表 4 – 1 – 1　数据对象

| 名称 | 类型 | 注释 |
| --- | --- | --- |
| 电动机转速 | 数值型 | 电动机运行频率的当前值（对象初值为 0） |
| 正转启动 SB1 | 开关型 | “正转启动 SB1”按钮 |
| 反转启动 SB2 | 开关型 | “反转启动 SB2”按钮 |
| 停止 SB3 | 开关型 | “停止 SB3”按钮 |
| 加速 | 开关型 | “加速”按钮 |

续表

| 名称 | 类型 | 注释 |
|---|---|---|
| 减速 | 开关型 | “减速”按钮 |
| 正转指示灯 | 开关型 | STF 正转指示灯 |
| 反转指示灯 | 开关型 | STR 反转指示灯 |
| 频率 1 | 开关型 | 电动机频率为 0 Hz |
| 频率 2 | 开关型 | 电动机反转频率为 10 Hz |
| 频率 3 | 开关型 | 电动机正转频率为 10 Hz |
| 频率 4 | 开关型 | 电动机反转频率为 20 Hz |
| 频率 5 | 开关型 | 电动机正转频率为 20 Hz |
| 频率 6 | 开关型 | 电动机反转频率为 30 Hz |
| 频率 7 | 开关型 | 电动机正转频率为 30 Hz |

### 3. 动画连接

1）电动机动画设置

双击电动机，打开“动画组态属性设置”对话框，如图 4－1－6 所示，参数设置如下。

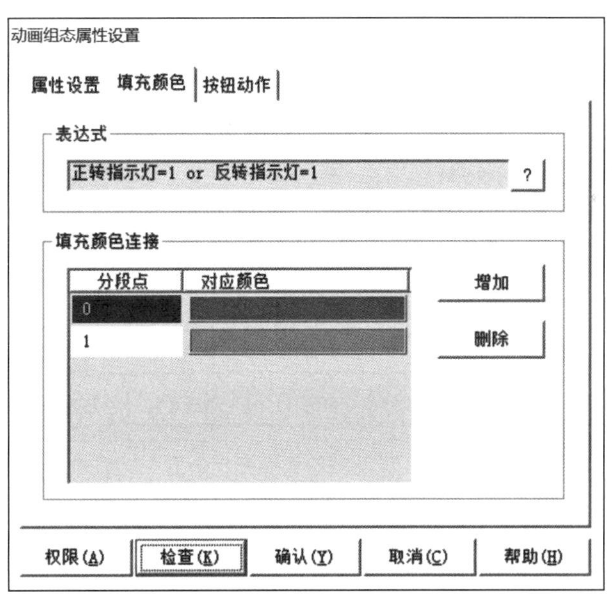


图 4－1－6　电动机动画组态属性设置

（1）填充颜色的数据对象连接设置为“正转指示灯＝1 or 反转指示灯＝1”。

（2）分段点“0”对应红色，分段点“1”对应绿色。

2）正转接触器和反转接触器动画设置

双击正转接触器触点对应的直线，打开“动画组态属性设置”对话框。

（1）勾选“可见度”复选框，进入可见度设置界面，在“表达式”文本框中输入“正转指示灯”。

（2）重复上述步骤，对反转接触器触点进行设置，在“表达式”文本框中输入“反转指示灯”。

3）正传指示灯和反转指示灯动画设置

双击正转指示灯，进行“动画连接”设置，参数设置如下。

（1）填充颜色的数据对象连接设置为“正转指示灯”。

“2”分段点“0”对应红色，分段点“1”对应绿色。

（3）重复上述步骤，对反转指示灯进行设置，填充颜色的数据对象连接设置为“反转指示灯”。

4）系统控制区各元件的动画设置

（1）标准按钮的动画设置。

①双击“正转启动 SB1”按钮，打开“标准按钮构件属性设置”对话框，在“操作属性”标签中勾选“数据对象值操作”复选框，选择“按 1 松 0”选项，并为其添加数据对象“正转启动 SB1”，如图 4-1-7 所示。

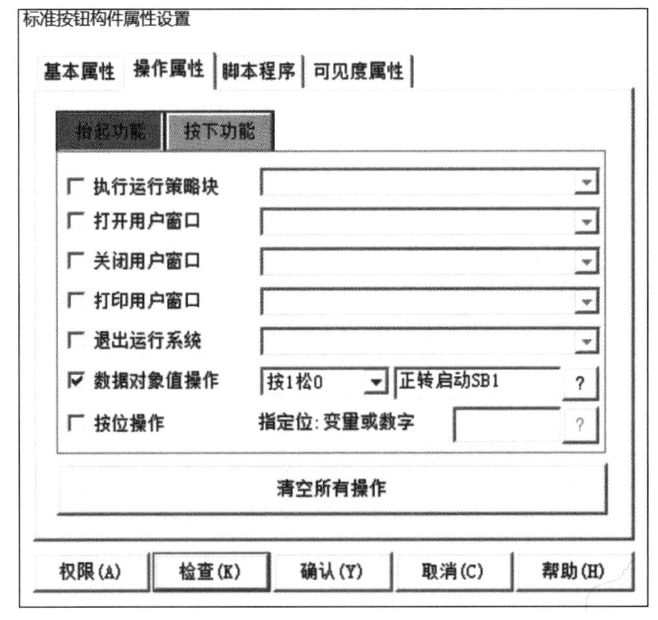


图 4-1-7 “标准按钮构件属性设置”对话框

②以相同的方法设置反转启动按钮和停止按钮，数据对象相应地设置为“反转启动 SB2”和“停止 SB3”。

（2）箭头的动画连接。

①双击向下的箭头，打开“动画组态属性设置”对话框，勾选“可见度”复选框，进入可见度设置界面，在“表达式”文本框中输入“停止 SB3”。

②重复上述步骤，对向左和向右的箭头进行设置，“表达式”分别为“正转启动 SB1”和“反转启动 SB2”。

5）速度控制区各元件的动画连接

（1）标准按钮的动画连接。

①双击加速按钮，打开“标准按钮构件属性设置”对话框，在“操作属性”标签中勾选“数据对象值操作”复选框，选择“按1松0”选项，并为其添加数据对象“加速”。

②以相同的方法设置减速按钮，并为其添加数据对象“减速”。

（2）显示标签动画连接。

①双击显示标签，打开“标签动画组态属性设置”对话框，在“属性设置”标签中，勾选“显示输出”复选框。

②在“显示输出”标签中参数设置如下。

a. 表达式：电动机转速。

b. 输出值类型：数值量输出。

c. 输出格式：浮点输出。

d. 小数位数：0。

（3）游标的动画连接。

①双击数值“0”对应的游标，打开“动画组态属性设置”对话框，勾选“可见度”复选框。

②进入可见度设置界面，在“表达式”文本框中输入“频率1＝1”，如图4－1－8所示。

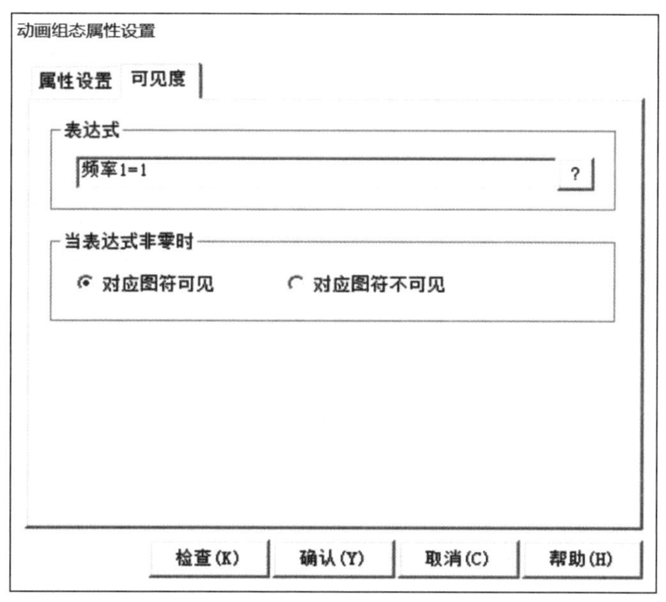


图4－1－8　“动画组态属性设置”对话框

③按照上述步骤，依次对数值“10”“20”和“30”对应的游标进行动画连接，“表达式”相应地设置为“频率2＝1 or 频率3＝1”“频率4＝1 or 频率5＝1”和“频率6＝1 or 频率7＝1”。

下位机系统设计

下位机使用的是西门子S7－200 Smart系列PLC，其设计思路为，PLC设定的内部程序驱动与变频器3个数字量输入端口连接的I端口开关量，输出运行频率到变频器，通过变频器控制电动机的转速。

## 1. I/O 地址分配

对输入/输出量进行分配见表 4－1－2。

表 4－1－2 I/O 地址分配

| 编程元件 | I/O 端子 | 元件代号 | 作用 |
|---|---|---|---|
| 输入继电器 | I0.0 | SB1 | 正转启动按钮 |
| | I0.1 | SB2 | 反转启动按钮 |
| | I0.2 | SB3 | 加速按钮 |
| | I0.3 | SB4 | 减速按钮 |
| | I0.4 | SB5 | 停止按钮 |
| 中间继电器 | M0.2 | — | 正转启动按钮（触摸屏） |
| | M0.3 | — | 反转启动按钮（触摸屏） |
| | M0.4 | — | 加速按钮（触摸屏） |
| | M0.5 | — | 减速按钮（触摸屏） |
| | M0.6 | — | 停止按钮（触摸屏） |
| | M1.1 | — | 电动机运行频率 0 Hz |
| | M1.2 | — | 电动机反转频率 10 Hz |
| | M1.3 | — | 电动机正转频率 10 Hz |
| | M1.4 | — | 电动机反转频率 20 Hz |
| | M1.5 | — | 电动机正转频率 20 Hz |
| | M1.6 | — | 电动机反转频率 30 Hz |
| | M1.7 | — | 电动机正转频率 30 Hz |
| 输出继电器 | Q0.0 | STF | 正转指示灯 |
| | Q0.1 | STR | 反转指示灯 |
| | Q0.4 | — | 变频器数字量输入端接线端子 1 |
| | Q0.5 | — | 变频器数字量输入端接线端子 2 |
| | Q0.6 | — | 变频器数字量输入端接线端子 3 |

## 2. 绘制电动机转速控制系统 PLC 硬件接线图

电动机转速控制系统 PLC 硬件接线图如图 4－1－9 所示。

## 3. 设计 PLC 梯形图程序

PLC 梯形图程序如图 4－1－10 所示。

## 4. 变频器参数设置

变频器用数字量实现电动机多段速度运行，由于篇幅的限制，这里只介绍第三种方法——用二进制编码控制电动机运行频率。其原理为：将 P1001～P1007 设置为不同的频率值，通过 DIN1、DIN2、DIN3 的不同的激活状态来激活电动机的不同运行频率，DIN1～

L
N
PE
SB1
SB2
SB3
SB4
SB5
QF
FU2
24 V
1M
I0.0
I0.1
I0.2
I0.3
I0.4
L1
N
CPU SR40
DC 24 V
1L
Q0.0
Q0.1
Q0.4
Q0.5
Q0.6
M
L+
FU3
SFT
STR
~220 V
DIN1 DIN2 DIN3
变频器

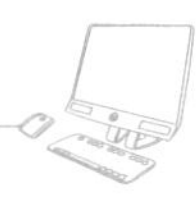

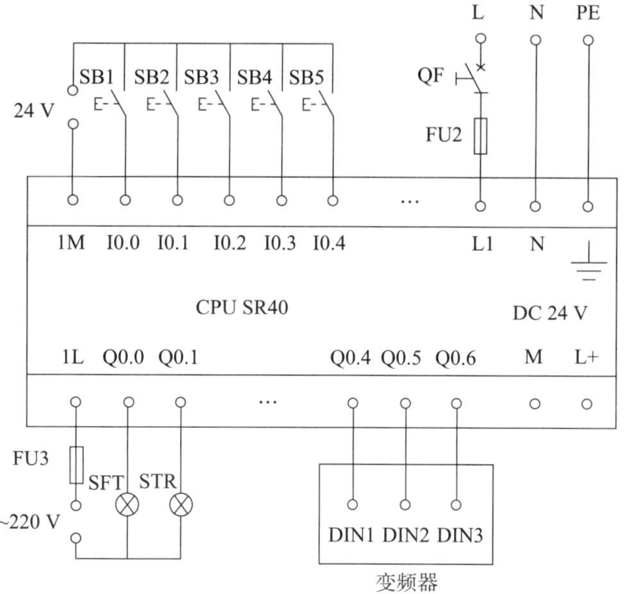

图 4-1-9 电动机转速控制系统 PLC 硬件接线图

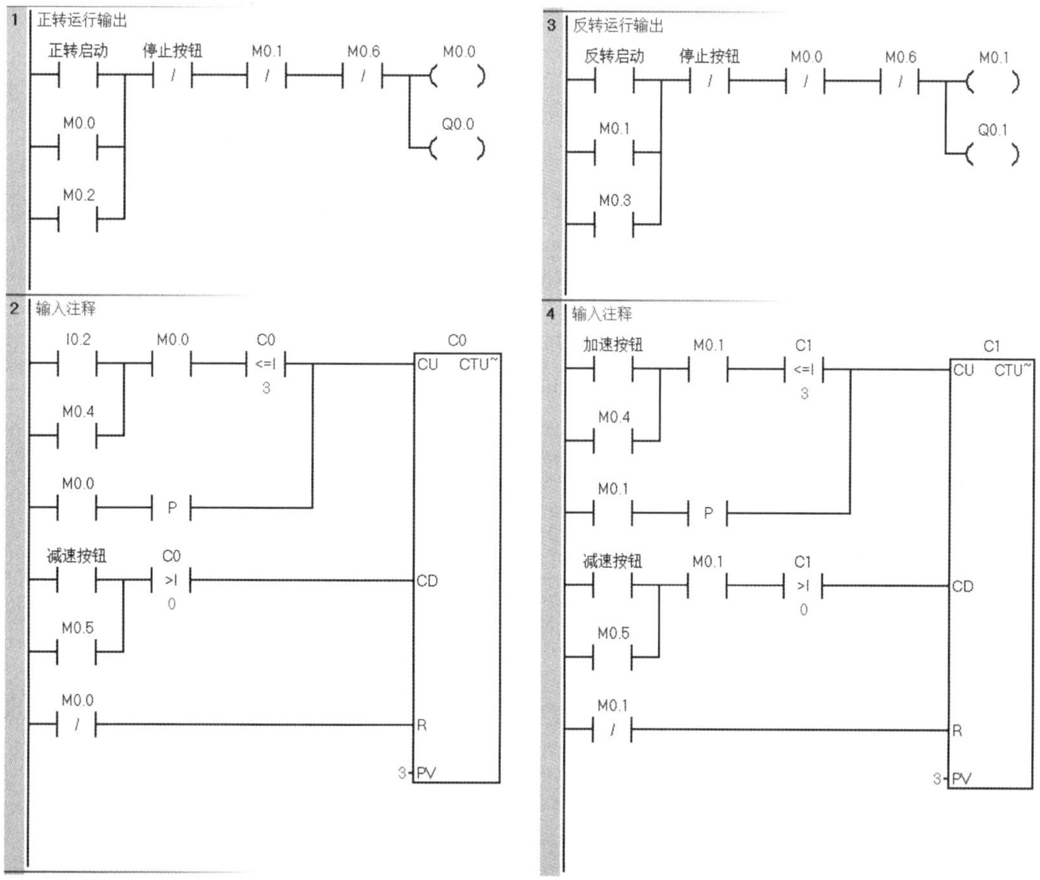

1 正转运行输出
正转启动
停止按钮
M0.1
M0.6
M0.0
M0.0
Q0.0
M0.2
3 反转运行输出
反转启动
停止按钮
M0.0
M0.6
M0.1
M0.1
Q0.1
M0.3
2 输入注释
I0.2
M0.0
C0
<=I
3
C0
CU CTU
M0.4
M0.0
P
减速按钮
C0
>I
0
CD
M0.5
M0.0
R
3 PV
4 输入注释
加速按钮
M0.1
C1
<=I
3
C1
CU CTU
M0.4
M0.1
P
减速按钮
M0.1
C1
>I
0
CD
M0.5
M0.1
R
3 PV

图 4-1-10 PLC 梯形图程序

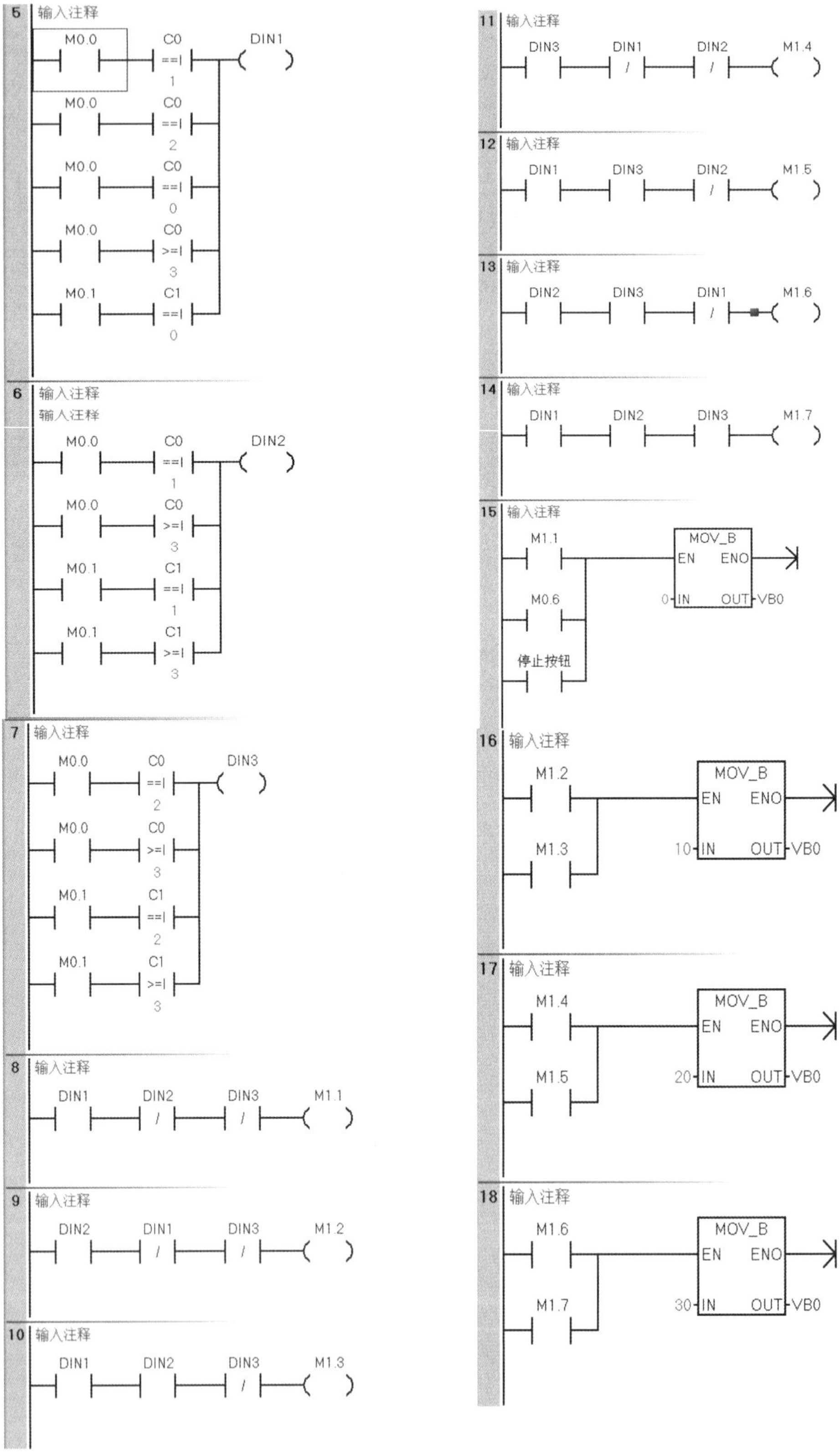

5 输入注释

M0.0 C0 ==I 1 DIN1
M0.0 C0 ==I 2
M0.0 C0 ==I 0
M0.0 C0 >=I 3
M0.1 C1 ==I 0

6 输入注释
输入注释

M0.0 C0 ==I 1 DIN2
M0.0 C0 >=I 3
M0.1 C1 ==I 1
M0.1 C1 >=I 3

7 输入注释

M0.0 C0 ==I 2 DIN3
M0.0 C0 >=I 3
M0.1 C1 ==I 2
M0.1 C1 >=I 3

8 输入注释

DIN1 DIN2 / DIN3 / M1.1

9 输入注释

DIN2 DIN1 / DIN3 / M1.2

10 输入注释

DIN1 DIN2 DIN3 / M1.3

11 输入注释

DIN3 DIN1 / DIN2 / M1.4

12 输入注释

DIN1 DIN3 DIN2 / M1.5

13 输入注释

DIN2 DIN3 DIN1 / M1.6

14 输入注释

DIN1 DIN2 DIN3 M1.7

15 输入注释

M1.1
M0.6
停止按钮
MOV_B EN ENO 0 IN OUT VB0

16 输入注释

M1.2
M1.3
MOV_B EN ENO 10 IN OUT VB0

17 输入注释

M1.4
M1.5
MOV_B EN ENO 20 IN OUT VB0

18 输入注释

M1.6
M1.7
MOV_B EN ENO 30 IN OUT VB0

图 4－1－10 PLC 梯形图程序（续）

DIN3为数字量输入端，可用开关量控制，使用这种方法最多可以选择7个固定频率，如图4-1-11所示。

| | | DIN2 | DIN2 | DIN1 |
|---|---|---|---|---|
| | OFF | 不激活 | 不激活 | 不激活 |
| P1001 | FF1 | 不激活 | 不激活 | 激活 |
| P1002 | FF2 | 不激活 | 激活 | 不激活 |
| P1003 | FF3 | 不激活 | 激活 | 激活 |
| P1004 | FF4 | 激活 | 不激活 | 不激活 |
| P1005 | FF5 | 激活 | 不激活 | 激活 |
| P1006 | FF6 | 激活 | 激活 | 不激活 |
| P1007 | FF7 | 激活 | 激活 | 激活 |

图4-1-11　用二进制编码控制电动机运行频率

具体参数设置步骤如下。

1）变频器初始化

（1）设置参数P0010=30（工厂设定值）。

（2）设置参数P0970=1（工厂复位）。

2）设置电动机参数

（1）设置参数P0010=1，打开快速调试功能。

（2）按表4-1-3设置电动机相应参数。

表4-1-3　电动机相应参数

| 参数号 | 设置值 | 单位 | 说明 |
|---|---|---|---|
| P0304 | 380 | V | 电动机的额定电压 |
| P0305 | 0.18 | A | 电动机的额定电流 |
| P0307 | 0.03 | kW | 电动机的额定功率 |
| P0311 | 1300 | r/min | 电动机的额定转速 |

（3）设置参数P3900=1，关闭快速调试功能。

3）设置控制参数

控制参数见表4-1-4。

表4-1-4　控制参数

| 参数号 | 设置值 | 单位 | 说明 |
|---|---|---|---|
| P0003 | 3 | — | 专家访问级（参数访问级别） |
| P0004 | 0 | — | 全部参数（参数过滤器） |
| P0700 | 2 | — | 接线端子（选择命令源） |

续表

| 参数号 | 设置值 | 单位 | 说明 |
| --- | --- | --- | --- |
| P0701（DIN1）<br>P0702（DIN2）<br>P0703（DIN3） | 1 | — | 接通正转/停止 |
| | 2 | — | 接通反转/停止 |
| | 9 | — | 故障确认 |
| | 10 | — | 正向点动 |
| | 11 | — | 反向点动 |
| | 12 | — | 反转 |
| | 15 | — | 固定频率设定值（直接选择） |
| | 16 | — | 固定频率设定值（直接选择 + ON 命令） |
| | 17 | — | 固定频率设定值（BCD 码选择 + ON 命令） |
| P1000 | 3 | — | 固定频率设置值（频率设置值选择） |
| P1001 ~ P1007 | 根据要求设定为具体的频率值 | Hz | 固定频率 1 ~ 固定频率 7 |
| P1120 | 1.0 | s | 斜坡上升时间［从静止加速到 P1082（最高频率）所用的时间］ |
| P1121 | 1.0 | s | 斜坡下降时间［从 P1082（最高频率）减速到静止所用的时间］ |

上下位机通信

本工程中，设备通信的设置步骤如下。

(1) 在设备窗口中双击“设备窗口”图标。

(2) 在右键快捷菜单中选择“设备工具箱”选项。

(3) 单击“设备管理”按钮，进入“设备管理”窗口，在“可选设备”标签中按照如下顺序——所有设备→PLC→西门子→Smart200→西门子_Smart200 找到本工程使用到的下位机“西门子_Smart200”，单击“增加”按钮，将“西门子_Smart200”添加到“选定设备”标签中，单击“确定”按钮，添加设备完成，如图 4-1-12 所示。

图 4-1-12　MCGS 中设备通信的选择

(4) 双击“设备 0--[西门子_Smart200]”，进入“设备编辑窗口”，在“设备属性值”中进行设置，实现的是上位机与下位机的通信连接，参数设置如下。

①本地 IP 地址：输入 MCGS 的 IP 地址，如 192.168.2.12。

②远端 IP 地址：输入 PLC 的 IP 地址，如 192.168.2.1。

(5) 在“设备编辑窗口”中对上位机的数据与下位机的数据进行连接，设备通道及其相应连接变量如图 4-1-13 所示。

(6) 单击“确认”按钮，设备编辑完毕。

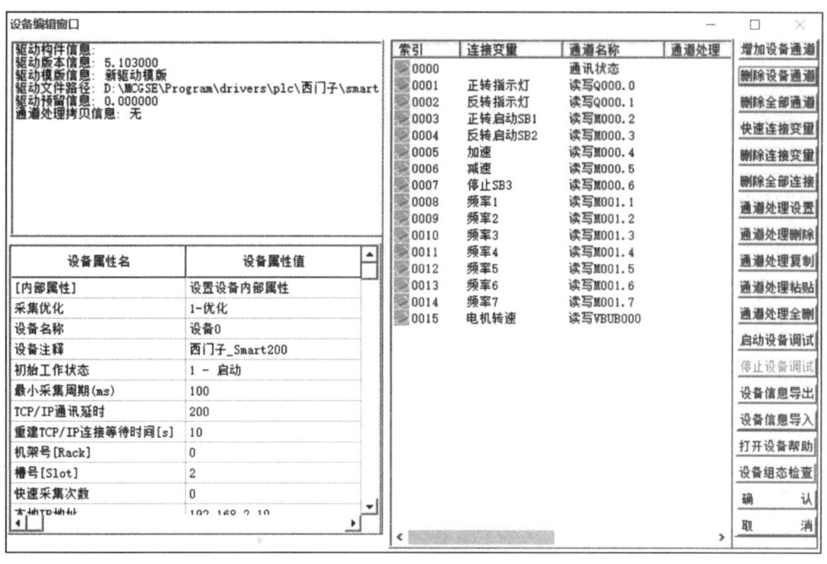


图 4－1－13　设备通道及其相应连接变量设置

系统调试

### 1. PLC 程序调试

反复运行及调试 PLC 程序，直到能达到下位机控制要求为止。

### 2. MCGS 监控界面调试

（1）运行初步调试正确的 PLC 程序。

（2）进入 MCGS 运行界面，调试 MCGS 组态界面，观察显示界面是否能达到本系统控制要求，根据本系统控制要求对 MCGS 组态界面及 PLC 程序进行相应修改。

（3）反复调试，直到 MCGS 组态界面和 PLC 程序都能达到控制要求为止。

## 拓展提升

仅利用 MCGS 组态软件设计电动机转速控制系统，系统的控制要求不变。

本工程的系统设计需进行以下修改。

（1）进入设备窗口，删除“设备 0 －－[ 西门子_Smart200 ]”。

（2）编写控制流程。

具体操作如下。

①添加数据对象。

在“实时数据库”窗口添加表 4－1－5 所示数据对象。

表 4－1－5　数据对象

| 名称 | 类型 | 注释 |
| --- | --- | --- |
| 电动机叶片 | 数值型 | 电动机叶片第 1～8 张图片（对象初值为 1） |
| 速度累计 | 数值型 | 电动机运行速度的当前值（对象初值为 0） |

②创建电动机叶片动画效果。

a. 双击电动机叶片，打开“动画组态属性设置”对话框。

b. 勾选“可见度”复选框，进入可见度设置界面，在“表达式”文本框中输入“电动机叶片＝1”。

c. 重复上述步骤，依次对剩余7张图片进行设置，“表达式”分别为“电动机叶片＝2”～“电动机叶片＝8”。

③添加按钮脚本程序。

a. 双击“正转启动SB1”按钮，进入“脚本程序”窗口，在“脚本程序”标签中的“抬起脚本”中输入：

正转启动SB1＝1

速度增量＝10

b. 双击“反转启动SB2”按钮，进入“脚本程序”窗口，在“脚本程序”标签中的“抬起脚本”中输入：

反转启动SB2＝1

速度增量＝10

c. 双击“停止SB3”按钮，进入“脚本程序”窗口，在“脚本程序”标签中的“抬起脚本”中输入：

停止SB3＝1

速度增量＝0

反转启动SB2＝0

正转启动SB1＝0

反转指示灯＝0

正转指示灯＝0

d. 双击“加速”按钮，在“脚本程序”标签中的“抬起脚本”中添加脚本程序：

电动机转速＝电动机转速＋10

IF 电动机转速 >= 30 THEN

电动机转速＝30

ENDIF

e. 双击“减速”按钮，在“脚本程序”标签中的“抬起脚本”中添加脚本程序：

电动机转速＝电动机转速－10

IF 电动机转速 <= 0 THEN

电动机转速＝0

ENDIF

④添加“循环策略”的脚本程序。

在“运行策略”窗口中，双击“循环策略”进入“策略组态”窗口。双击图标打开“策略属性设置”对话框，将循环时间设置为200 ms，单击“确认”按钮。本工程需要添加一个脚本程序。

在“策略组态”窗口中，单击工具条中的“新增策略行”按钮，增加一个策略行。

a. 如果“策略组态”窗口中没有策略工具箱，则单击工具条中的“工具箱”按钮，弹出策略工具箱。

b. 单击策略工具箱中的“脚本程序”按钮，将鼠标指针移到策略块图标上，单击，添加脚本程序构件。

c. 双击图标进入脚本程序编辑环境，输入下面的脚本程序。

```
IF 正转启动 SB1 =1 THEN
反转启动 SB2 =0
停止 SB3 =0
正转指示灯 =1
反转指示灯 =0
速度累计 =速度累计 +电机转速
IF 速度累计 >=30 THEN
速度累计 =0
电动机叶片 =电动机叶片 +1
ENDIF
IF 电动机叶片 >8 THEN
电动机叶片 =1
ENDIF
ENDIF
IF 反转启动 SB2 =1 THEN
正转启动 SB1 =0
停止 SB3 =0
反转指示灯 =1
正转指示灯 =0
速度累计 =速度累计 +电机动转速
IF 速度累计 >=30 THEN
速度累计 =0
电动机叶片 =电动机叶片 -1
ENDIF
IF 电动机叶片 <1 THEN
电动机叶片 =8
ENDIF
ENDIF
IF 电动机转速 =10 THEN
频率 1 =0
频率 2 =1
频率 3 =1
频率 4 =0
频率 5 =0
频率 6 =0
频率 7 =0
ENDIF
IF 电动机转速 =20 THEN
频率 1 =0
频率 2 =0
频率 3 =0
频率 4 =1
频率 5 =1
频率 7 =0
频率 6 =0
ENDIF
IF 电动机转速 =30 THEN
频率 1 =0
频率 2 =0
频率 3 =0
频率 4 =0
频率 5 =0
频率 6 =1
频率 7 =1
ENDIF
IF 电动机转速 =0 THEN
频率 1 =1
频率 2 =0
频率 3 =0
频率 4 =0
频率 5 =0
频率 6 =0
频率 7 =0
ENDIF
```

## 练习提高

(1)回顾按钮脚本程序的作用,还有哪些构件可以添加脚本程序?它们各有什么作用?
(2)为什么要创建“频率 1”~“频率 7”这几个变量?
(3)在“设备编辑窗口”窗口中,变量“电动机转速”为什么要连接 V 寄存器?
(4)游标的动画效果还可以通过其他方式实现吗?

## 任务评价

任务评价见表 4-1-6。

表 4-1-6 “MCGSTPC+PLC+变频器电动机转速控制系统的设计”任务评价

| 学习成果 | | | 评分表 | | |
|---|---|---|---|---|---|
| 学习内容 | 出现的问题 | 解决方法 | 学生自评 | 小组互评 | 教师评分 |
| 正确绘制动画组态界面(10%) | | | | | |
| 有效创建实时数据库(10%) | | | | | |
| 合理设置动画连接(15%) | | | | | |
| 选取适当指令编写脚本程序且逻辑正确(15%) | | | | | |
| 变频器参数设置正确(20%) | | | | | |
| PLC 程序简洁、有效(15%) | | | | | |
| 上下位机通信正确并实现控制要求(10%) | | | | | |
| 实验台整洁有序(5%) | | | | | |

# 任务 4.2 MCGSTPC+PLC 加热反应炉控制系统的设计

## 任务目标

知识目标:
(1)掌握组态工程分析的方法;
(2)掌握复杂脚本的编写思路;
(3)掌握模拟量模块的 PLC 编程思路及其与 MCGS 嵌入版组态软件的连接方法。
技能目标:
(1)能进行定时器的组态设计;
(2)能进行小球运动轨迹和循环策略的设计;
(3)能进行复杂脚本程序的编写;
(4)能进行模拟量 PLC 程序的编写。

素养目标：

（1）培养学生分析问题、解决问题的能力；

（2）培养学生严守规范、安全第一的职业意识。

反应炉项目分析

## 任务描述

在加热反应炉运行过程中要控制炉内的液面、温度和压力，由于控制过程比较复杂且容易出现故障，所以需要用 MCGS 嵌入版组态软件开发一套控制系统，以便在加热反应炉运行过程中进行监控，遇到问题可以及时检修。本任务通过加热反应炉控制系统的设计，学习动画制作、控制流程编写、变量设计、定时器构件的使用等多项组态操作；学习 MCGS 嵌入版组态软件与多台 PLC 连接以及数字量/模拟量的处理方法，学习 MCGS 嵌入版组态软件安全机制的设定方法。

图 4－2－1 和如图 4－2－2 所示为加热反应炉控制系统的组态效果。

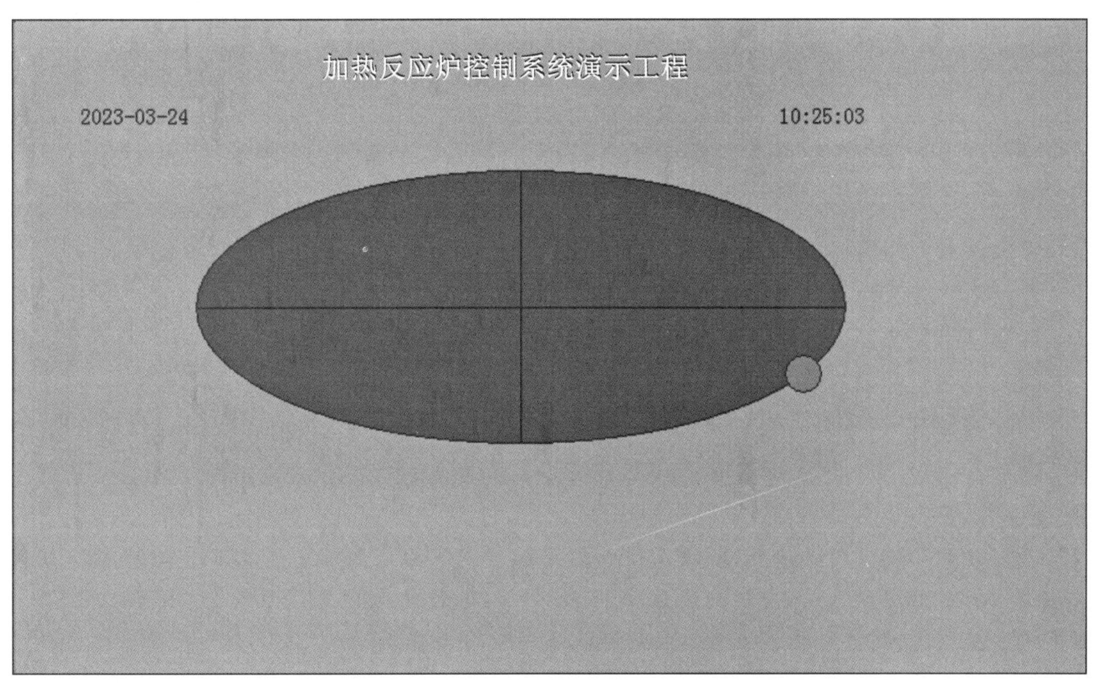


图 4－2－1　加热反应炉控制系统封面示意

本系统控制要求如下：按下“启动 SB1”按钮，系统运行；按下“停止 SB2”按钮，系统停止。两者信号总相反。

### 1. 第一阶段：送料控制

首先检测下液位 X1，炉温 X2 是否都小于给定值，即是否都为逻辑 0，炉内压力 X4 是否为 1，若是，则开启排气阀 Y1 和进料阀 Y2。系统向炉内注入反应物。

当加热反应炉内反应物的液位到达上液位传感器 X3 时，系统自动关闭排气阀 Y1 和进料阀 Y2，这时系统停止对加热反应炉送料。

系统延时 10 s，使加热反应炉内的物料均匀。10 s 后氮气阀 Y3 自动打开，氮气进入加热反应炉，炉内压力升高。

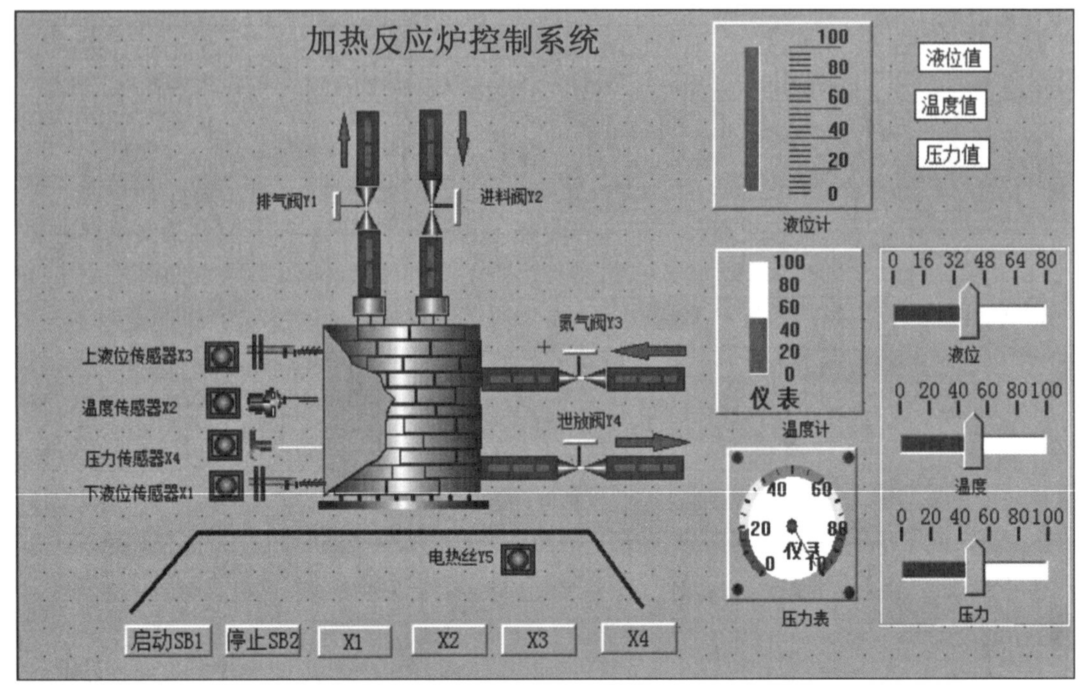


图 4-2-2　加热反应炉控制系统界面示意

当炉内压力升高到 80 MPa 时压力传感器 X4 动作，即 X4 = 1，此时关断氮气阀 Y3，送料结束，系统进入加热反应控制阶段。

2. 第二阶段：加热反应控制

（1）接通电热丝 Y5，系统温度缓慢升高。

（2）当温度升高到给定值 80 ℃时温度传感器 X2 动作，即 X2 = 1，切断电热丝 Y5，加热过程结束。

3. 第三阶段：泄放控制

（1）延时 10 s，打开排气阀 Y1，使加热反应炉内压力降到给定值以下（此时 X4 = 0）。

（2）打开泄放阀 Y4，当炉内液位降到下液位以下时（此时 X1 = 0），关闭泄放阀 Y4 和排气阀 Y1。系统恢复到原始状态，准备进入下一反应循环。

## 知识储备

### 4.2.1　模拟量扩展模块

1. S7-200 Smart PLC 模拟量扩展模块的种类

模拟量扩展模块提供了模拟量输入/输出点功能。在工业控制中，被控制的对象通常是模拟量，如温度、压力、流量、转速等。PLC 内部执行的是数字量，模拟量扩展模块可以将 PLC 外部的模拟量转换为数字量送入 PLC，经 PLC 处理后，再由模拟量扩展模块将 PLC 输出的数字量转换为模拟量送给被控对象。

S7-200 Smart PLC 模拟量扩展模块有 3 种类型：普通模拟量扩展模块（最常用）、RTD 模块和 TC 模块。普通模拟量模块可以采集标准电流和电压信号，其中电流包括 0 ~ 20 mA、

4～20 mA 两种信号，电压包括 ±2.5 V、±5 V、±10 V 3 种信号。普通模拟量数值范围是 0～27 648 或 −27 648～+27 648。普通模拟量扩展模块见表 4－2－1 所示。

表 4－2－1　普通模拟量扩展模块

| 模块 | EM AE04 | EM AQ02 | EM AM03 |
|---|---|---|---|
| 点数 | 4 路模拟量输入 | 2 路模拟量输出 | 2 路模拟量输入、1 路模拟量输出 |

### 2. 模拟量扩展模块的寻址

模拟量输入和输出为一个字长，因此地址必须从偶数字节开始。S7－200 Smart PLC 的模拟量输入电路是将外部输入的模拟量信号转换成 1 个字长的数字量存入模拟量输入映像寄存器区域，区域标识符为 AI。模拟量输出电路是将模拟量输出映像寄存器区域的 1 个字长数值转换为模拟电流或电压输出，区域标识符为 AQ。其寻址方式如下。

AIW［起始字节地址］，例如 AIW16；

AQW［起始字节地址］，例如 AQW32。

模拟量输入/输出是以 2 个字为单位分配地址，每路模拟量输入/输出占用 1 个字。如果有 3 路模拟量输入，需分配 4 个字 AIW16、AIW18、AIW20、AIW22；如有 1 路模拟量输出，需分配 1 个字 AQW32。

在用系统块组态硬件时，STEP 7－Micro/WIN SMART 自动分配各模块和信号板的地址，各模块的起始 I/O 地址不需要记忆，使用时打开系统块后便可知晓。模拟量模块的起始 I/O 地址见表 4－2－2。

表 4－2－2　模拟量模块的起始 I/O 地址

| CPU | 信号板 | 信号模块 0 | 信号模块 1 | 信号模块 2 | 信号模块 3 |
|---|---|---|---|---|---|
| 输入 | 无 AI 信号板 | AIW16 | AIW32 | AIW48 | AIW64 |
| 输出 | AQW12 | AQW16 | AQW32 | AQW48 | AQW64 |

### 3. PLC 模拟量的转换

模拟量如温度、压力、流量、液位这些连续变化的信号通过传感器转换为统一的电压或电流信号，通常有 0～5 V、0～10 V、4～20 mA。这些信号进入 PLC，经过 A/D 单元转换为数字量，经过处理后，再经过 D/A 单元转换成模拟量输出。

如果模拟量输入是 0～10 V 的信号，对应温度为 0～100 ℃，对应的模拟量数值为 0～27 648，则 80 ℃对应的数值为 80×(27 648/100)＝22 118。

如果模拟量输入是 4～20 mA 的信号，对应温度 0～100 ℃，对应的模拟量数值为 5 529～27 648，则 80 ℃对应的数值为 {80×[(27 648－5 529)/(100－0)]}＋5 529＝23 224。

## 任务实施

### 任务分析

加热反应炉控制系统由上位机（MCGS）和下位机（PLC S7－200 Smart）构成。

（1）上位机 MCGS 系统包括以下部分。

2 个用户窗口：“封面”窗口、“加热反应炉控制系统”窗口；

3 个策略：启动策略、退出策略、循环策略。

①“封面”窗口。

a. 立体文字效果设计：通过两个文字颜色不同、没有背景（背景颜色与窗口相同）的文字标签重叠而成。

b. 闪烁效果设计。

c. 时间日期输出设计。

d. 小球运动轨迹设计。

e. 循环策略设计。

②“加热反应炉控制系统”窗口。

a. 构件主要包括：加热炉、电热丝、4 个阀、2 个液位检测传感器、压力传感器、温度传感器、温度计、压力表、液位计、加热指示灯、流动管件、6 个控制按钮。

b. 定时器构件的使用。

（2）上位机与下位机连接可实现加热反应炉系统控制。

## 上位机 MCGS 系统设计

### 1. MCGS 界面制作

封面窗口的制作

1）制作封面

（1）建立画面。参数设置如图 4-2-3 所示。

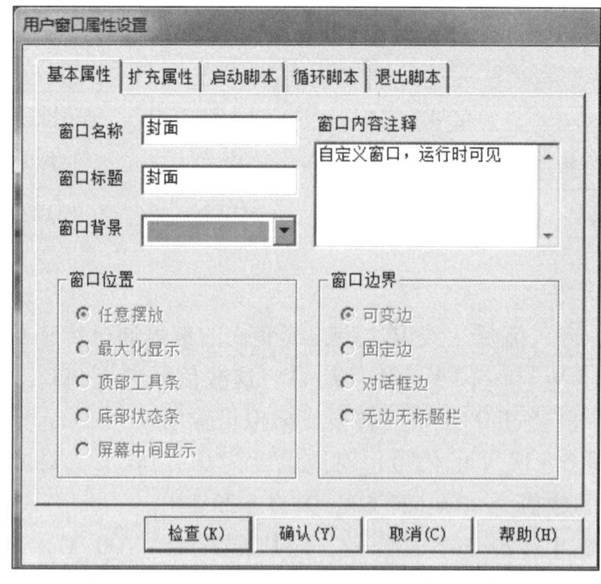


图 4-2-3 “用户窗口属性设置”对话框

（2）编辑画面。

选中“封面”窗口图标，单击“动画组态”按钮，进入动画组态窗口，开始编辑画面。

①制作文字框图，设置立体文字效果。

a. 单击工具条中的“工具箱”按钮，打开绘图工具箱。

b. 单击绘图工具箱中的A（标签）按钮，光标呈“十”字形，在窗口顶端中心位置

拖拽鼠标，根据需要拉出一个一定大小的矩形。

c. 在光标闪烁位置输入文字“加热反应炉控制系统演示工程”，按 Enter 键或在窗口任意位置单击，文字输入完毕。

d. 选中文字框，进行如下设置。

单击工具条中的（填充色）按钮，设定文字框的背景颜色为“没有填充”。

单击工具条中的（线色）按钮，设置文字框的边线颜色为“没有边线”。

单击工具条中的（字符字体）按钮，设置文字字体为宋体，字型为粗体，字号为 22。

单击工具条中的（字符颜色）按钮，将文字颜色设为黑色，如图 4－2－4（a）所示。

黑色文字框制作完毕后，复制另一个文字标签框图，把文字字体改为白色即可，如图 4－2－4（b）所示，其他属性完全相同。两个文本框重叠在一起，利用工具条中的“层次调整”按钮，改变两者之间的前后层次和相对位置，使上面白色文字遮盖下面黑色文字的一部分，形成立体的效果，然后通过上、下、左、右键进行调整，选中两个文字框，单击鼠标右键，选择“转换为位图”命令。

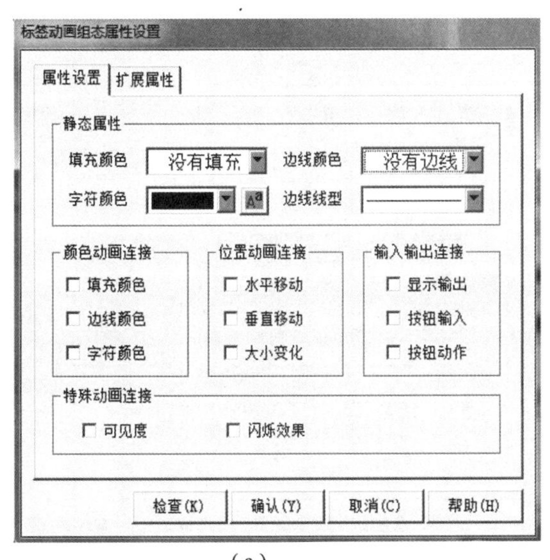


（a）

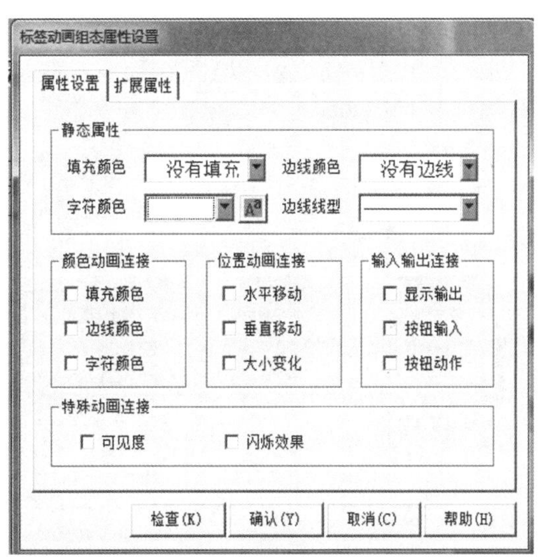


（b）

图 4－2－4　立体文字效果设置

（a）下层文字设置；（b）上层文字设置

②文字闪烁效果设置。

如果要在运行过程中让文字“加热反应炉控制系统演示工程”闪烁，增加闪烁效果，可以按图 4－2－5 所示设置，“表达式”设置为“1”，表示条件永远成立。

③时间日期输出设置。

a. 封面日期。单击绘图工具箱中的“标签”按钮，制作文字框图“封面日期”，在“属性设置”标签中选择“没有边线”，文字设置为“五号，黑色”，在“输入输出连接”区域中勾选“显示输出”复选框，如图 4－2－6（a）所示。在“显示输出”标签中，“表达式”选择“$Date”，如图 4－2－6（b）所示。

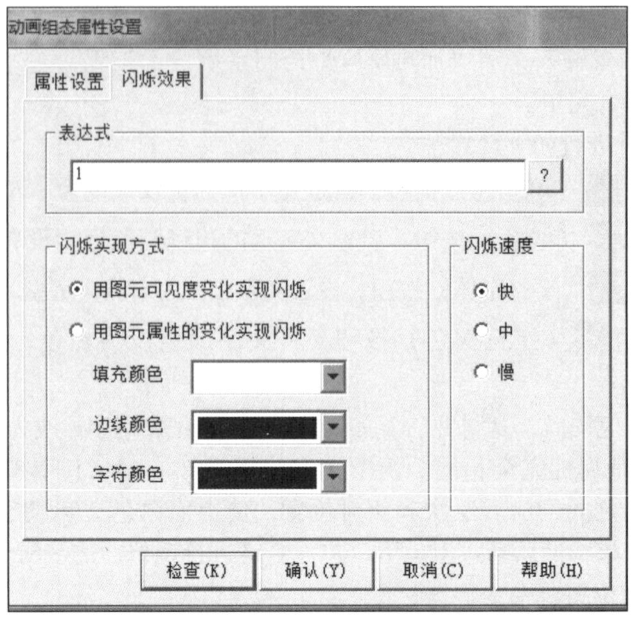

图 4-2-5　文字闪烁效果设置

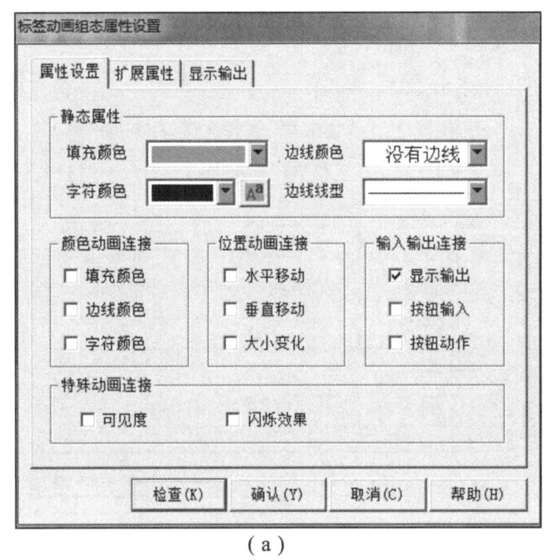

(a)

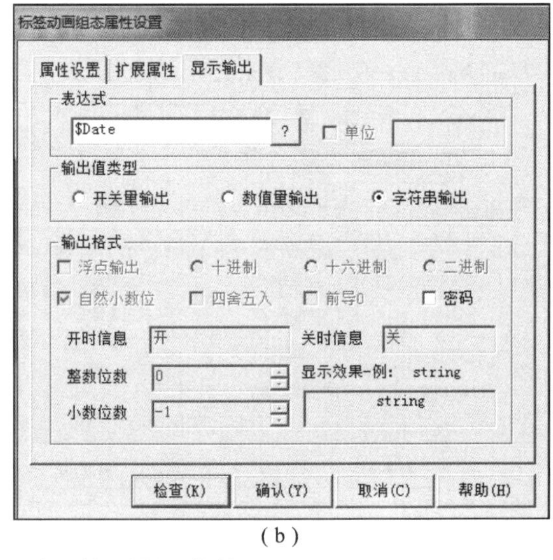

(b)

图 4-2-6　“标签动画组态属性设置”对话框

(a)“属性设置”标签；(b)“显示输出”标签

b. 封面时间：制作同封面日期，只需要把“显示输出”标签中的“表达式”由“$Date”改为“$Time”即可。

④小球运动轨迹设计

a. 制作椭圆：在工具箱中选中“椭圆”，拖放到桌面，将其大小调整为“480*200”，“填充颜色”设置为“青色”。选择“查看”→“状态条”选项，打开状态条，可以根据右下角的大小调整。

b. 制作一个小球。制作同椭圆，将小球的大小调整为“28*28”，置于椭圆的中心，如图 4-2-7 所示。小球的定位与属性设置如图 4-2-8 所示。

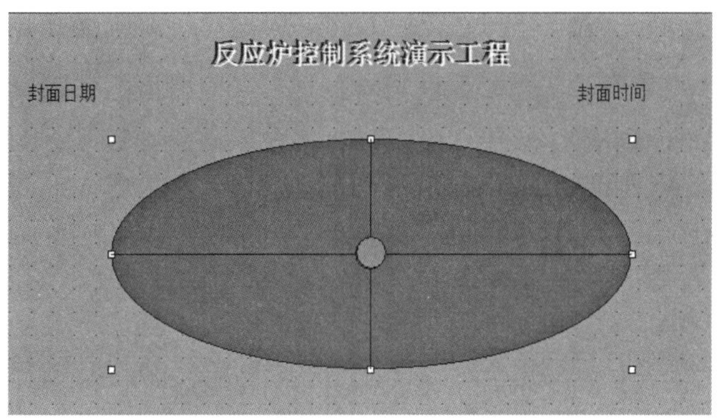


图 4－2－7　椭圆、小球的大小、位置设置

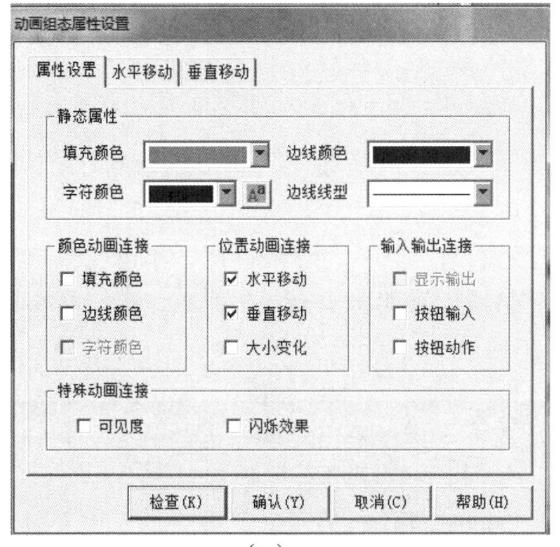


(a)

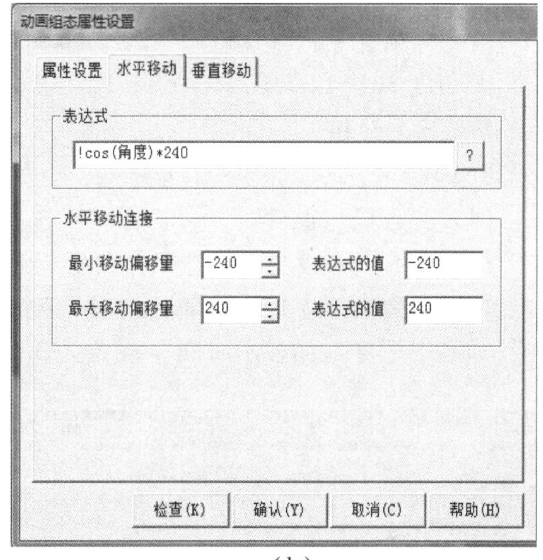


(b)

(c)

图 4－2－8　小球的定位与属性设置

(a)“属性设置”标签；(b)“水平移动”标签；(c)“垂直移动”标签

(3) 循环策略设计。

在“运行策略”窗口中，双击“循环策略”进入“策略组态”窗口。双击图标打开“策略属性设置”对话框，将循环时间设置为200 ms，单击“确认”按钮。

编写脚本程序的操作如下。

①在“策略组态”窗口中，单击工具条中的“新增策略行”按钮，增加一个策略行。

②单击策略工具箱中的“脚本程序”按钮，将鼠标指针移到策略块图标上，单击，添加脚本程序构件。

③双击图标进入脚本程序编辑环境，输入下面的脚本程序。

```
角度 = 角度 +3.14/180
IF 角度 >=3.14 THEN
角度 = -3.14
ENDIF
```

(4) 主控窗口设计。

在MCGS嵌入版组芯软件工作台上，进入主控窗口，选中“主控窗口”，单击“系统属性”按钮，弹出“主控窗口属性设置”对话框，具体设置如图4-2-9所示，在“基本属性”标签中把“封面显示时间”设置为30 s，“封面窗口”选择“封面”。

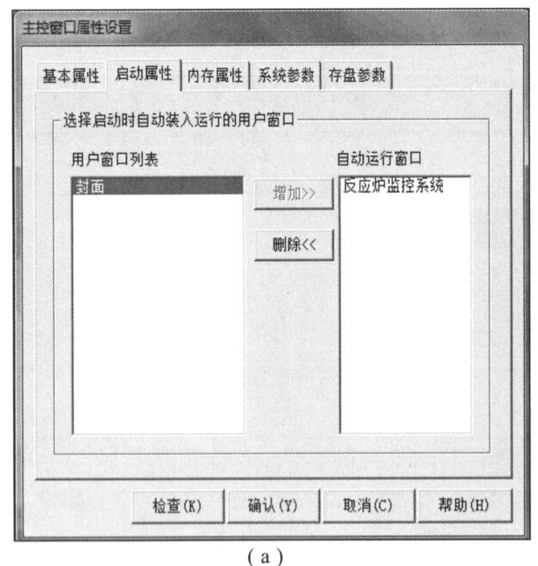


(a)

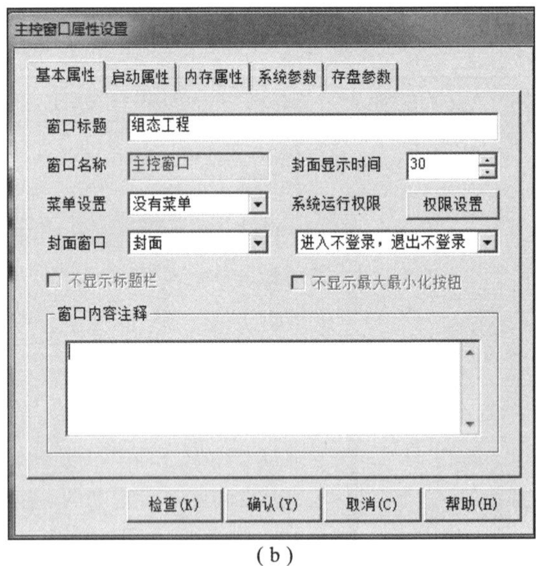


(b)

图4-2-9 主控窗口设计

(a) 封面显示时间设置；(b) 自动进入画面设置

(5) 运行效果。

按F5键进入运行环境，首先运行的是“封面”窗口，如果不操作键盘与鼠标，“封面”窗口自动运行30 s后进入“加热反应炉控制系统”窗口，否则立即进入“加热反应炉控制系统”窗口，运行效果如图4-2-10所示。

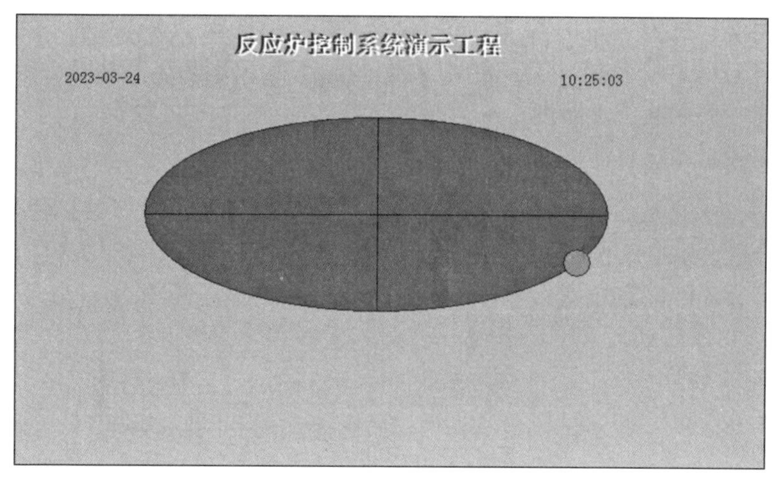


图 4－2－10　运行效果

2）“加热反应炉控制系统”窗口画面制作

反应炉实时数据库建立及画面制作

（1）建立画面。

①建立“加热反应炉控制系统”用户窗口。

②设置“加热反应炉控制系统”用户窗口为启动窗口，启动时自动加载。

（2）编辑画面。

选中“加热反应炉控制系统”窗口图标，单击“动画组态”按钮，进入动画组态窗口，开始编辑画面。

①文字框图制作。

单击绘图工具箱中的“标签”按钮，制作文字框图“加热反应炉控制系统”，设置文字为“粗体，二号，黑色，没有背景色，没有边线”。

②构件选取。

a. 绘制加热反应炉。单击绘图工具箱中的“插入元件”按钮，选择图形对象库中的 11 号反应器图形，调整位置和大小并保存。

b. 绘制其他构件。单击绘图工具箱中的“插入元件”按钮，分别画出 4 个阀、温度传感器、压力传感器、上液位和下液位传感器、温度计、压力表、液位计、指示灯等，将大小和位置调整好。

c. 绘制电热丝。单击绘图工具箱中的“画线”按钮，在窗口适当位置拖拽出一条一定长度的直线，选择线型、颜色，调整线的位置及长度、角度，绘制出电热丝。

d. 绘制流动块。单击绘图工具箱中的“流动块动构件”按钮，绘制 8 段流动块。单击绘图工具箱中的“标准按钮构件”按钮，绘制 6 个标准按钮。

e. 制作滑动输入器。单击绘图工具箱中的“滑动输入器”按钮，制作控制液位、温度、压力的滑动输入器，然后单击绘图工具箱中的“常用图符”按钮，打开常用图符工具箱，单击其中的“凹槽平面”按钮，拖动鼠标绘制一个凹槽平面，恰好将 3 个滑动输入器及标签全部覆盖。选中该平面，单击编辑条中“置于最后面”按钮。

f. 液位、温度、压力、定时器当前值显示。单击绘图工具箱中的“标签”按钮，在“输入输出连接”区域中勾选“显示输出”复选框，制作出液位、温度、压力、定时器标签，在运行环境中显示液位、温度、压力及定时器当前值。

加热反应炉控制系统整体画面如图 4－2－11 所示。

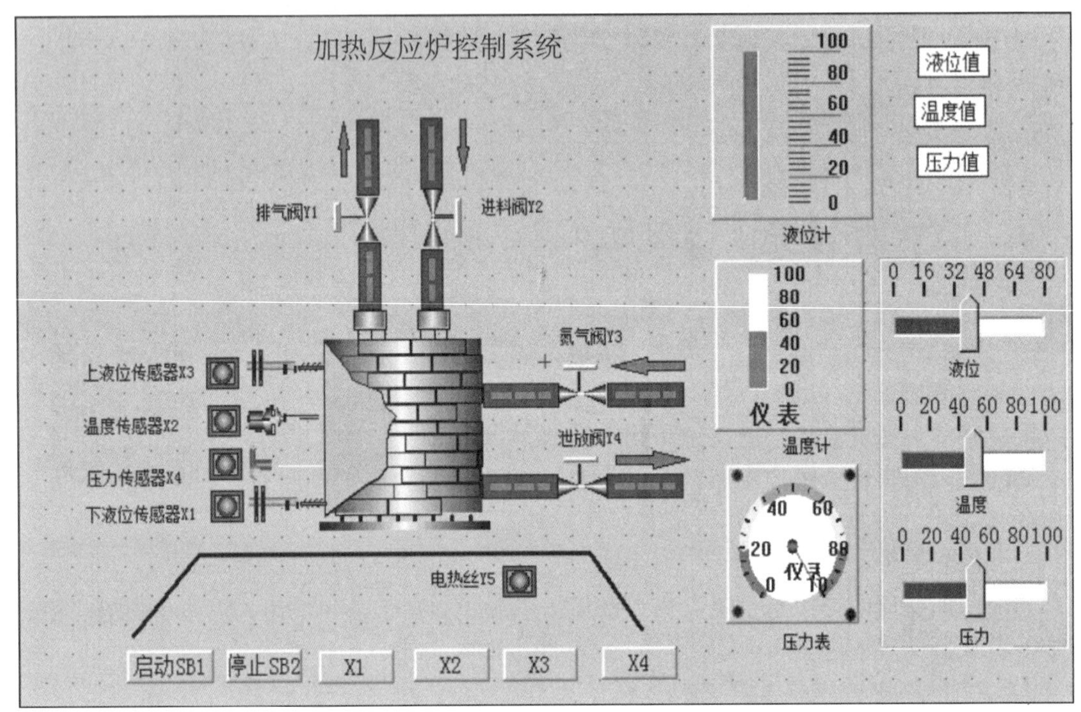


图 4－2－11　加热反应炉控制系统整体画面

## 2. 定义数据对象

本工程的数据对象见表 4－2－3。

表 4－2－3　数据对象

| 名称 | 类型 | 备注 |
|---|---|---|
| SB1 | 开关型 | 启动加热反应炉 |
| SB2 | 开关型 | 停止加热反应炉 |
| X1 | 开关型 | 下液位传感器 |
| X2 | 开关型 | 温度传感器 |
| X3 | 开关型 | 上液位传感器 |
| X4 | 开关型 | 压力传感器 |
| Y1 | 开关型 | 排气阀打开或关闭 |
| Y2 | 开关型 | 进料阀打开或关闭 |
| Y3 | 开关型 | 氮气阀打开或关闭 |
| Y4 | 开关型 | 泄放阀打开或关闭 |

续表

| 名称 | 类型 | 备注 |
|---|---|---|
| Y5 | 开关型 | 加热器打开或关闭 |
| ZHV1 | 开关型 | 定时器时间到 |
| ZHV2 | 开关型 | 定时器启动 |
| ZHV3 | 数值型 | 定时器当前值 |
| 角度 | 数值型 | — |
| 水 | 数值型 | 炉内水的高度 |
| 温度 | 数值型 | 炉内温度值 |
| 压力 | 数值型 | 炉内压力值 |
| 阶段 | 数值型 | 系统所处的运行阶段 |

### 3. 动画连接

反应炉监控系统动画连接

1）按钮的动画设置

（1）“启动 SB1”“停止 SB2”按钮的动画连接。双击“启动 SB1”按钮，弹出“标准按钮构件属性设置”对话框，在“脚本程序”标签中，输入“SB1 =1” “SB2 =0”，如图 4 -1 -12 所示。选中并双击“停止 SB2”按钮，用同样的方法建立该按钮与对应变量之间的动画连接。输入“SB2 =1”“SB1 =0”，单击“确认”按钮。

（2）“X1”“X2”“X3”“X4”按钮的设置。“X1”按钮的连接方式略有不同，在“标准按钮构件属性设置”对话框中，打开“操作属性”标签。具体设置如图 4 -1 -13 所示。“X2”“X3”“X4”按钮操作属性设置和“X1”按钮类似。

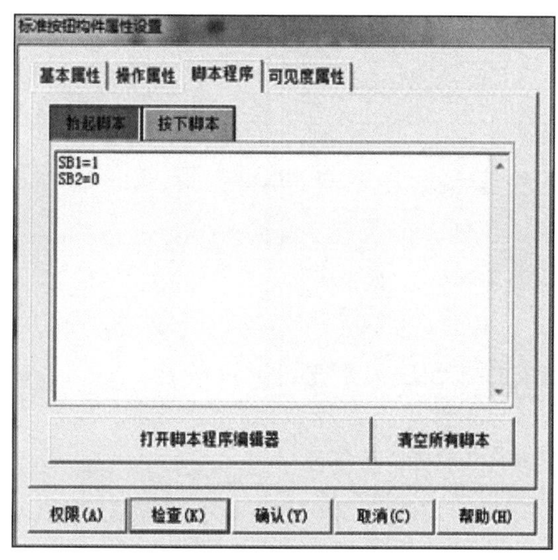


图 4 -2 -12　“启动 SB1”按钮属性脚本程序

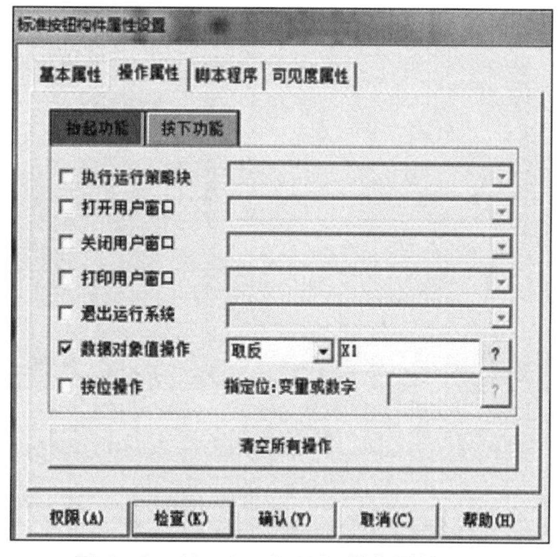


图 4 -2 -13　“X1”按钮操作属性设置

2）构件的动画设置

（1）加热反应炉内液位变化及管道流动变化的动画设置。

双击加热反应炉构件，弹出“单元属性设置”对话框。打开“动画连接”标签，选中“折线”行，在最右边会出现“ > ”按钮，单击“ > ”按钮，如图 4 – 2 – 14（b）所示，弹出“动画组态属性设置”对话框。在“位置动画连接”区域中勾选“大小变化”复选框，生成“大小变化”标签。打开“大小变化”标签进行设置，“表达式”选择数据库中的“水”参量，在“大小变化连接”区域中，“最小变化百分比”为“0”，“表达式的值”为“0”，“最大变化百分比”为“100”，“表达式的值”为“100”。变化方向取向上方向，变化方式取剪切方式，如图 4 – 2 – 14（c）所示。

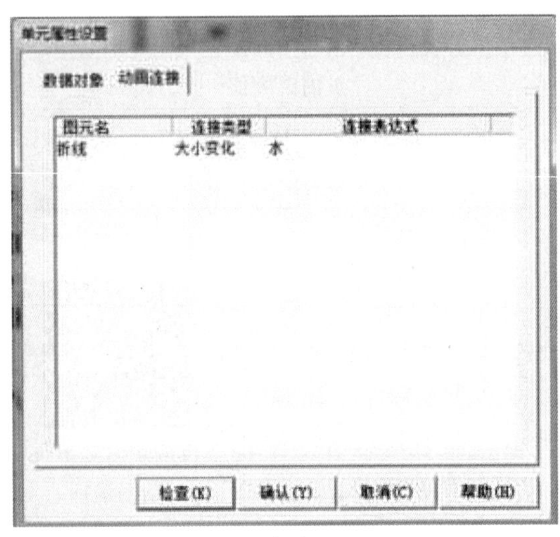


(a)

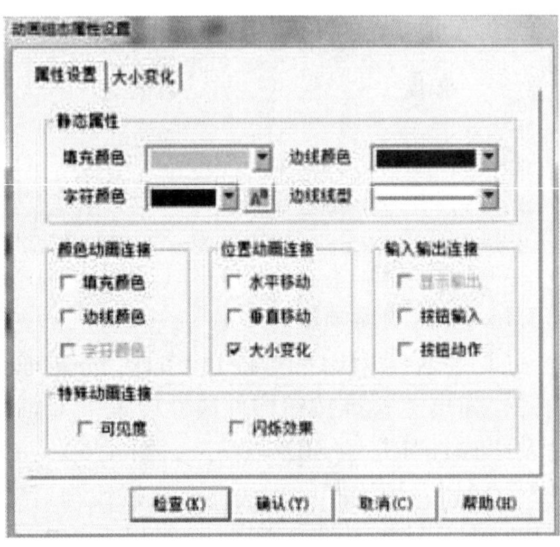


(b)

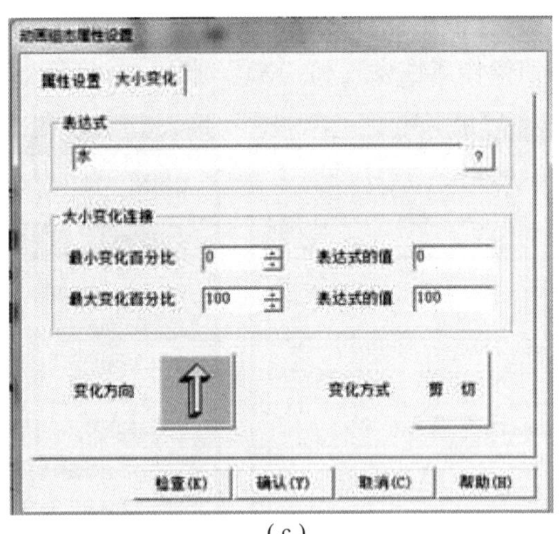


(c)

图 4 – 2 – 14　加热反应炉动画组态属性设置

（a）“单元属性设置”对话框；（b）“动画组态属性设置”对话框；（c）大小变化设置

（2）管道流动属性的动画设置。

双击排气阀 Y1 两端的管道，弹出“流动块构件属性设置”对话框，打开“流动属性”标签“表达式”设置为“Y1”，如图 4 – 2 – 15 所示。

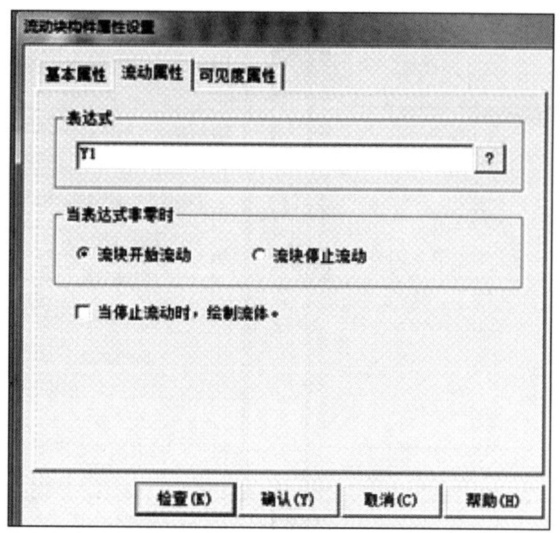


图4-2-15 管道属性设置

（3）液位计、温度计、压力表的动画属性设置。

液位计的动画属性设置同加热反应炉的动画属性设置，温度计和压力表的动画属性设置分别如图4-2-16和图4-2-17所示。

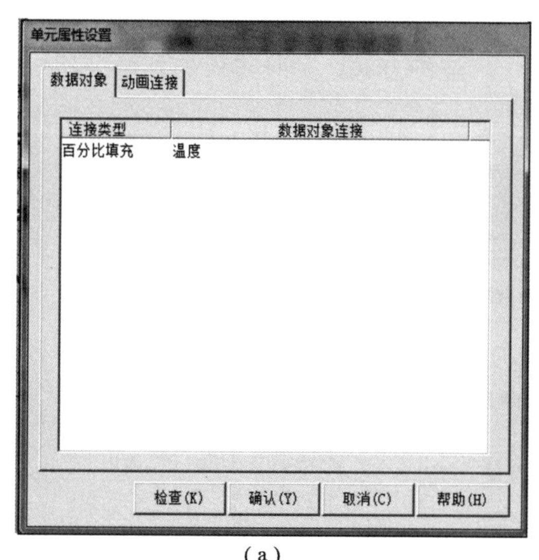


(a)

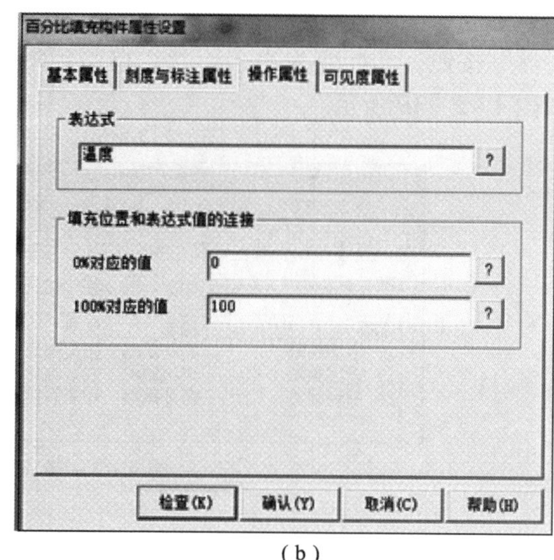


(b)

图4-2-16 温度计的动画属性设置

(a)“单元属性设置”对话框；(b)“百分比填充构件属性设置”对话框

### 4. 控制程序的编写

1）定时器的使用

（1）单击屏幕左上角的工作台图标，弹出“工作台”窗口。单击“运行策略”标签，进入“运行策略”窗口，如图4-2-18所示。选中“循环策略”，单击右侧“策略属性”按钮，弹出“策略属性设置”对话框。在“定时循环时间［ms］”一栏输入“200”。

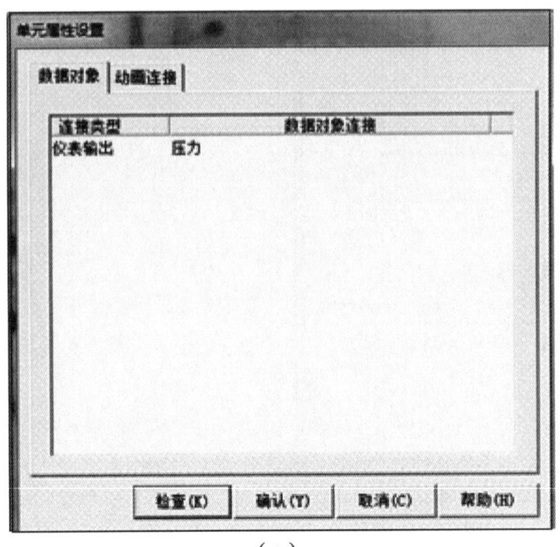


(a)

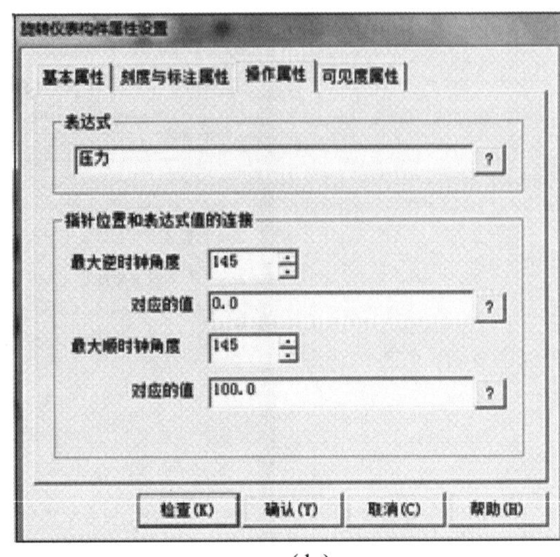


(b)

图 4-2-17　压力表的动画属性设置

(a)“单元属性设置”对话框；(b)“旋转仪表构件属性设置”对话框

单击“确认”按钮。选中“循环策略”，单击右侧“策略属性”按钮，弹出“策略组态：循环策略”窗口。单击“工具箱”按钮，弹出策略工具箱。在工具栏单击“新增策略行”按钮，在“策略组态：循环策略”窗口出现了一个新策略。在策略工具箱中单击“定时器”按钮，光标变为小手形状。单击新增策略行末端的方块，定时器被加到该策略中，如图 4-2-19 所示。

图 4-2-18　“运行策略”窗口

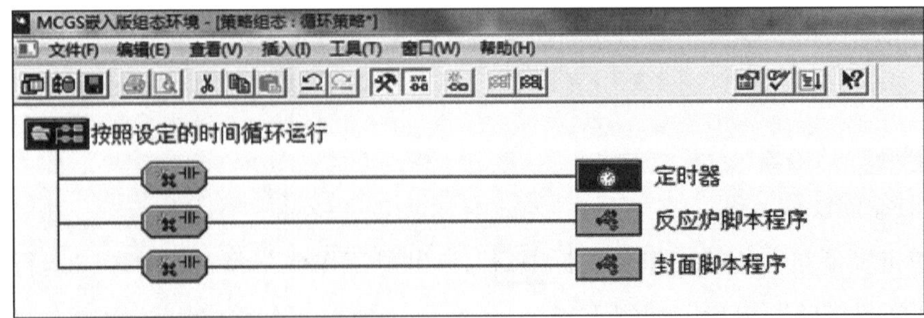


图 4-2-19　“策略组态：循环策略”窗口

（2）定时器的功能。启停功能：在需要的时候被启动，在不需要的时候被停止。计时功能：启动后进行计时。计时时间设定功能：可以根据需要设定时计时。状态报告功能：报告是否到设定时间。复位功能：在需要的时候重新开始计时。

（3）对定时器属性设置。双击新增策略行末端的定时器方块，出现定时器属性设置对话框，如图 4－2－20 所示。“设定值”设置为“10 s”，“当前值”设置为“ZHV3”，“计时条件”设置为“ZHV2＝1”，“复位条件”设置为“ZHV2＝0”，“计时状态”设置为“ZHV1”。

定时器

基本属性

计时器设置

| | |
|---|---|
| 设定值(S) | 10 |
| 当前值(S) | ZHV3 |
| 计时条件 | ZHV2=1 |
| 复位条件 | ZHV2=0 |
| 计时状态 | ZHV1 |

内容注释

定时器

检查(K)　确认(Y)　取消(C)　帮助(H)

图 4－2－20　定时器属性设置对话框

2）加热反应炉脚本程序输入

回到组态环境，进入“策略组态：循环策略”窗口，单击工具栏中的“新增策略行”按钮，在定时器下增加一行新策略。单击策略工具箱中的“脚本程序”按钮，光标变为手形。单击新增策略行末端的小方块，脚本程序被加到该策略中。双击“脚本程序”策略行末端的图标，出现脚本程序编辑窗口，输入如下脚本程序。

反应炉监控系统脚本程序的编写

脚本及系统运行效果

```
'水位动画效果
IF Y2 =1 THEN  '进料阀开
水 =水 +0.5
ENDIF
IF 水 >80 THEN '水位的最大值
水 =80
ENDIF
IF 水 >=70 THEN '水的上液位报警
X3 =1
ELSE
X3 =0
ENDIF
IF Y4 =1 THEN  '泄放阀开 液面下降
水 =水 -0.5
ENDIF
IF 水 <0 THEN '水位的最小值
水 =0
ENDIF
IF 水 <=20 THEN '下液位报警
X1 =0
```

```
ELSE
X1 =1
ENDIF
'压力变化控制
IF Y3 =1 THEN  '氮气阀打开,进气
压力 =压力 +0.5
ENDIF
IF 压力 >100 THEN '压力的最大值
压力 =100
ENDIF
IF Y1 =1 THEN  '排气阀打开,泄气
压力 =压力 -0.5
ENDIF
IF 压力 <0 THEN
压力 =0
ENDIF
IF 压力 >=80 THEN  '压力上限
X4 =1              '压力检测传感器
ENDIF
IF 压力 =0 THEN
X4 =0
ENDIF
'温度控制
IF Y5 =1 THEN  '电热丝加热
温度 =温度 +0.5
ENDIF
IF 温度 >100 THEN '温度的最大值
温度 =100
ENDIF
IF 温度 <0 THEN '温度的最小值
温度 =0
ENDIF
IF 温度 >=80 THEN
X2 =1  '温度传感器接通
ENDIF
IF 温度 <=0 THEN
X2 =0
ENDIF
'顺序控制流程
IF SB2 =1 THEN '按下停止按钮,阀断开
  Y1 =0
  Y2 =0
  Y3 =0
  Y4 =0
  Y5 =0
IF SB1 =1 THEN '按下启动按钮
IF 阶段 =0 THEN '如果是第一阶段
IF X1 =0 AND X2 =0 AND X4 =0 THEN
Y1 =1  '排气,压力开始下降
Y2 =1  '进料,液位开始上升
ENDIF
 IF X3 =1 THEN '液位升到上限
 Y1 =0  '停止排气
Y2 =0  '停止进料
ZHV2 =1  '启动定时器
ENDIF
IF ZHV1 =1 THEN '时间到
Y3 =1  '进氮气,压力上升
ENDIF
IF X4 =1 THEN '压力升到给定值
Y3 =0  '停止进氮气
阶段 =1  '进入第二阶段
ZHV2 =0  '清零并停止进定时器
ENDIF
ENDIF
ENDIF
IF 阶段 =1 THEN  '处于第二阶段时
IF X2 =0 THEN
Y5 =1  '加热,温度开始上升
ENDIF
IF X2 =1 THEN  '温度升到设定值
Y5 =0          '停止加热
ZHV2 =1        '启动定时器
阶段 =2        '进入第三个阶段
ENDIF
ENDIF
温度 =温度 -0.2
IF 阶段 =2 THEN  '处于第三个阶段
```

```
IF ZHV1 =1 THEN     '时间到
ZHV2 =0       '清零并停止定时器
Y1 =1          '排气,压力开始下降
ENDIF
IF X4 =0 THEN       '压力低于设定值
Y4 =1               '卸料
ENDIF
IF X1 =0 THEN       '低于下液面
 Y4 =0
Y1 =0
阶段 =0
SB1 =0
ENDIF
ENDIF
```

### 5. 报表输出及曲线显示

系统重要的数据显示对安全生产非常重要，这里制作的数据显示包括实时数据报表、历史数据报表（如图 4 - 2 - 21 所示），曲线显示包括实时曲线和历史曲线（如图 4 - 2 - 22 所示）。

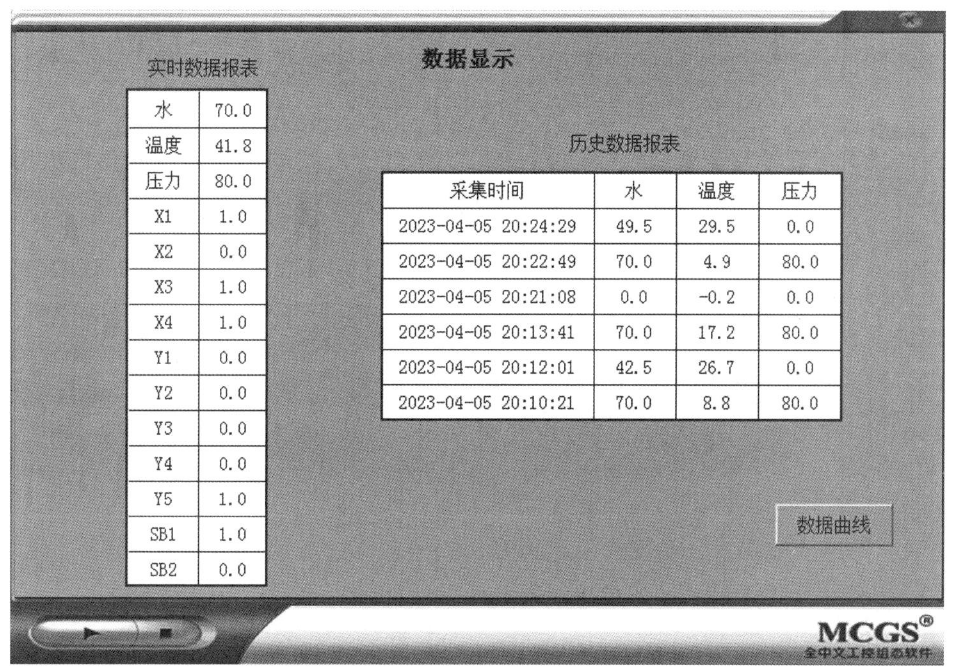


| 水 | 70.0 |
|---|---|
| 温度 | 41.8 |
| 压力 | 80.0 |
| X1 | 1.0 |
| X2 | 0.0 |
| X3 | 1.0 |
| X4 | 1.0 |
| Y1 | 0.0 |
| Y2 | 0.0 |
| Y3 | 0.0 |
| Y4 | 0.0 |
| Y5 | 1.0 |
| SB1 | 1.0 |
| SB2 | 0.0 |

| 采集时间 | 水 | 温度 | 压力 |
|---|---|---|---|
| 2023-04-05 20:24:29 | 49.5 | 29.5 | 0.0 |
| 2023-04-05 20:22:49 | 70.0 | 4.9 | 80.0 |
| 2023-04-05 20:21:08 | 0.0 | -0.2 | 0.0 |
| 2023-04-05 20:13:41 | 70.0 | 17.2 | 80.0 |
| 2023-04-05 20:12:01 | 42.5 | 26.7 | 0.0 |
| 2023-04-05 20:10:21 | 70.0 | 8.8 | 80.0 |

图 4 - 2 - 21　数据显示效果

1）组对象的定义

进入实时数据库，新增一个组对象“数据组”，组成员有水、温度、压力。

注意：在组对象中设置属性时，“存盘属性”要选择“定时存盘”。

2）实时数据报表和历史数据报表

打开用户窗口中的数据报表窗口，单击绘图工具箱中的按钮，选择“自由表格”选项，制作一个 19 行 2 列的实时数据报表，利用历史表格动画构件制作一历史数据报表，具体步骤可参考任务 3.1。

3）实时曲线和历史曲线

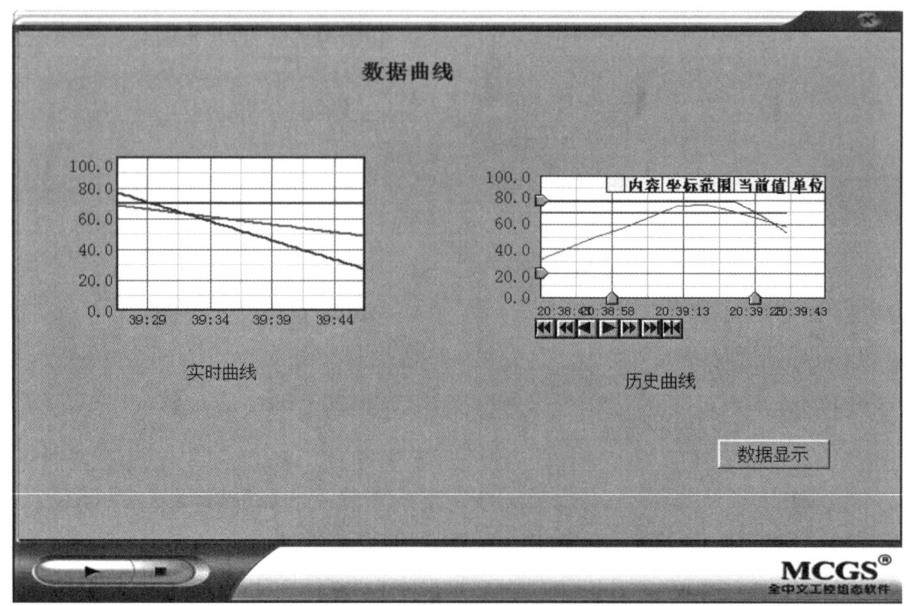


图 4-2-22　曲线显示效果

实时曲线可以像笔绘记录仪一样以曲线形式实时显示一个或多个数据对象数值的变化情况。历史曲线主要用于事后查看数据和状态，分析变化趋势和总结规律。这两个曲线的操作步骤可以参考任务 3.1。

## 上位机和下位机的连接

因为本工程涉及液位、温度、压力等模拟量，根据实验室条件，下位机选用西门子 S7-200 Smart 系列的 SR40，加上两个扩展模块 EM AM03（EM AM03 是 2AI/1AQ）。

反应炉联调

### 1. 扩展模块 EM AM03

根据实验室条件，在一个 EM AM03 的 2 个输入端均接入 0～10 V 的电压信号，在另一个 EM AM03 的输入端接入一个输入电压信号，以模拟水位、温度、压力的输入信号。具体接线如图 4-2-23 所示。

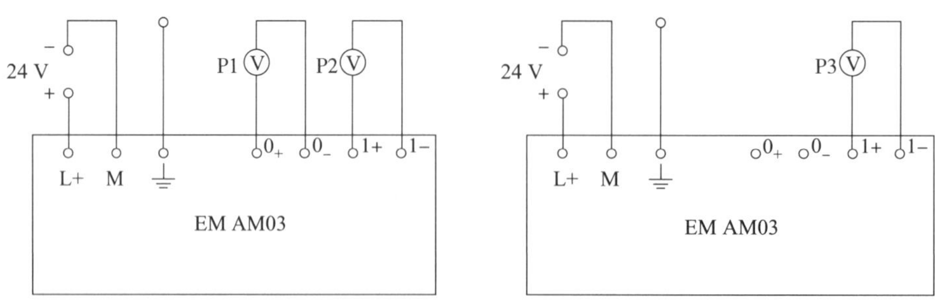


图 4-2-23　EM AM03 的接线

### 2. 上下位机通信

（1）在设备窗口中双击“设备窗口”图标。

（2）在右键快捷菜单中选择“设备工具箱”选项。

（3）双击“PLC”→“西门子_ Smart200”，将其添加到设备窗口，如图 4－2－24 所示。

图 4－2－24　MCGS 中设备通信的选择

（4）双击“设备 0－－[西门子_Smart200]”，进入“设备编辑窗口”，在“设备属性值”中进行设置，实现上位机与下位机的通信连接，参数设置如下。

①本地 IP 地址：输入 MCGS 的 IP 地址，如 192. 168. 2. 10。

②远端 IP 地址：输入 PLC 的 IP 地址，如 192. 168. 2. 1。

（5）在“设备编辑窗口”中，对上位机的数据与下位机的数据进行连接，设备通道及其相应连接变量设置如图 4－2－25 所示。

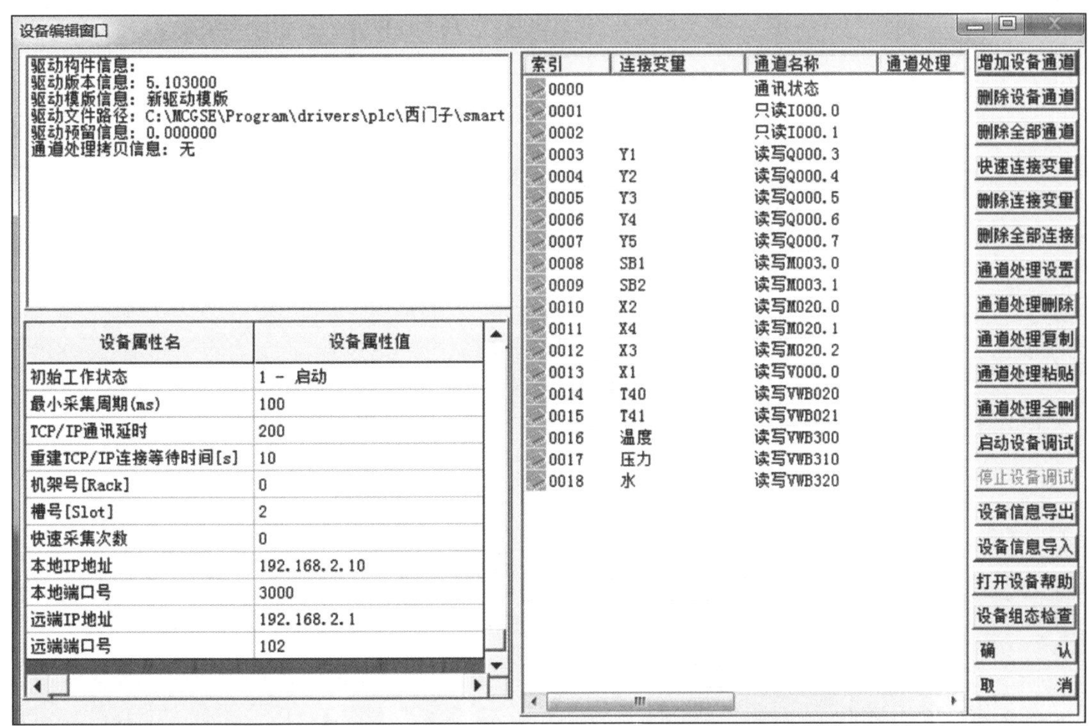


图 4－2－25　设备通道及相应连接变量设置

（6）单击“确认”按钮，设备编辑完毕。

下位机程序设计

本系统下位机程序设计能完成手动控制及读入输入模拟量，考虑到实验条件，本模块内温度传感器、压力传感器和液位传感器均以模拟电压信号 0～10 V 输入方法设计。

**1. PLC 模块排列**

PLC 选用 S7－200 Smart SR40 以及 2 个扩展模块 EM AM03 2AI/1AQ。PLC 模块排列如图 4－2－26 所示。

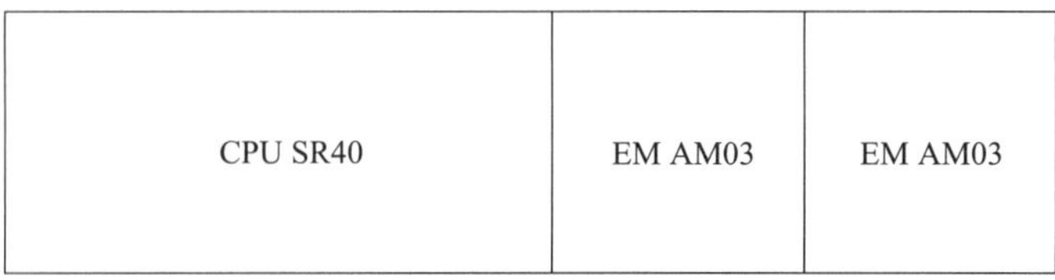


图 4-2-26　PLC 模块排列

### 2. PLC 外部硬件接线图

PLC 外部硬件接线图如图 4-2-27 所示。

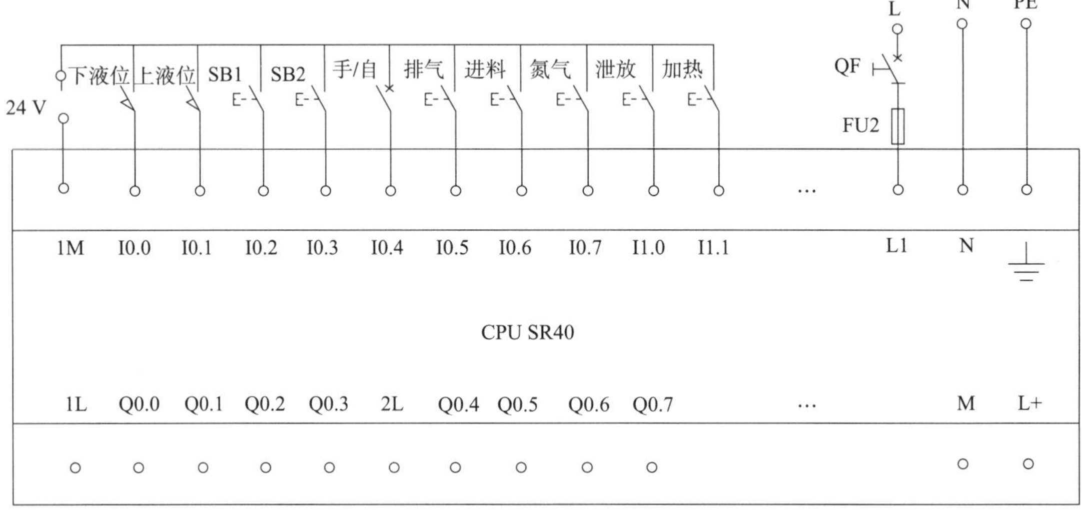


图 4-2-27　PLC 外部硬件接线图

### 3. PLC 变量

PLC 变量如表 4-2-4。

表 4-2-4　PLC 变量

| 输入变量 | 作用 | 输出变量 | 作用 | 中间变量 | 作用 |
| --- | --- | --- | --- | --- | --- |
| I0. 0 | 下液位 | Q0. 3 | 排气阀 | VW100 | 实际温度 |
| I0. 1 | 上液位 | Q0. 4 | 进料阀 | VW102 | 实际压力 |
| I0. 2 | 启动 | Q0. 5 | 氮气阀 | VW104 | 实际液位 |
| I0. 3 | 停止 | Q0. 6 | 泄放阀 | M0. 0 | 自动启动 |
| I0. 4 | 手/自动 | Q0. 7 | 加热反应炉 | M20. 0 | 到达设定温度 |
| I0. 5 | 手动排气 | — | — | M20. 1 | 到达设定压力 |
| I0. 6 | 手动进料 | — | — | M20. 2 | 到达设定液位 |
| I0. 7 | 手动进氮气 | — | — | M15. 0 | 自动排气进料 |
| I1. 0 | 手动泄放 | — | — | M15. 1 | 自动进氮气 |
| I1. 1 | 手动加热 | — | — | M15. 2 | 自动加热 |
| AIW16 | 炉内温度 | — | — | M15. 3 | 自动排气 |

续表

| 输入变量 | 作用 | 输出变量 | 作用 | 中间变量 | 作用 |
|---|---|---|---|---|---|
| AIW18 | 炉内压力 | — | — | M15.4 | 自动泄放 |
| AIW34 | 炉内液位 | — | — | — | — |

### 4. 系统控制流程图设计

（1）系统手动控制流程图如图 4－2－28 所示。

（2）系统自动控制流程图如图 4－2－29 所示。

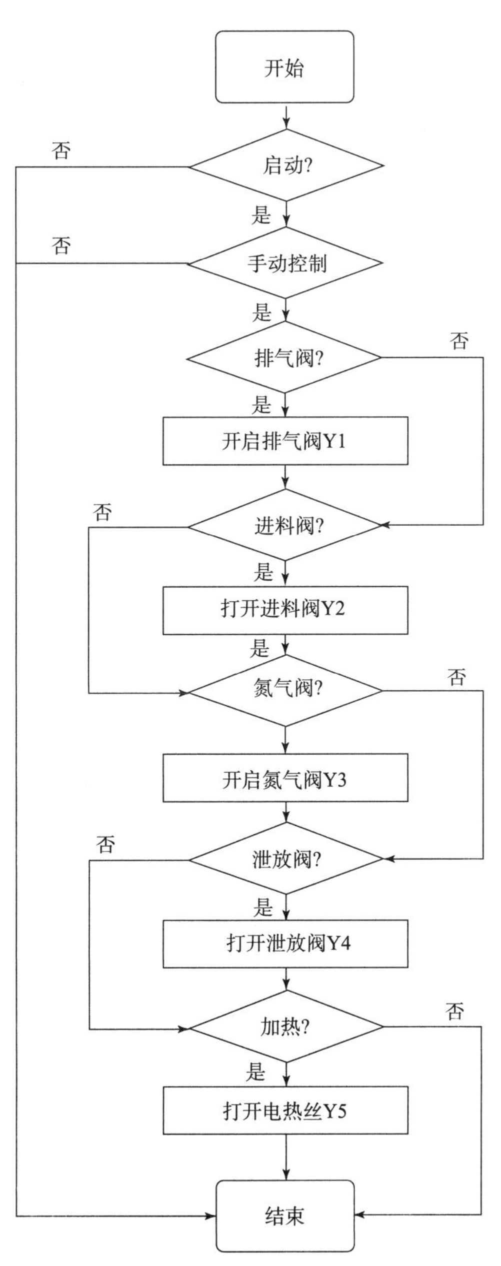


图 4－2－28　系统手动控制流程图

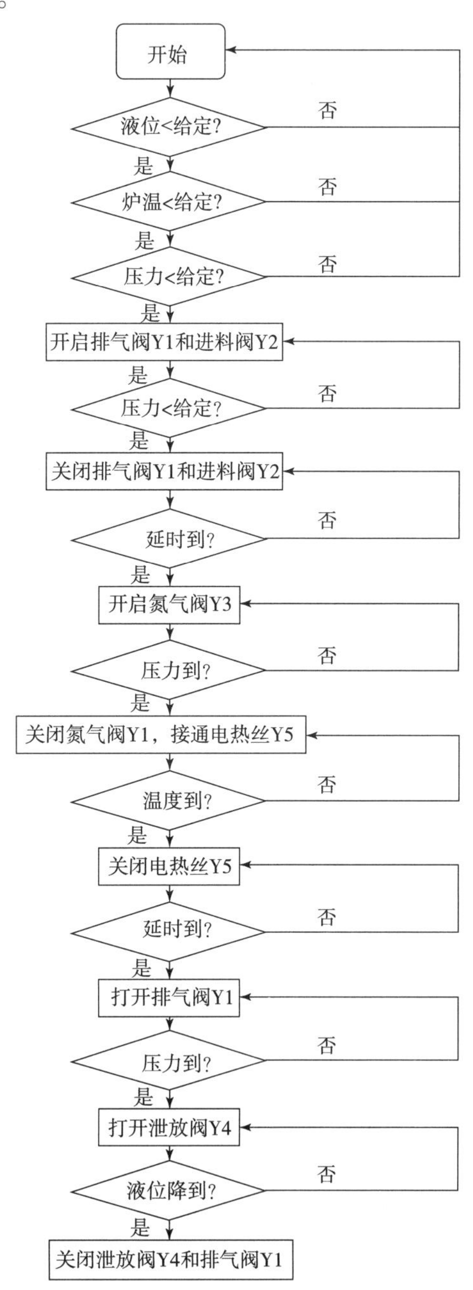


图 4－2－29　系统自动控制流程图

## 5. PLC 梯形图程序设计

（1）PLC 主程序梯形图如图 4－2－30 所示。

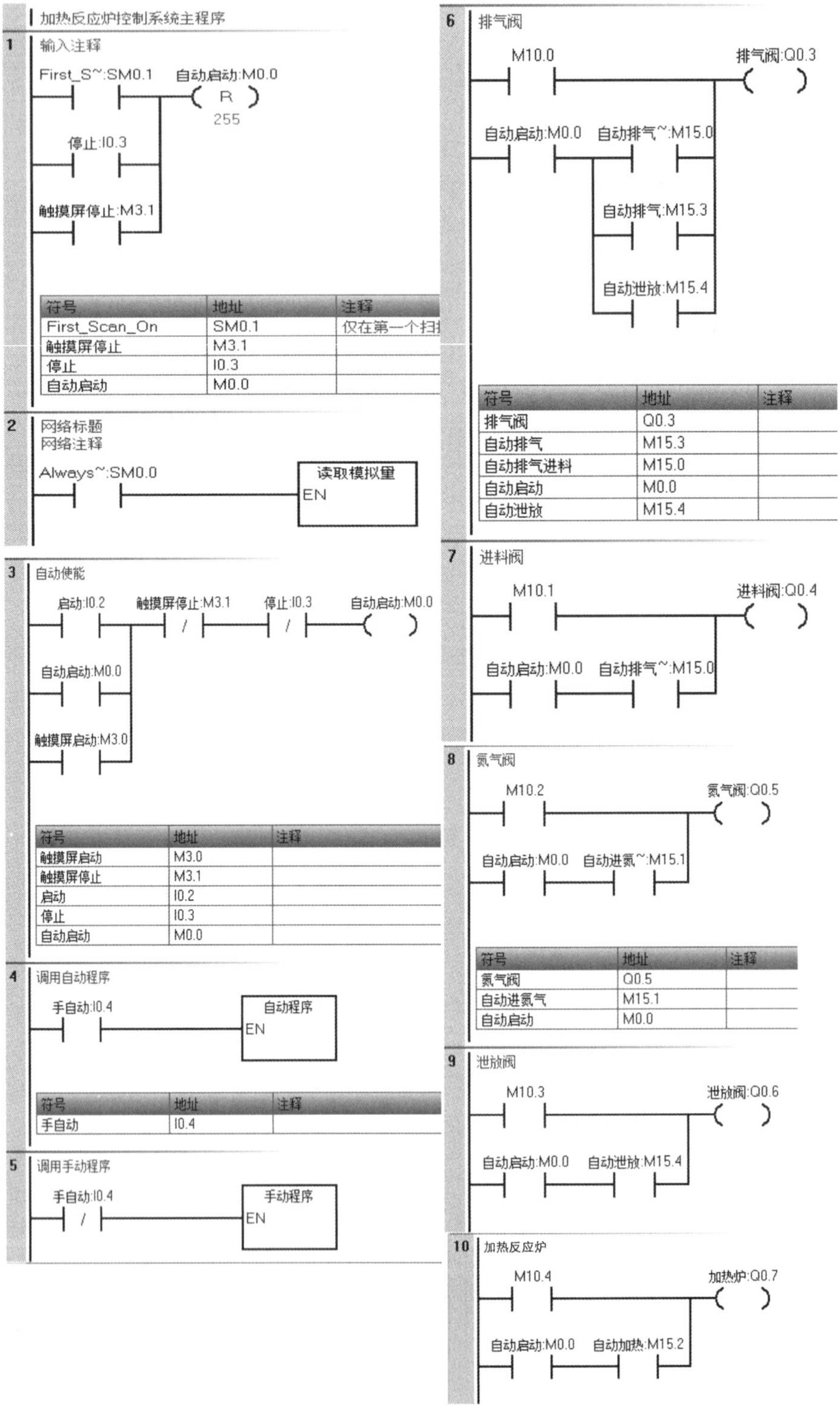

加热反应炉控制系统主程序

**1** 输入注释

First_S~:SM0.1　自动启动:M0.0　( R ) 255

停止:I0.3

触摸屏停止:M3.1

| 符号 | 地址 | 注释 |
|---|---|---|
| First_Scan_On | SM0.1 | 仅在第一个扫 |
| 触摸屏停止 | M3.1 | |
| 停止 | I0.3 | |
| 自动启动 | M0.0 | |

**2** 网络标题
网络注释

Always~:SM0.0　读取模拟量 EN

**3** 自动使能

启动:I0.2　触摸屏停止:M3.1 /　停止:I0.3 /　自动启动:M0.0 ( )

自动启动:M0.0

触摸屏启动:M3.0

| 符号 | 地址 | 注释 |
|---|---|---|
| 触摸屏启动 | M3.0 | |
| 触摸屏停止 | M3.1 | |
| 启动 | I0.2 | |
| 停止 | I0.3 | |
| 自动启动 | M0.0 | |

**4** 调用自动程序

手自动:I0.4　自动程序 EN

| 符号 | 地址 | 注释 |
|---|---|---|
| 手自动 | I0.4 | |

**5** 调用手动程序

手自动:I0.4 /　手动程序 EN

**6** 排气阀

M10.0　排气阀:Q0.3 ( )

自动启动:M0.0　自动排气~:M15.0

自动排气:M15.3

自动泄放:M15.4

| 符号 | 地址 | 注释 |
|---|---|---|
| 排气阀 | Q0.3 | |
| 自动排气 | M15.3 | |
| 自动排气进料 | M15.0 | |
| 自动启动 | M0.0 | |
| 自动泄放 | M15.4 | |

**7** 进料阀

M10.1　进料阀:Q0.4 ( )

自动启动:M0.0　自动排气~:M15.0

**8** 氮气阀

M10.2　氮气阀:Q0.5 ( )

自动启动:M0.0　自动进氮~:M15.1

| 符号 | 地址 | 注释 |
|---|---|---|
| 氮气阀 | Q0.5 | |
| 自动进氮气 | M15.1 | |
| 自动启动 | M0.0 | |

**9** 泄放阀

M10.3　泄放阀:Q0.6 ( )

自动启动:M0.0　自动泄放:M15.4

**10** 加热反应炉

M10.4　加热炉:Q0.7 ( )

自动启动:M0.0　自动加热:M15.2

图 4－2－30　PLC 主程序梯形图

（2）PLC 子程序“读取模拟量”梯形图如图 4－2－31 所示。

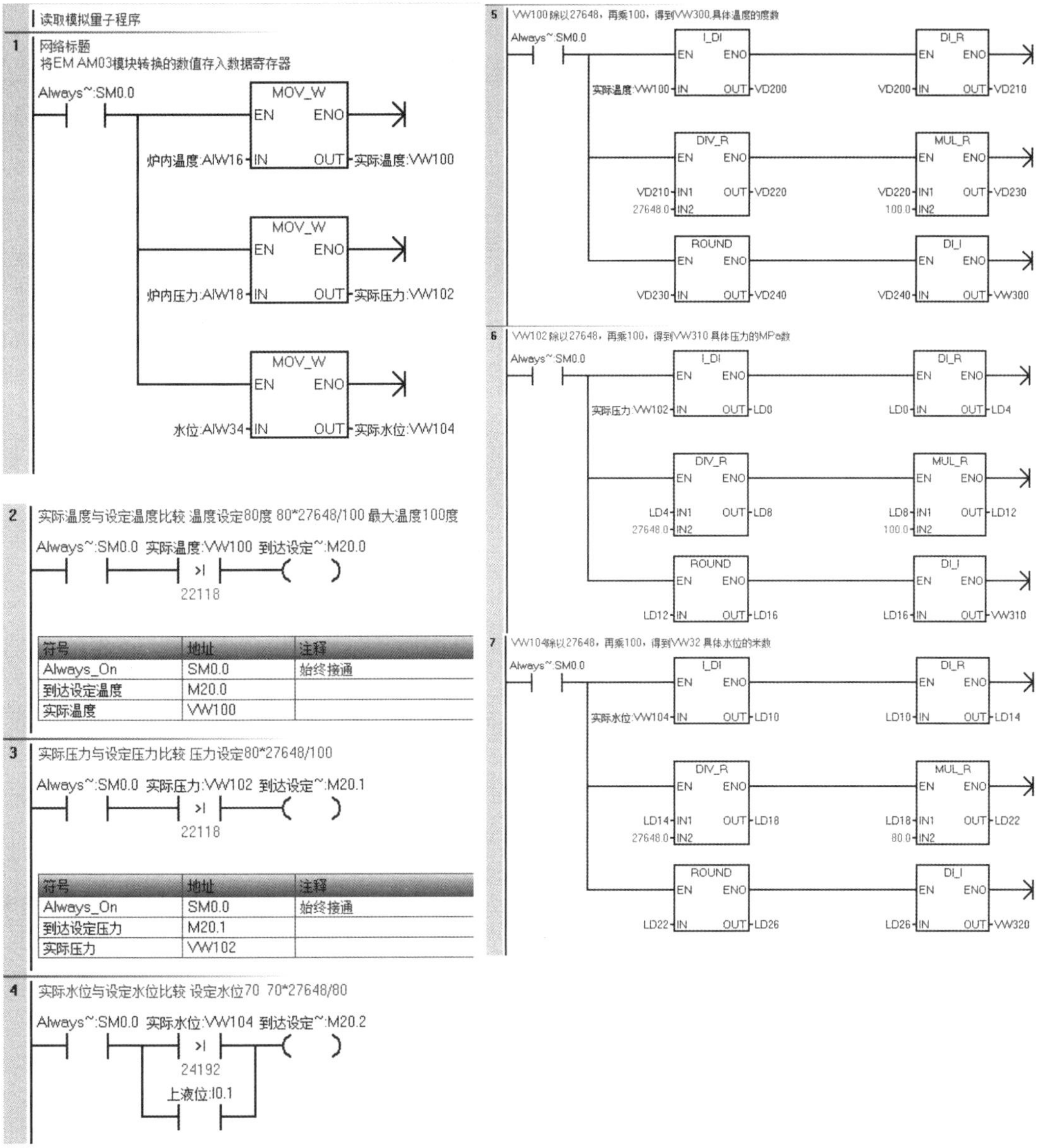

读取模拟量子程序

1 网络标题
将EM AM03模块转换的数值存入数据寄存器

Always~:SM0.0
MOV_W EN ENO
炉内温度:AIW16 - IN OUT - 实际温度:VW100
MOV_W EN ENO
炉内压力:AIW18 - IN OUT - 实际压力:VW102
MOV_W EN ENO
水位:AIW34 - IN OUT - 实际水位:VW104

2 实际温度与设定温度比较 温度设定80度 80*27648/100 最大温度100度

Always~:SM0.0 实际温度:VW100 到达设定~:M20.0
>I
22118

| 符号 | 地址 | 注释 |
| --- | --- | --- |
| Always_On | SM0.0 | 始终接通 |
| 到达设定温度 | M20.0 | |
| 实际温度 | VW100 | |

3 实际压力与设定压力比较 压力设定80*27648/100

Always~:SM0.0 实际压力:VW102 到达设定~:M20.1
>I
22118

| 符号 | 地址 | 注释 |
| --- | --- | --- |
| Always_On | SM0.0 | 始终接通 |
| 到达设定压力 | M20.1 | |
| 实际压力 | VW102 | |

4 实际水位与设定水位比较 设定水位70 70*27648/80

Always~:SM0.0 实际水位:VW104 到达设定~:M20.2
>I
24192
上液位:I0.1

5 VW100除以27648，再乘100，得到VW300.具体温度的度数

Always~:SM0.0
I_DI EN ENO：实际温度:VW100 - IN OUT - VD200
DI_R EN ENO：VD200 - IN OUT - VD210
DIV_R EN ENO：VD210 - IN1，27648.0 - IN2，OUT - VD220
MUL_R EN ENO：VD220 - IN1，100.0 - IN2，OUT - VD230
ROUND EN ENO：VD230 - IN OUT - VD240
DI_I EN ENO：VD240 - IN OUT - VW300

6 VW102除以27648，再乘100，得到VW310 具体压力的MPa数

Always~:SM0.0
I_DI EN ENO：实际压力:VW102 - IN OUT - LD0
DI_R EN ENO：LD0 - IN OUT - LD4
DIV_R EN ENO：LD4 - IN1，27648.0 - IN2，OUT - LD8
MUL_R EN ENO：LD8 - IN1，100.0 - IN2，OUT - LD12
ROUND EN ENO：LD12 - IN OUT - LD16
DI_I EN ENO：LD16 - IN OUT - VW310

7 VW104除以27648，再乘100，得到VW32 具体水位的米数

Always~:SM0.0
I_DI EN ENO：实际水位:VW104 - IN OUT - LD10
DI_R EN ENO：LD10 - IN OUT - LD14
DIV_R EN ENO：LD14 - IN1，27648.0 - IN2，OUT - LD18
MUL_R EN ENO：LD18 - IN1，80.0 - IN2，OUT - LD22
ROUND EN ENO：LD22 - IN OUT - LD26
DI_I EN ENO：LD26 - IN OUT - VW320

图 4－2－31　PLC 子程序“读取模拟量”梯形图

（3）PLC 子程序“自动程序”梯形图如图 4－2－32 所示。

（4）PLC 子程序“手动程序”梯形图如图 4－2－33 所示。

系统模拟运行调试

调试步骤：将 PLC 与 MCGS 触摸屏硬件连接，并做好通信设置，将 MCGS 组态界面下载到触摸屏，将 PLC 程序下载到 PLC，进行联机运行调试。

（1）调试手动控制。使 PLC 外部 I0.4＝0，PLC 进入手动程序部分，看是否可以执行手动排气、进料、加氮气、泄放等动作，也即看对应的 Q 点指示灯 Q0.3、Q0.4、Q0.5、Q0.6

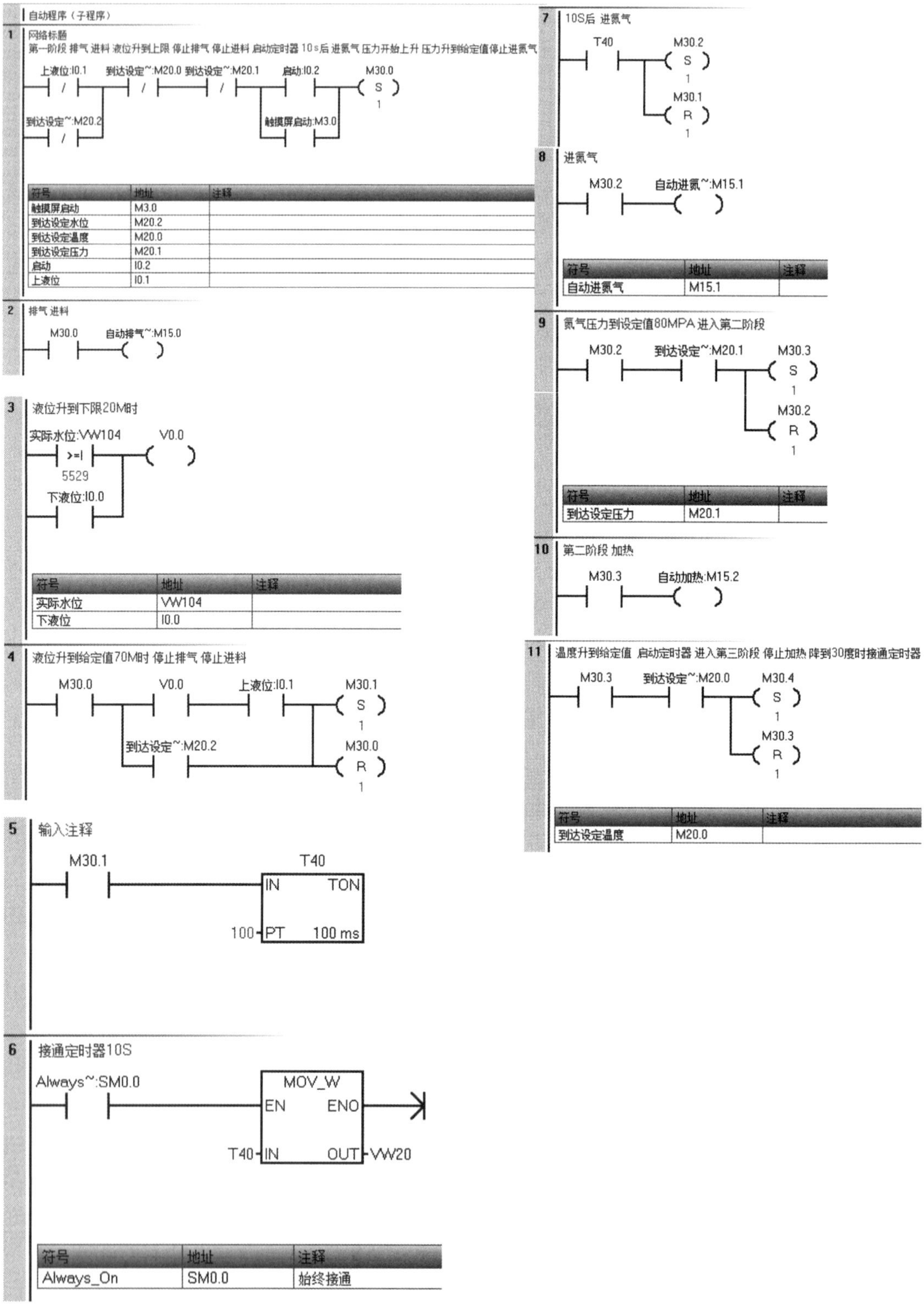

自动程序（子程序）

**1** 网络标题

第一阶段 排气 进料 液位升到上限 停止排气 停止进料 启动定时器 10 s后 进氮气 压力开始上升 压力升到给定值停止进氮气

上液位:I0.1 到达设定~:M20.0 到达设定~:M20.1 启动:I0.2 M30.0 S 1

到达设定~:M20.2 触摸屏启动:M3.0

| 符号 | 地址 | 注释 |
|---|---|---|
| 触摸屏启动 | M3.0 | |
| 到达设定水位 | M20.2 | |
| 到达设定温度 | M20.0 | |
| 到达设定压力 | M20.1 | |
| 启动 | I0.2 | |
| 上液位 | I0.1 | |

**2** 排气 进料

M30.0 自动排气~:M15.0

**3** 液位升到下限20M时

实际水位:VW104 >=I 5529 V0.0

下液位:I0.0

| 符号 | 地址 | 注释 |
|---|---|---|
| 实际水位 | VW104 | |
| 下液位 | I0.0 | |

**4** 液位升到给定值70M时 停止排气 停止进料

M30.0 V0.0 上液位:I0.1 M30.1 S 1

到达设定~:M20.2 M30.0 R 1

**5** 输入注释

M30.1 T40 IN TON

100 PT 100 ms

**6** 接通定时器10S

Always~:SM0.0 MOV_W EN ENO

T40 IN OUT VW20

| 符号 | 地址 | 注释 |
|---|---|---|
| Always_On | SM0.0 | 始终接通 |

**7** 10S后 进氮气

T40 M30.2 S 1

M30.1 R 1

**8** 进氮气

M30.2 自动进氮~:M15.1

| 符号 | 地址 | 注释 |
|---|---|---|
| 自动进氮气 | M15.1 | |

**9** 氮气压力到设定值80MPA 进入第二阶段

M30.2 到达设定~:M20.1 M30.3 S 1

M30.2 R 1

| 符号 | 地址 | 注释 |
|---|---|---|
| 到达设定压力 | M20.1 | |

**10** 第二阶段 加热

M30.3 自动加热:M15.2

**11** 温度升到给定值 启动定时器 进入第三阶段 停止加热 降到30度时接通定时器

M30.3 到达设定~:M20.0 M30.4 S 1

M30.3 R 1

| 符号 | 地址 | 注释 |
|---|---|---|
| 到达设定温度 | M20.0 | |

图 4-2-32 PLC 子程序“自动程序”梯形图

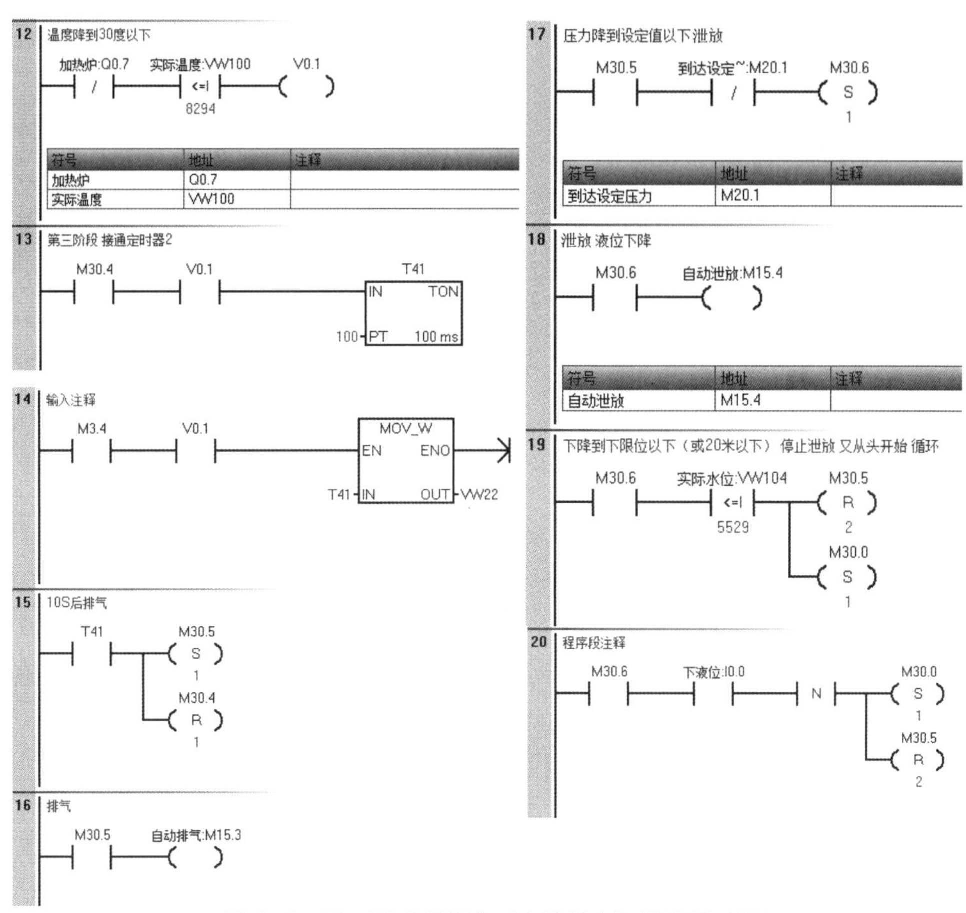


图 4-2-32 PLC 子程序“自动程序”梯形图（续）

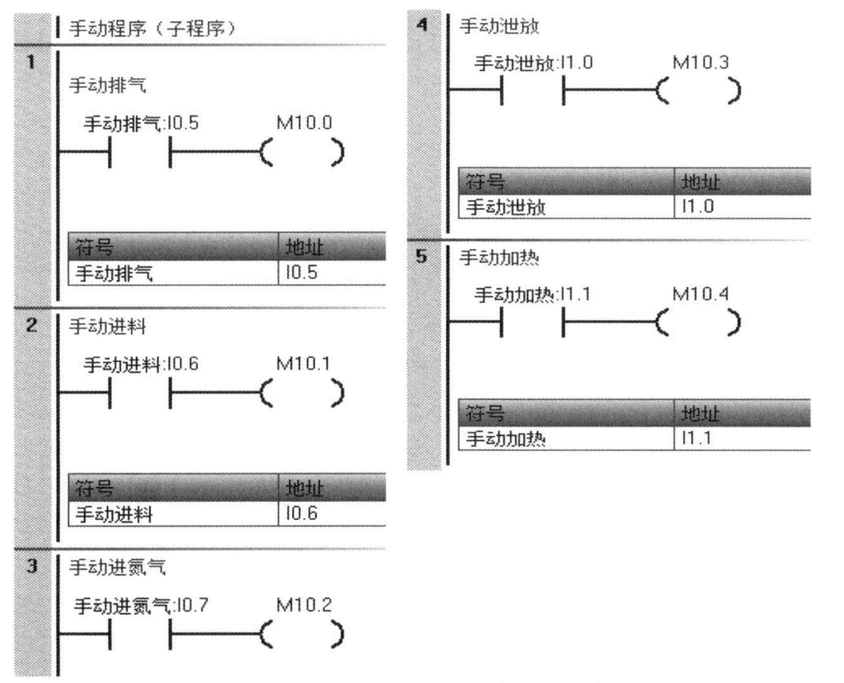


图 4-2-33 PLC 子程序“手动程序”梯形图

是否亮。同时，监控触摸屏 MCGS 组态界面，观察界面中的手动排气、进料、加氮气、泄放相对应的控制阀是否动作。

（2）调试自动控制。使 PLC 外部 I0.4 =1，PLC 进入自动程序部分，按照程序，将模拟液位、压力、温度的电压信号 0 ~ 10V 调到 0 V，然后按下“启动 SB1”按钮 I0.2，观察 MCGS 组态界面中排气阀 Y1、进料阀 Y2 是否动作，也观察 PLC 上 Q0.3、Q0.4 指示灯是否亮，然后调节模拟液位的电压信号缓慢上升，到给定值时，监控排气阀 Y1、进料阀 Y2 是否关闭。与此方法类似，按照系统自动控制流程，逐步观察 MCGS 组态界面和 PLC 输出点的输出变化，反复调试，直到 MCGS 组态界面和 PLC 程序都能达到控制要求为止。

## 练习提高

（1）在“封面”窗口的制作中，若使小球绕着椭圆的边线轨迹按逆时针周而复始地运动，则参数和脚本程序如何修改？

（2）在“加热反应炉控制系统”窗口的制作中，通过在策略中添加定时器，并对定时器进行设置来完成定时功能。除此之外，在脚本程序中还可以怎样完成定时功能？

## 任务评价

任务评价见表 4 -2 -5。

表 4 -2 -5 “加热反应炉控制系统的设计”任务评价

| 学习成果 | | | 评分表 | | |
|---|---|---|---|---|---|
| 巩固学习内容 | 出现的问题 | 解决方法 | 学生自评 | 小组自评 | 教师评分 |
| 工程建立的一般过程和步骤（10%） | | | | | |
| “封面”窗口的制作（25%） | | | | | |
| “加热反应炉控制系统”窗口的制作（20%） | | | | | |
| 脚本程序的编写（15%） | | | | | |
| 通过设备窗口添加通道的方法（10%） | | | | | |
| PLC 程序的编写（15%） | | | | | |
| 模拟运行的一般步骤（5%） | | | | | |

# 项目五

# 基于 MODBUS 现场总线的智能传感器应用实例

## 引导语

随着工业现场数字化改造和智能化转型的发展，越来越多的工业应用场景通过引入人机接口，操作人员利用手中的一部手机就可以实时了解设备的工作状态，通过接口可以控制设备行为。因此，对这一类了解常见工业网络及现场总线技术、能够熟练制作组态工程的技能型人才的需求也不断增加。从整体上讲，工业通信分为有线通信和无线通信，其中有线通信包括现场总线和工业以太网等，无线通信包括 Wi - Fi、LoRA 等。

## 任务 5.1　基于 MODBUS - TCP 的振动和温度传感器控制

### 任务目标

知识目标：

(1) 了解现场总线技术概况；

(2) 了解现场总线的通信基础；

(3) 掌握 MODBUS - TCP 现场总线通信的配置；

(4) 掌握振动如温度传感器的工作原理。

技能目标：

(1) 能配置振动传感器 MODBUS - TCP 通信参数；

(2) 能使用 MODBUS - TCP 通信采集振动传感器数据。

素养目标：

(1) 培养学生爱岗敬业、细心踏实、精益求精的工匠精神；

(2) 培养学生勇于创新的职业精神。

### 任务描述

随着科学技术的迅猛发展，机械工业化的程度也飞速提高，现代工业生产的机械设备正逐步走向复杂化、高速化、自动化。为了掌握设备运行状态、避免发生事故，对生产中的关键机组实行在线监测和故障诊断，越来越引起人们的重视。振动传感器就承担了这一重要任务，使用振动传感器可以对设备振动进行监视，从而提前预知设备的使用寿命。振动传感器的通信方式多种多样，目前使用最广泛的通信方式是 MODBUS – TCP 通信。

本任务利用 MODBUS – TCP 通信协议，使用西门子 S7 – 1200 系列 PLC 采集振动传感器的数值，显示在 MCGS 触摸屏上，从而实现工业生产的机械设备现场监控。控制要求如下：

要求在 MCGS 触摸屏可以实时显示振动传感器采集的 X 方向振动值、Z 方向振动值以及振动温度，如图 5 – 1 – 1 所示。

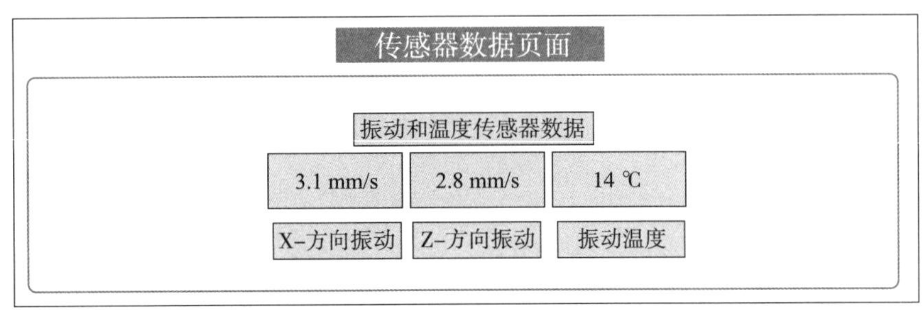


图 5 – 1 – 1　传感器数据页面

## 知识储备

### 5.1.1　现场总线技术概述

现场总线是 20 世纪 80 年代中期在国际上发展起来的。随着微处理器与计算机功能的不断增强和价格的降低，计算机与计算机网络系统得到迅速发展。现场总线可实现整个企业的信息集成，实施综合自动化，形成工厂底层网络，完成现场自动化设备之间的多点数字通信，实现底层现场设备之间以及生产现场与外界的信息交换。

现场总线概述

现场总线技术是将专用微处理器置入传统的测量控制仪表，使它们各自具有数字计算和数字通信能力，采用可进行简单连接的双绞线等作为总线，把多个测量控制仪表连接成网络系统，并按公开、规范的通信协议，在位于现场的多个微机化测量控制设备之间及现场仪表与远程监控计算机之间实现数据传输与信息交换，形成各种适应实际需要的自动控制系统。

现场总线控制系统既是一种开放通信网络，又是一种全分布控制系统。它把作为网络节点的智能设备连接成自动化网络系统，实现基础控制、补偿计算、参数修改、报警、显示、监控、优化的综合自动化功能。现场总线技术是一项以智能传感器、控制、计算机、数字通信、网络为主要内容的综合技术。

现场总线技术在历经了群雄并起，分散割据的初始阶段后，尽管已有一定范围的磋商合并，但至今尚未形成完整统一的国际标准。其中有较强实力和影响的有 Foundation Fieldbus (FF)、LonWorks、PROFIBUS、HART、CAN、Dupline 等。它们具有各自的特色，在不同应用领域形成了自己的优势。

## 5.1.2　MODBUS－TCP 概述

MODBUS 由 MODICON 公司于 1979 年开发，是一种工业现场总线协议标准。MODBUS 协议是一项应用层报文传输协议，包括 ASCII、RTU、TCP 3 种报文类型。标准的 MODBUS 协议物理层接口有 RS－232、RS－422、RS－485 和以太网接口，采用主/从（Master/Slave）方式通信，其网络结构如图 5－1－2 所示。

1996 年，施耐德公司推出基于以太网 TCP/IP 的 MODBUS 协议：MODBUS－TCP。可以简单地理解为：MODBUS－TCP 的内容，就是去掉了 MODBUS 协议本身的 CRC 校验，增加了 MBAP 报文头。

在 MODBUS－TCP 中，串行链路中的主/从设备分别演变为客户端/服务器端设备，即客户端相当于主站设备，服务器端相当于从站设备。基于 TCP/IP 网络的传输特性，串行链路上一主多从的构造也演变为多客户端/多服务器端的构造模型。MODBUS－TCP 服务器端通常使用端口 502 作为接收报文的端口，互联网编号分配管理机构（Internet Assigned Numbers Authority，IANA）给 MODBUS 协议赋予 502TCP 端口号，这是目前在仪表与自动化行业中唯一分配到的端口号。MODBUS－TCP 通信过程如下。

（1）使用 connect 命令建立 TCP 连接；

（2）使用 send 命令发送报文；

（3）在同一连接下等待应答；

（4）使用 recv 命令读取报文，完成一次数据交换；

（5）通信任务结束时，关闭 TCP 连接。

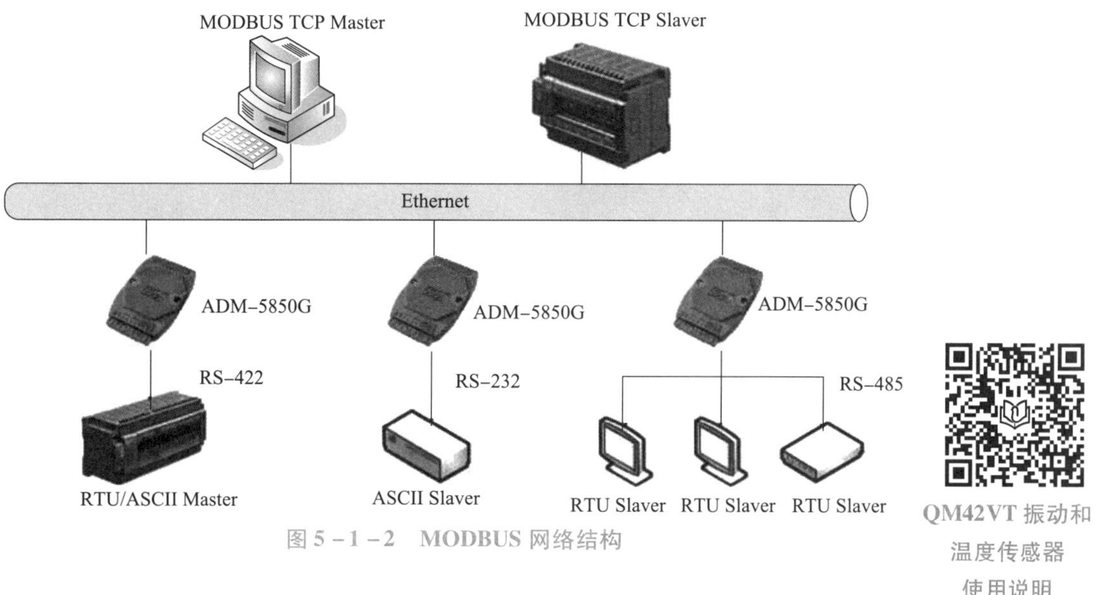


图 5－1－2　MODBUS 网络结构

QM42VT 振动和温度传感器使用说明

## 5.1.3　QM42VT 振动和温度传感器使用说明

QM42VT 振动和温度传感器测量均方根速度和温度，以便在它们变得过于严重或造成额外的损坏或导致意外停机之前检测到问题。QM42VT 振动和温度传感器与 Banner 无线节点

配对，可以提供本地指示，将信号以无线方式发送到中心位置，并将振动和温度数据发送到网关以进行收集和趋势分析，其外形如图 5－1－3 所示。其主要作用如下。

（1）通过无线方式发送信息到用户需要的地方，方便地监控机器的健康状况。

（2）避免机器故障和延迟，尽早发现问题。

（3）缩短停机时间并更有效地规划维护。

（4）监控各种机器以满足用户的需求，如电动机、泵、压缩机、风机、鼓风机、齿轮箱等。

图 5－1－3　QM42VT 振动和温度传感器外形

### 5.1.4　Performance 系列网关功能概述

Performance 系列网关主要用于创建点对多网络，在大范围内分布 I/O 点，其输入和输出类型包括离散量（干触点，PNP/NPN）、模拟量（直流 0～10 V，0～20 mA）、温度（热电偶和热电阻），以及脉冲计数器。其外形如图 5－1－4 所示。其主要特点如下。

（1）增强的网关和节点在 900 MHz 频段提供更大的距离。

（2）高密度 I/O 容量提供最多 12 路离散量输入或输出或者混合离散量和开关量的 I/O。

（3）通用型模拟量输入允许根据现场需求选择电流或电压。

#### 1. DXM100 控制器功能

DXM100 控制器是一款工业无线控制器，用于促进以太网连接和工业物联网（IIoT）应用。内置 MODBUS 通信设备可用内置 DX80 网关或 MultiHop 多跳数传电台，通过互联网连接本地无线网络或主机系统。其外形如图 5－1－5 所示。其主要特点如下。

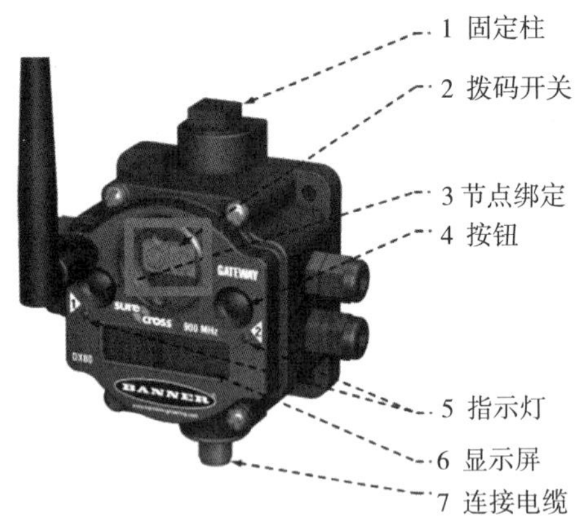


图 5－1－4　Performance 系列网关外形

图 5－1－5　DXM100 控制器外形

（1）将 MODBUS－RTU 转换成 MODBUS－TCP 或 Ethernet IP。

（2）逻辑控制器可以使用动作规则和文本语言方式编程。

（3）微型 SD 卡用于数据存储。

（4）具有邮件和短信报警功能。

#### 2. DXM100 控制器硬件配置

（1）本地 I/O 选项：绝缘离散量输入、通用型输入、单刀双掷继电器输出或 NMOS 输

出和模拟量输出。

（2）电源供电选项：直流 12 ~ 30 V、直流 12 V 太阳能板或备用电池供电。

（3）通信方式选项：RS－232、RS－485，以及以太网通信端口或 USB 组态端口。

（4）显示选项：LCD 显示 I/O 信息或用户自定义 LED。

## 任务实施

### 1. 系统硬件组成

本任务使用 DXM100 无线网关配合 Performance 无线节点模块，远程采集 QM42VT 振动和温度传感器反馈的温度及振动数据。首先 Performance 无线节点模块通过 RS－485 通信协议获得传感器采集到的温度及振动数据，其次 DXM100 无线网关通过“绑定”功能与 Performance 无线节点模块进行无线通信获得温度及振动数据，然后 PLC 通过 MODBUS－TCP 与 DXM100 无线网关通信，从而获得传感器反馈的温度及振动数据，最后触摸屏通过以太网与 PLC 进行通信，实时显示当前振动及温度数据。通信硬件连接示意如图 5－1－6 所示。

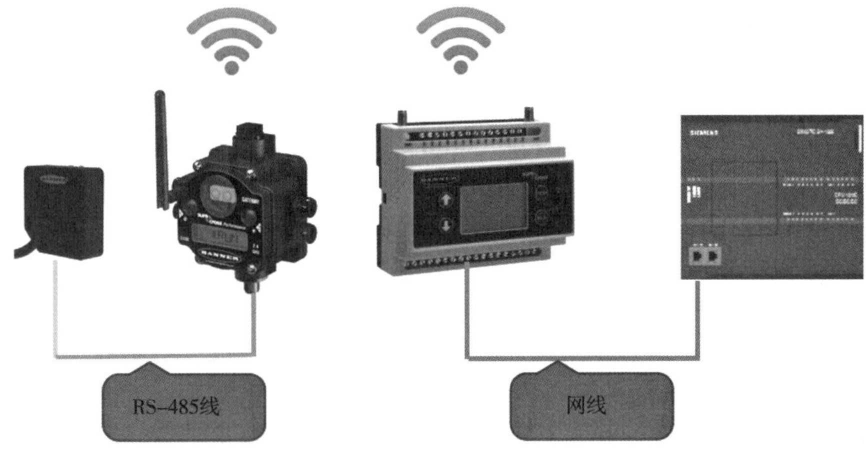


图 5－1－6　通信硬件连接示意

### 2. 传感器配套参数的设置

1）Performance 无线节点模块参数设置

无线节点的站地址设置如下。

由于一台无线网关可以关联 8 个无线节点，所以需要设置无线节点的站地址，其由十位和个位组成，如图 5－1－7 所示。用工具旋转拨码开关，将站地址设置为 01。

（1）DXM100 无线网关与无线节点绑定。

①DXM100 无线网关开机后通过上、下键选择“ISM Radio”选项，按“ENTER”键进入“ISM Radio”界面，如图 5－1－8 所示。

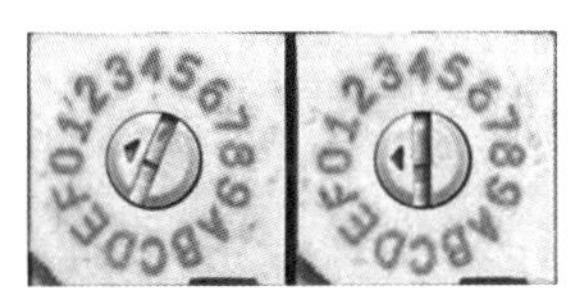


图 5－1－7　站地址拨码设置

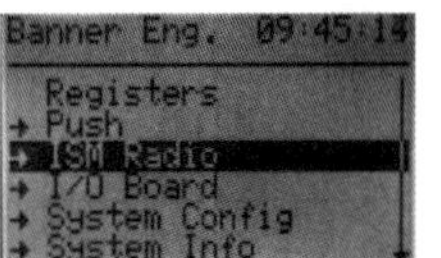


图 5－1－8　选择“ISM Radio”选项

②通过上、下键选择“Binding”选项，如图 5 - 1 - 9 所示，按“Enter”键进入“Binding”界面。

③通过上、下键设置站地址为 1，与前面参数中无线节点站地址相对应，按“Enter”键确定绑定，如图 5 - 1 - 10 所示。

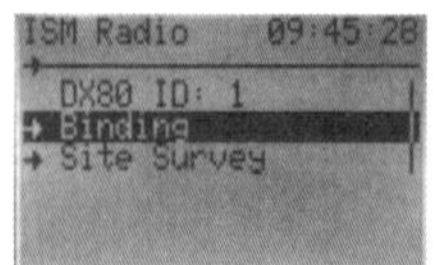

图 5 - 1 - 9　选择“Binding”选项

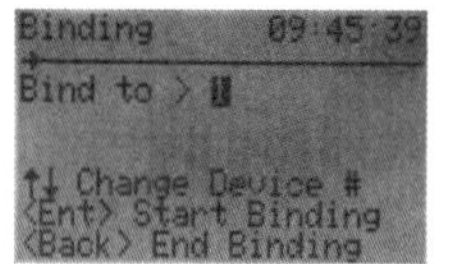

图 5 - 1 - 10　设置绑定

（2）Performance 无线节点绑定。

快速连续按 3 次无线节点绑定按钮，当指示灯连续闪烁 3 次时，无线网关与无线节点绑定完成，如图 5 - 1 - 11 所示。

（3）DXM100 无线网关 IP 设定。

①在系统开机启动页中，选择主菜单下的“System Config”选项，按“Enter”键进入“System Config”界面，如图 5 - 1 - 12 所示。

图 5 - 1 - 11　Performance 无线节点绑定

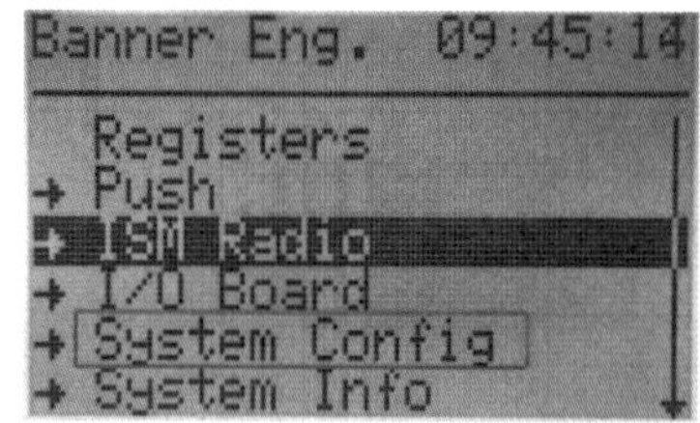

图 5 - 1 - 12　选择“System Config”子菜单

②进入“System Config”界面，选择“Ethernet”选项，按“Enter”键进入“Ethernet”界面，如图 5 - 1 - 13 所示。

③修改 IP 地址为 192.168.0.50，子网掩码为 255.255.255.0，其余默认，如图 5 - 1 - 14 所示。

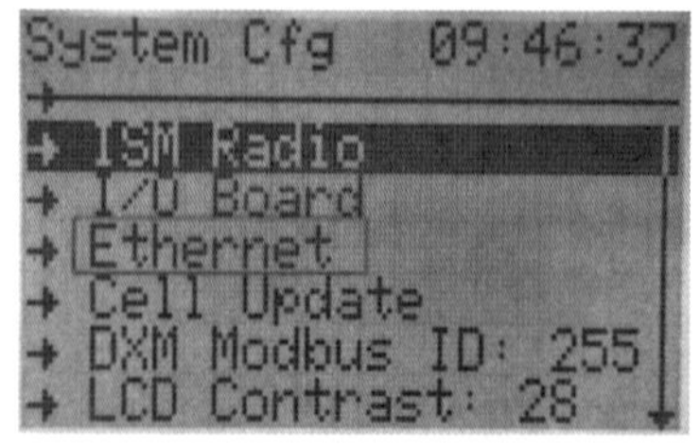

图 5 - 1 - 13　选择“Ethernet”子菜单

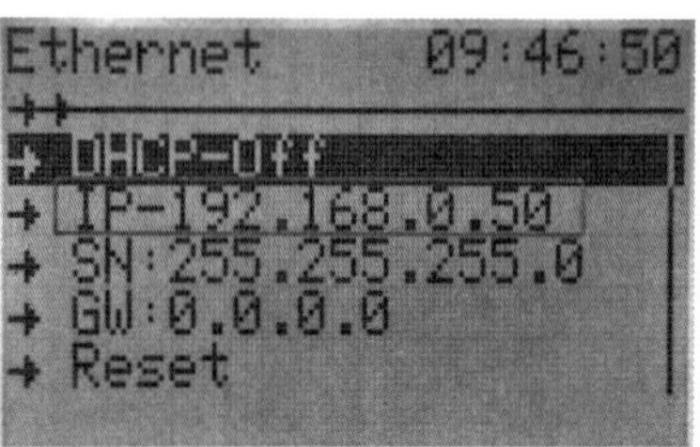

图 5 - 1 - 14　修改 IP 地址

2）DXM Configuration Tool v3 软件配置

（1）设置本地 IP 地址。

将本地 IP 地址设置为与 Performance 无线节点 IP 地址处于相同网段，例如可以设置为 192. 168. 0. 199。子网掩码为 255. 255. 255. 0，其余默认，按“Enter”键退出，如图 5 - 1 - 15 所示。

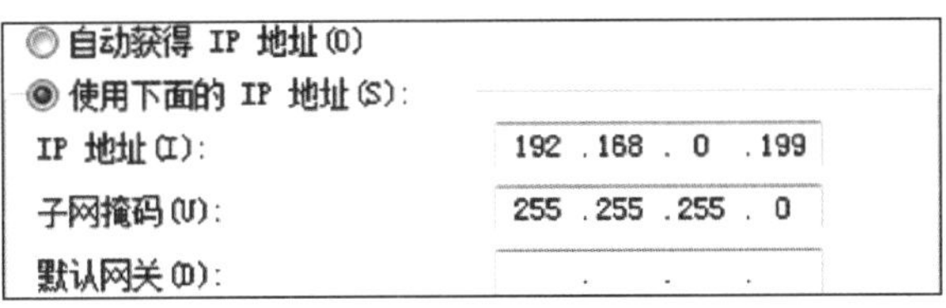


图 5 - 1 - 15　本地 IP 地址设置

（2）打开 DXM Configuration Tool v3 软件。

双击“DXM Configuration Tool v3”快捷方式图标，打开 DXM Configuration Tool v3 软件，然后按如下步骤建立通信工程。

①进入 DXM 配置界面，如图 5 - 1 - 16 所示，选择“Device”→“Connection Settings”选项，弹出“Connection Settings”对话框，在“IP Address”文本框输入“192. 168. 0. 50”，如图 5 - 1 - 17 所示，单击“Connect”按钮，连接成功后会在软件左下角显示，如图 5 - 1 - 18 所示。

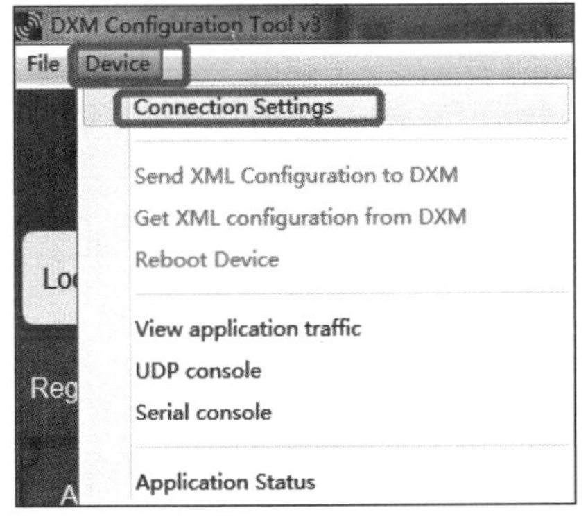


图 5 - 1 - 16　DXM 配置界面

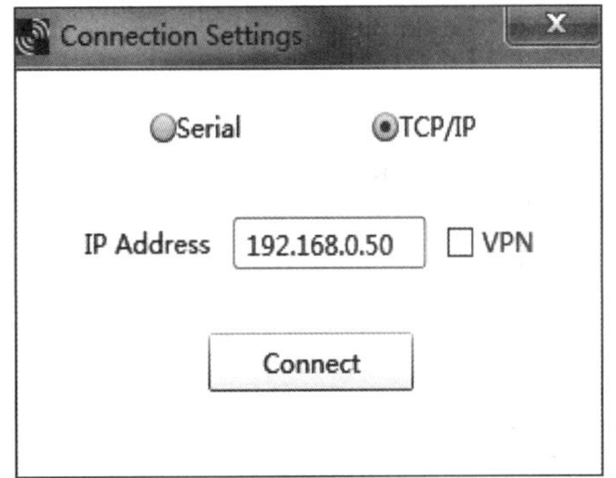


图 5 - 1 - 17　“Connection Settings”对话框

Connected 192.168.0.50

图 5 - 1 - 18　IP 地址连接成功

②设置 MODBUS - TCP 映射地址，在左边菜单栏中选择“Register Mapping”→“Read Rules”选项，然后单击“Add Read Rule”按钮，连续添加 6 行，在“registers starting at”栏中依次输入“17”~“22”，其他默认，如图 5 - 1 - 19 所示。

a. DX80 网关 MODBUS - TCP 映射地址原理。

- DX80 网关使用地址范围为 40000 ~ 4XXX 的 MODBUS 保持寄存器存储数据。

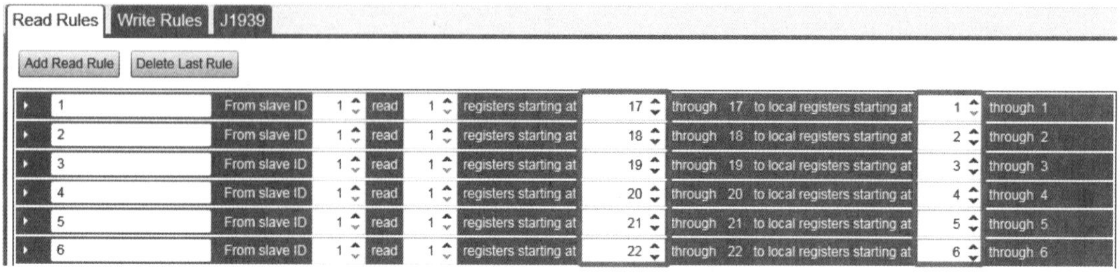

Read Rules | Write Rules | J1939

Add Read Rule | Delete Last Rule

| | | | | | | | | | | |
|---|---|---|---|---|---|---|---|---|---|---|
| 1 | From slave ID | 1 | read | 1 | registers starting at | 17 | through 17 | to local registers starting at | 1 | through 1 |
| 2 | From slave ID | 1 | read | 1 | registers starting at | 18 | through 18 | to local registers starting at | 2 | through 2 |
| 3 | From slave ID | 1 | read | 1 | registers starting at | 19 | through 19 | to local registers starting at | 3 | through 3 |
| 4 | From slave ID | 1 | read | 1 | registers starting at | 20 | through 20 | to local registers starting at | 4 | through 4 |
| 5 | From slave ID | 1 | read | 1 | registers starting at | 21 | through 21 | to local registers starting at | 5 | through 5 |
| 6 | From slave ID | 1 | read | 1 | registers starting at | 22 | through 22 | to local registers starting at | 6 | through 6 |

图 5－1－19　设置 MODBUS－TCP 映射地址

● 上位机或 PLC 使用 03 号功能码读网关内多个 MODBUS 保持寄存器以获取各节点输入端状态。

● 上位机或 PLC 使用 16 号功能码写网关内多个 MODBUS 保持寄存器经由各节点输出端输出。

b. MODBUS－TCP 映射地址分配原理。

DX80 网关内部有一块据寄存器区，依据不同节点号，每个节点占用不同起始地址的连续 16 个存器，其节点起始地址＝1＋(设备 ID 乘以 16)，如图 5－1－20 所示。其 I/O 地址定义如下。

| | GW | Node | | | | | | | | | | | | | | |
|---|---|---|---|---|---|---|---|---|---|---|---|---|---|---|---|---|
| | 0 | 1 | 2 | 3 | 4 | 5 | 6 | 7 | 8 | 9 | 10 | 11 | 12 | 13 | 14 | 15 |
| In 1 | 1 | 17 | 33 | 49 | 65 | 81 | 97 | 113 | 129 | 145 | 161 | 177 | 193 | 209 | 225 | 241 |
| In 2 | 2 | 18 | 34 | 50 | 66 | 82 | 98 | 114 | 130 | 146 | 162 | 178 | 194 | 210 | 226 | 242 |
| In 3 | 3 | 19 | 35 | 51 | 67 | 83 | 99 | 115 | 131 | 147 | 163 | 179 | 195 | 211 | 227 | 243 |
| In 4 | 4 | 20 | 36 | 52 | 68 | 84 | 100 | 116 | 132 | 148 | 164 | 180 | 196 | 212 | 228 | 244 |
| In 5 | 5 | 21 | 37 | 53 | 69 | 85 | 101 | 117 | 133 | 149 | 165 | 181 | 197 | 213 | 229 | 245 |
| In 6 | 6 | 22 | 38 | 54 | 70 | 86 | 102 | 118 | 134 | 150 | 166 | 182 | 198 | 214 | 230 | 246 |
| In 7 | 7 | 23 | 39 | 55 | 71 | 87 | 103 | 119 | 135 | 151 | 167 | 183 | 199 | 215 | 231 | 247 |
| In 8 | 8 | 24 | 40 | 56 | 72 | 88 | 104 | 120 | 136 | 152 | 168 | 184 | 200 | 216 | 232 | 248 |
| Out 1 | 9 | 25 | 41 | 57 | 73 | 89 | 105 | 121 | 137 | 153 | 169 | 185 | 201 | 217 | 233 | 249 |
| Out 2 | 10 | 26 | 42 | 58 | 74 | 90 | 106 | 122 | 138 | 154 | 170 | 186 | 202 | 218 | 234 | 250 |
| Out 3 | 11 | 27 | 43 | 59 | 75 | 91 | 107 | 123 | 139 | 155 | 171 | 187 | 203 | 219 | 235 | 251 |
| Out 4 | 12 | 28 | 44 | 60 | 76 | 92 | 108 | 124 | 140 | 156 | 172 | 188 | 204 | 220 | 236 | 252 |
| Out 5 | 13 | 29 | 45 | 61 | 77 | 93 | 109 | 125 | 141 | 157 | 173 | 189 | 205 | 221 | 237 | 253 |
| Out 6 | 14 | 30 | 46 | 62 | 78 | 94 | 110 | 126 | 142 | 158 | 174 | 190 | 206 | 222 | 238 | 254 |
| Out 7 | 15 | 31 | 47 | 63 | 79 | 95 | 111 | 127 | 143 | 159 | 175 | 191 | 207 | 223 | 239 | 255 |
| Out 8 | 16 | 32 | 48 | 64 | 80 | 96 | 112 | 128 | 144 | 160 | 176 | 192 | 208 | 224 | 240 | 256 |

图 5－1－20　MODBUS－TCP 映射地址分配

● I/O1～I/O6：节点的输入寄存器（有些型号的某些通道没有被使用，处于保留状态）；

● I/O7～I/O8：节点的运行状态代码；

● I/O9～I/O14：节点的输出寄存器（有些型号的某些通道没有被使用，处于保留状态）；

● I/O15～I/O16：上位机发送给每个节点的命令，节点据此执行相应的动作。

（3）上传工程。

工程配置完毕后，选择“Device”→“Send XML Configuration to DXM”选项，如图 5－

1-21 所示，将配置完成的工程文件上传进入网关后，即完成 DXM Configuration Tool v3 软件配置。

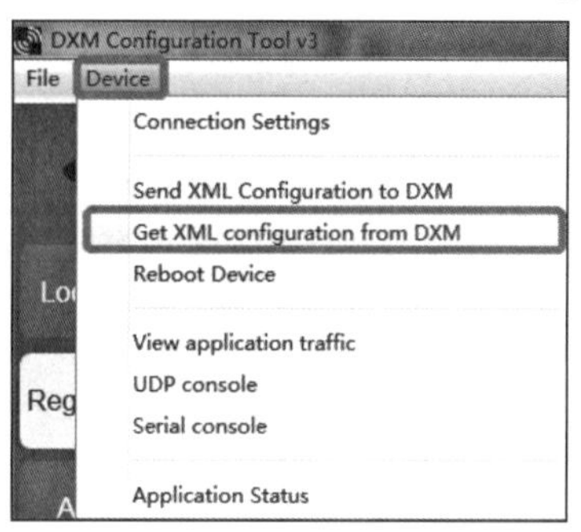


图 5-1-21　上传工程

### 3. PLC 程序的设计

PLC 程序的编写步骤如下。

（1）新建项目并进行设备组态。

本工程使用的是西门子 S7-1200PLC，通过 MODBUS-TCP 与 DXM100 无线网关通信，从而获得传感器反馈的温度及振动数据。

打开西门子 PLC 编程软件，新建工程，选择 CPU 型号为 1215C/DC/DC/DC。

PLC 和上位机程序的设计

（2）新建“振动 Data”数据块。

①添加数据块，命名为“振动 Data”。

②打开该数据块的右键快捷菜单，选择“属性”选项，在出现的对话框中取消勾选“优化的块访问”复选框。

③添加变量。“振动 Data”数据块参数如图 5-1-22 所示，“TCON_IP_V4”数据类型参数说明见表 5-1-1。

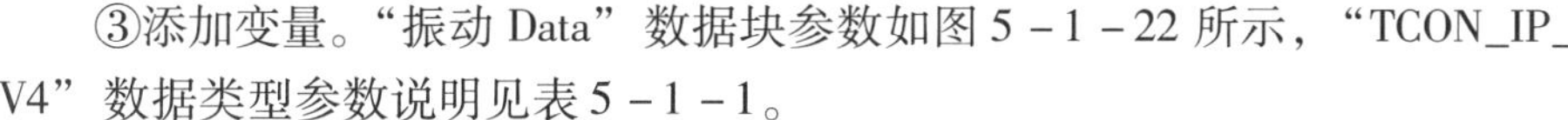

振动Data

| | 名称 | 数据类型 | 偏移量 | 起始值 |
|---|---|---|---|---|
| 1 | Static | | | |
| 2 | Z速度in/s | Int | 0.0 | 0 |
| 3 | Z速度 | Int | 2.0 | 0 |
| 4 | 温度F | Int | 4.0 | 0 |
| 5 | 温度 | Int | 6.0 | 0 |
| 6 | X速度in/s | Int | 8.0 | 0 |
| 7 | X速度 | Int | 10.0 | 0 |
| 8 | 振动IP连接地址 | TCON_IP_v4 | 12.0 | |
| 9 | InterfaceId | HW_ANY | 12.0 | 64 |
| 10 | ID | CONN_OUC | 14.0 | 1 |
| 11 | ConnectionType | Byte | 16.0 | 11 |
| 12 | ActiveEstablished | Bool | 17.0 | 1 |
| 13 | RemoteAddress | IP_V4 | 18.0 | |
| 14 | RemotePort | UInt | 22.0 | 502 |
| 15 | LocalPort | UInt | 24.0 | 0 |
| 16 | X速度mm/s | Real | 26.0 | 0.0 |
| 17 | Z速度mms | Real | 30.0 | 0.0 |
| 18 | 温度C | Real | 34.0 | 0.0 |

图 5-1-22　“振动 Data”数据块参数

表 5-1-1　“TCON_IP_V4”数据类型参数说明

| 名称 | 说明 |
|---|---|
| interface | 本地接口的硬件标识符 |
| ID | 引用该连接（唯一性） |

续表

| 名称 | 说明 |
| --- | --- |
| ConnectionType | 连接类型。11：TCP（十进制 11 = 十六进制 0x0B）；19：UDP（十进制 19 = 十六进制 0x13） |
| ActiveEstablished | 连接建立类型的标识符。FALSE：被动连接建立；TRUE：主动连接建立 |
| RemoteAddress | 伙伴端点的 IP 地址，例如 192.168.0.1 |
| remote_ port | 远程连接伙伴的端口地址（值范围：1～49 151） |
| local_ port | 本地连接伙伴的端口地址（值范围：1～49 151） |

（3）编写 PLC 程序。

①添加功能块，命名为“振动传感器”。

②双击打开该功能块，在右侧菜单栏的“指令”→“通信”→“其他”→“MODBUS－TCP”下直接调用 MB_CLIENT 通信指令到程序编辑区域，在弹出的“调用选项”对话框中选择“多重实例”选项，单击“确定”按钮。

③依次设置指令各引脚参数，如图 5－1－23 所示。

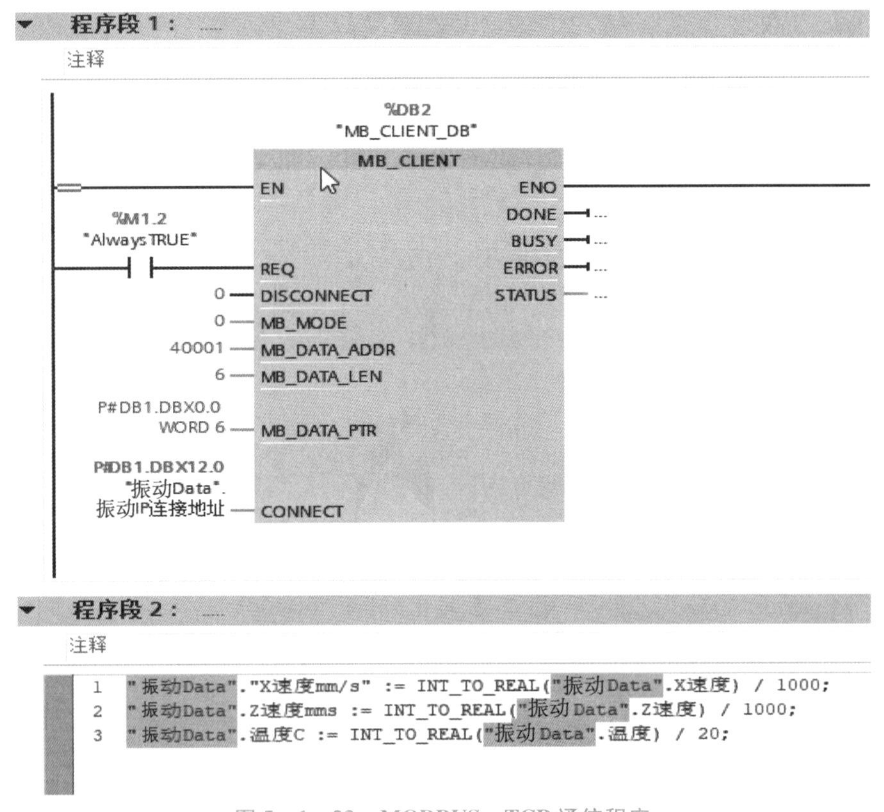


图 5－1－23　MODBUS－TCP 通信程序

西门子 S7－1200PLC 通过 MODBUS_CLIENT 通信指令在客户端和服务器之间建立连接、发送请求并接收响应。MB_CLIENT 指令引脚参数见表 5－1－2，指令梯形图如图 5－1－23 所示。

表5-1-2　MB_CLIENT通信指令引脚参数

| 参数 | 声明 | 数据类型 | 说明 |
|---|---|---|---|
| REQ | Input | BOOL | 对MODBUS-TCP服务的MODBUS查询REQ参数受到等级控制。<br>只要设置了输入（REQ=true），指令就会发送通信请求 |
| DISCONNECT | Input | BOOL | 通过该参数，可以控制与MODBUS服务器建立和终止连接。0：与通过CONNECT参数组态的连接伙伴；1：断开通信连接。如果在建立连接的过程中设置了参数REQ，将立即发送MODBUS请求 |
| MB_MODE | Input | USINT | 选择MODBUS的请求模式（读取、写入或诊断）或直接选择MODBUS功能 |
| MB_DATA_ADDR | Input | UDINT | 取决于MB_MODE |
| MB_DATA_LEN | Input | UINT | 数据长度：数据访问的位数或字数 |
| MB_DATA_PTR | InOut | VARIANT | 指向待从MODBUS服务器接收数据的数据缓冲区或指向待发送到MODBUS服务器的数据所在数据缓冲区的指针 |
| CONNECT | InOut | VARIANT | 指向连接描述结构的指针可以使用以下结构（系统数据类型）。TCON_IP_v4：包括建立指定连接时所需的所有地址参数；TCON_Configured：包括所组态连接的地址参数 |
| DONE | Out | BOOL | 如果最后一个MODBUS作业成功完成，则输出参数DONE中的该位将立即置“1”。 |
| BUSY | Out | BOOL | 0：无MODBUS请求在进行中；1：正在处理MODBUS请求。在建立和终止连接期间，不会设置输出参数BUSY |
| ERROR | Out | BOOL | 0：无错误；1：出错，出错原因由参数STATUS指示 |
| STATUS | Out | WORD | 指令的详细状态信息 |

PLC程序编写完成后，采用以太网通信协议，将其下载到PLC中。调试PLC程序时，在监控模式下观察“振动Data”数据块中的数据，如图5-1-24所示。

振动Data

|  | 名称 | 数据类型 | 偏移量 | 起始值 | 监视值 |
|---|---|---|---|---|---|
| 1 | ▼ Static |  |  |  |  |
| 2 | Z速度in/s | Int | 0.0 | 0 | 43 |
| 3 | Z速度 | Int | 2.0 | 0 | 111 |
| 4 | 温度F | Int | 4.0 | 0 | 1281 |
| 5 | 温度 | Int | 6.0 | 0 | 355 |
| 6 | X速度in/s | Int | 8.0 | 0 | 48 |
| 7 | X速度 | Int | 10.0 | 0 | 122 |
| 8 | ▶ 振动IP连接地址 | TCON_IP_v4 | 12.0 |  |  |
| 9 | X速度mm/s | Real | 26.0 | 0.0 | 0.122 |
| 10 | Z速度mms | Real | 30.0 | 0.0 | 0.111 |
| 11 | 温度C | Real | 34.0 | 0.0 | 17.75 |

图5-1-24　监控数据

4. 上位机 MCGS 系统设计

1）创建工程

（1）创建名为“基于 MODBUS－TCP 的振动和温度传感器数据采集”的工程文件。

（2）创建名为“传感器数据页面”的用户窗口，由于该工程仅有一个用户窗口，所以“传感器数据页面”用户窗口默认为启动窗口，运行时自动加载。

2）制作调试界面

（1）编辑画面

选中“传感器数据页面”窗口图标，单击“动画组态”按钮，进入动画组态窗口，开始画面的编辑，如图 5－2－25 所示。

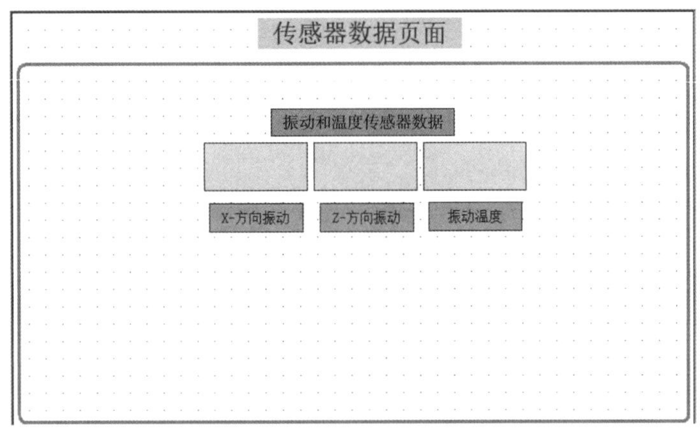


图 5－2－25　传感器数据页面

（2）定义数据对象

在本用户窗口中，需定义的数据对象见表 5－1－3。

表 5－1－3　数据对象

| 名称 | 类型 | 注释 |
| --- | --- | --- |
| 设备 0_只读 DB1_DF026 | 数值型 | X 方向振动数值 |
| 设备 0_只读 DB1_DF030 | 数值型 | Z 方向振动数值 |
| 设备 0_只读 DB1_DF034 | 数值型 | 振动温度 |

（3）动画、动作控制连接

本用户窗口需要动画效果和动作控制的部分包括：文本设置和数值显示设置。

①文本设置。

a. 单击工具条中的“工具箱”按钮，打开绘图工具箱。

b. 在绘图“工具箱”中单击“标签”按钮A，光标呈“十”字形，在适当位置拖拽鼠标，根据需要拉出一个一定大小的标签框。

c. 双击标签框，打开“标签动画组态属性设置”对话框，进行“扩展属性”设置，输入文本“传感器数值页面”，如图 5－1－26 所示。

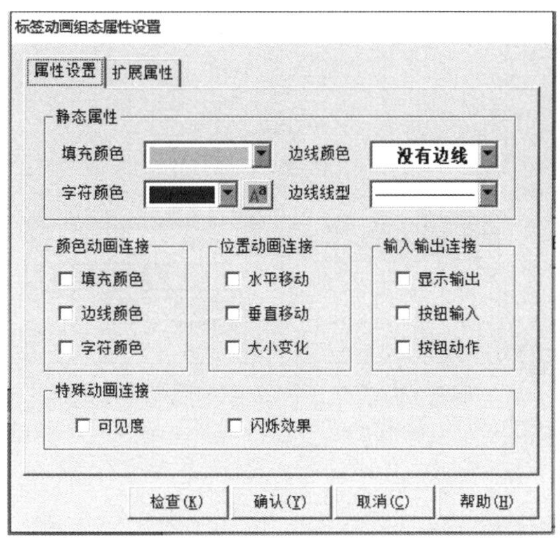


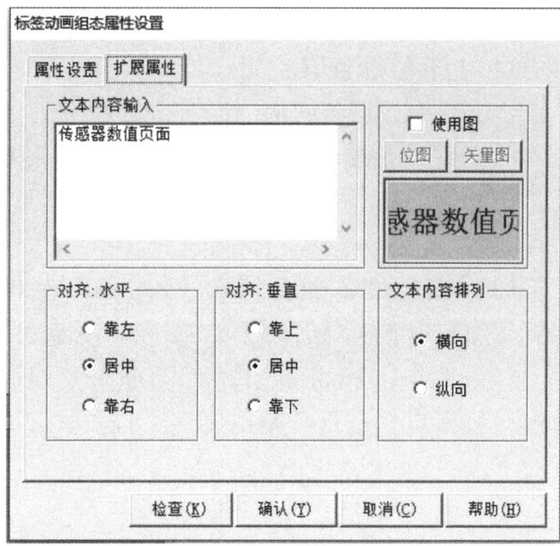


图 5－1－26　“标签动画组态属性设置”对话框（1）

d. 单击“确认”按钮，标签构件属性设置完毕。

以相同的方法绘制“振动和温度传感器数据”标签、“X－方向振动”标签、“Z 方向振动”标签和“振动温度”标签。

②数值显示设置。

a. 单击工具条中的“工具箱”按钮，打开绘图工具箱。

b. 单击绘图工具箱中的“标签”按钮，光标呈“十”字形，在适当位置拖拽鼠标，根据需要拉出一个一定大小的标签框。

c. 双击标签框，打开“标签动画组态属性设置”对话框，进行如下设置。

在“属性设置”标签中勾选“显示输出”复选框，则会自动添加“显示输出”标签。

在“显示输出”标签中“表达式”设置为“设备 0_只读 DB1_DF026”；“输出值类型”选择“数值量输出”；“输出格式”选择“十进制，自然小数位”，如图 5－1－27 所示。

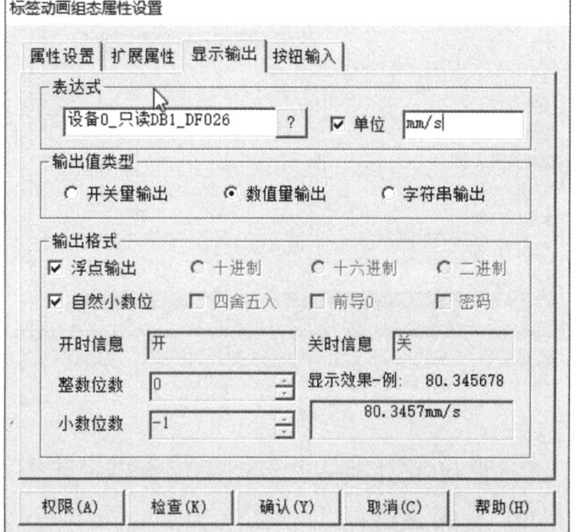


图 5－1－27　“标签动画组态属性设置”对话框（2）

以相同的方法设置 X 方向振动数值显示、Z 方向振动数值显示和振动温度数值显示。

3）上下位机通信

本工程中，设备通信的设置步骤如下。

（1）在设备窗口中双击“设备窗口”图标。

（2）在右键快捷菜单中选择“设备工具箱”选项。

（3）双击设备工具箱和“Siemens_1200”，将其添加到设备窗口，如图 5-1-28 所示。

图 5-1-28　MCGS 中设备通信的选择

（4）双击“Siemens_1200”，进入“设备编辑窗口”窗口，进行“基本属性”设置，参数设置如下。

①本地 IP 地址：192. 168. 0. 26。

②本地端口号：3000。

③远程 IP 地址：192. 168. 0. 16。

④远程端口号：102。

（5）单击“增加设备通道”按钮，进入“添加设备通道”窗口，对上位机的数据与下位机的数据进行连接，设备通道及其相应连接变量如图 5-1-29 所示。

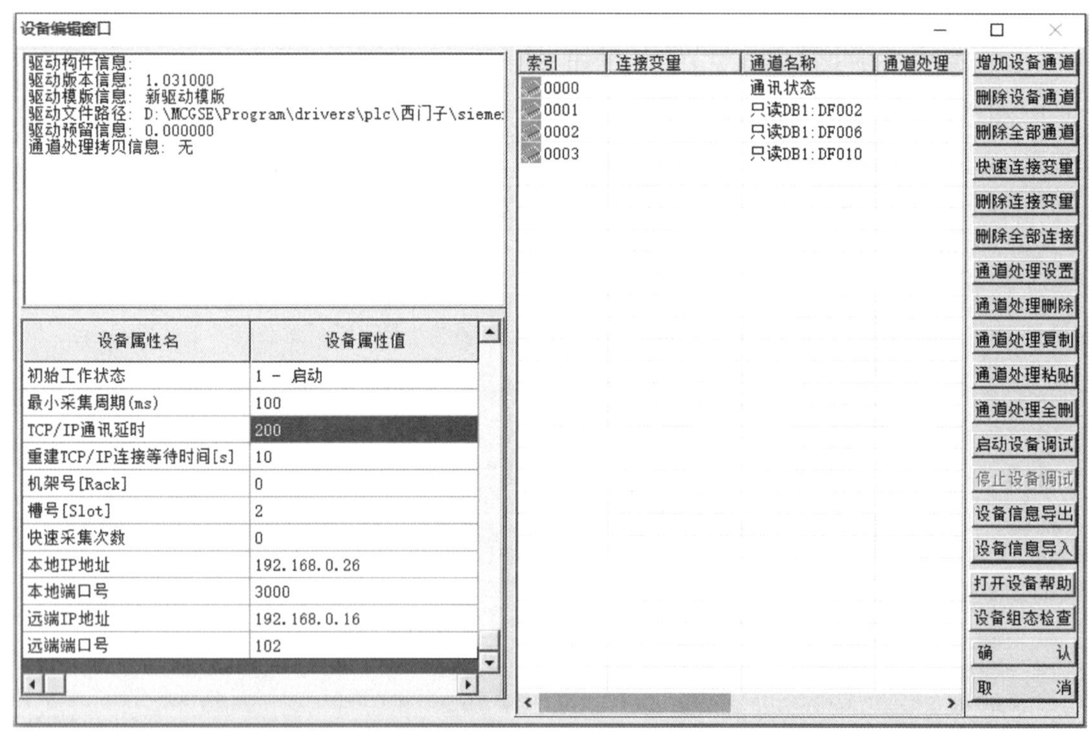

图 5-1-29　设备通道及其相应连接变量

（6）单击“确认”按钮，设备编辑完毕。

5. 系统调试

进入 MCGS 运行界面，调试 MCGS 组态界面，观察 MCGS 组态界面是否能达到本系统控

制要求，根据本系统控制要求对 MCGS 组态界面进行相应修改。

## 拓展提升

西门子博途软件 STEP7、WinCC 等为用户提供了强有力的功能，用户可以依据项目中的真实需要进行挑选。西门子博途软件系列产品促使用户的编程设计越来越简易合理，并可以将全套自动化技术和自动控制系统集成在一起，提高了工程项目效率，降低了维护保养成本。

在进行编程时，如需了解各种指令的含义及使用方法，除了查看《指令手册》以外，还可以查看西门子博途软件的“帮助”系统。在菜单栏中选择“帮助”→“帮助目录”选项，或直接按 F1 键，即可打开西门子博途软件的“帮助”系统，如图 5-1-30 所示。在“帮助”系统左侧输入索引的指令名或者直接双击选择指令，则可以在“帮助”系统中显示这些常用指令的含义及具体用法。

图 5-1-30　西门子博途软件“帮助”系统

## 练习提高

（1）如果把 Performance 无线站地址设置成“2”，则对应的其他参数需要如何设置？

（2）是否可以把本地 IP 地址设置成与 DXM100 控制器的功能 IP 地址一致？

## 任务评价

任务评价见表 5-1-4。

表 5-1-4　“基于 MODBUS-TCP 的振动和温度传感器控制”任务评价

| 学习成果 | | | 评分表 | | |
| --- | --- | --- | --- | --- | --- |
| 学习内容 | 出现的问题 | 解决方法 | 学生自评 | 小组互评 | 教师评分 |
| 传感器配套参数设置（30%） | | | | | |
| DXM Configuration Tool v3 软件配置（20%） | | | | | |
| PLC 程序的设计（30%） | | | | | |
| 传感器数据页面功能（20%） | | | | | |

# 任务 5.2　基于 MODBUS - RTU 的温度传感器控制

## 任务目标

知识目标：

(1) 了解 MODBUS - RTU 信息帧格式；

(2) 了解温度智能 PID 调节器硬件。

技能目标：

(1) 能解析 MODBUS - RTU 报文；

(2) 能进行温度智能 PID 调节器参数设置；

(3) 能进行温度智能 PID 调节器与西门子 S7 - 1200 系列 PLC 的通信配置。

素养目标：

(1) 培养操作规范和追求卓越的劳动态度；

(2) 培养学生在学习及生活中的规矩意识。

## 任务描述

在石化、热交换、供暖、供水、冶金、食品等行业中，常用智能 PID 调节器来对温度、压力、液位、流量等过程参数进行测量、显示、精确控制，智能仪表与 PLC 常通过 MODBUS - RTU 协议进行通信。

本任务利用 MODBUS - RTU 协议，使用西门子 S7 - 1200 系列 PLC 联合温度智能 PID 调节器来采集当前温度，将采集到的温度值显示在 MCGS 触摸屏上，从而实现工业现场监控。温度传感器画面如图 5 - 2 - 1 所示。

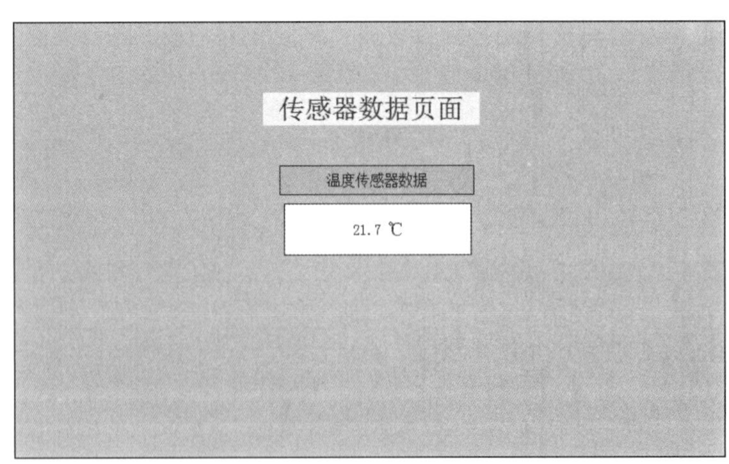


图 5 - 2 - 1　温度传感器显示画面

## 知识储备

### 5.2.1　MODBUS－RTU 协议概述

MODBUS－RTU 协议介绍（上）

MODBUS－RTU 协议介绍（下）

MODBUS 通信协议是 Modicon 公司提出的一种报文传输协议，是工业自动化领域应用最为广泛的通信协议，其因开放性、可扩充性和标准化而成为一个通用工业标准。通过该协议，不同厂商的产品可以简单可靠地接入网络，实现系统的集中监控、分散控制功能。

目前 MODBUS 通信协议可分为 ASCII、RTU、TCP 等。MODBUS－ASCII、MODBUS－RTU 为基于串行链路的 MODBUS 通信协议，常用的接口形式主要有 RS－232、RS－485、RS－422；MODBUS－TCP 为基于 TCP/IP 的 MODBUS 通信协议，常用接口形式为以太网接口（RJ－45 接口）。由于数据打包和传输方式的不同，MODBUS－ASCII 协议的命令长度是 MODBUS－RTU 协议的两倍，ASCII 码主要用于计算机领域，在国内工业控制领域很少采用 ASCII 码作为标准，目前大多数工控产品多采用 Modbus－RTU 协议。

MODBUS－RTU 协议使用应答式连接（半双工），数据通信采用 Master/Slave 方式，即 Master 端发出数据请求消息，Slave 端接收到正确消息后就可以发送数据到 Master 端以响应请求；Master 端也可以直接发消息修改 Slave 端的数据，实现双向读写。该协议决定了每个控制器需要知道它的设备地址，识别按地址发来的消息，决定产生何种行动；该协议只允许在主站和从站之间交换数据，而不允许独立的从站之间交换数据，这就不会在使它们初始化时占据通信线路，而仅限于响应到达本机的查询信号。

### 5.2.2　MODBUS－RTU 协议的数据传输

传输方式是指一个信息帧内一系列独立的数据结构以及用于传输数据的有限规则。MODBUS－RTU 协议中每个字节的格式如下。

代码系统：以字节为单位，每个字节包含 8 位二进制信息，消息中的每个字节都可以用两个十六进制字符表示。

每个字节的位：1 个起始位；8 个数据位，最小的有效位先发送；1 个奇偶校验位，无校验则无；1 个停止位（有校验时）或 2 个停止位（无校验时）。

MODBUS－RTU 协议的信息帧格式见表 5－2－1。

表 5－2－1　MODBUS－RTU 协议的信息帧格式

| 起始符 | 地址码/bit | 功能码/bit | 数据区/bit | 校验码/bit | 结束符 |
|---|---|---|---|---|---|
| T1－T2－T3－T4 | 8 | 8 | $n$ 个 8 | 16 | T1－T2－T3－T4 |

起始符、结束符：信息帧发送至少要以 3.5 个字符时间的停顿间隔开始。在最后一个字符传输完成之后，一个至少 3.5 个字符时间的停顿标志信息帧的结束。一个新的信息帧可在此停顿之后开始。

地址码：信息帧的第一个字节，由 8 位组成，范围是 0 ~ 255。有效的从站设备地址范围为 0 ~ 247（十进制），各从站的寻址范围为 1 ~ 247，地址 0 为广播地址，所有从站均能识别，248 ~ 255 保留不用。

功能码：信息帧的第二个字节，通过功能码告诉从站执行何种操作。MODBUS – RTU 协议定义了功能码 1 ~ 127，常用功能码见表 5 – 2 – 2。

表 5 – 2 – 2　常用功能码

| 代码 | 描述 | 位/字操作 | MODBUS 地址 |
|---|---|---|---|
| 01 | 读取线圈寄存器 | 位操作 | 00001 ~ 09999 |
| 02 | 读取输入寄存器 | 位操作 | 10001 ~ 19999 |
| 03 | 读取保持寄存器 | 字操作 | 40001 ~ 49999 |
| 04 | 读取输入寄存器 | 字操作 | 30001 ~ 39999 |
| 05 | 写入单个线圈寄存器 | 位操作 | 00001 ~ 09999 |
| 06 | 写入单个保持寄存器 | 字操作 | 40001 ~ 49999 |
| 15 | 写入多个线圈寄存器 | 位操作 | 00001 ~ 09999 |
| 16 | 写入多个保持寄存器 | 字操作 | 40001 ~ 49999 |

数据区：数据区的长度和内容由功能码决定，其长度为 0 ~ 252 个字节。数据区可以是实际数据、状态值、参考地址、数据长度等。

校验码：即 CRC 校验码（循环冗余检测）。校验码共 2 个字节，由发送设备计算，放置于发送信息的尾部。接收信息的设备重新计算接收信息的 CRC 校验码是否与接收到的相符，如不相符则表明出错。数据校验提高了系统的安全性与效率。

当信息帧送达从站时，它通过一个简单的“口”进入寻址到的设备，该设备去掉数据帧的“信封”（数据头），读取数据，如果没有错误，就执行数据所请求的任务，然后，它将自己生成的数据加入取得的“信封”，把数据帧返回给主站。返回的响应数据包含以下内容：从站设备地址、被执行的功能代码、执行命令生成的被请求数据字节和错误校验码。发生任何错误都不会产生成功的响应，如图 5 – 2 – 2 所示。

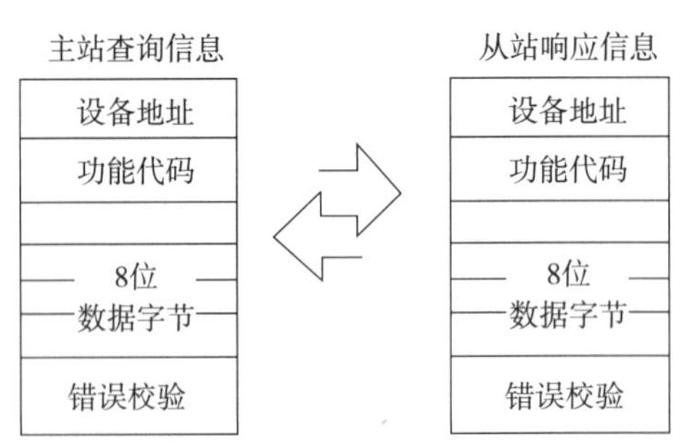


图 5 – 2 – 2　MODBUS – RTU 协议下的信息传输与应答方式

### 1. MODBUS – RTU 协议报文实例解析 1

主站请求：10 01 00 13 00 25 XX XX；

从站应答：10 01 05 CE 6B B2 0E 1B XX XX。

主站请求解析：10 为从站地址（1 字节），地址号为 16；01 为功能码（1 字节），读取

线圈状态；0013 为寄存器起始地址（2 字节），起始地址为 19（程序的起始地址为 0，起始地址 19 实际上是第 20 号接触器）；0025 为数据数量（2 字节），有 37 个状态量，需要 5 字节的空间；XX XX 为 CRC 校验码（2 字节）。

释义：读取来自 16 号从站以 20 号接触器为起始的 37 个接触器状态。

从站应答解析：10 为从站地址（1 字节），地址号为 16；01 为功能码（1 字节），读取线圈状态；05 为数据区字节数（1 字节），表示 5 个字节；CD 6B B2 0E 1B 为数据（5 字节），仅解析第一个数据（CD），CD 转换成二进制为 1100 1101，从低位读到高位，每一位对应一个接触器的状态，0 为断开，1 为闭合。

综上，数据段中的 CD 表示 20 号接触器闭合、21 号接触器断开、22 号接触器闭合、23 号接触器闭合、24 号接触器断开、25 号接触器断开、26 号接触器闭合、27 号接触器闭合；XX XX 为 CRC 校验码（2 字节）。

释义：来自 16 号从站的接触器状态，其数据字节数为 5，信息为 20 号接触器闭合、21 号接触器断开、22 号接触器闭合、23 号接触器闭合、24 号接触器断开、25 号接触器断开、26 号接触器闭合、27 号接触器闭合……

请注意，若询问的数据数量不是 8 的整数倍，那么最高字节的多余位补 0，此时的 0 没有任何意义。

**2. MODBUS－RTU 协议报文实例解析 2**

主站请求：10 01 00 13 00 25 XX XX；

从站应答：10 01 05 CE 6B B2 0E 1B XX XX。

主站请求解析：10 为从站地址（1 字节），地址号为 16；04 为功能码（1 字节），读取输入寄存器；006B 为起始地址（2 字节），地址号为 107；0003 为数据数量（2 字节），表示 3 个模拟量；XX XX 为 CRC 校验码（2 字节）。

释义：读取 16 号从站的以 108 号传感器为起始的 3 个温度传感器的输出信号。

从站应答解析：10 为从站地址（1 字节），地址号为 16；04 为功能码（1 字节），读取输入寄存器；06 为数据区字节数（1 字节），表示 6 个字节；00 0A00 0B 00 09 为数据（6 字节），表示 108 号、109 号、110 号温度传感器的输出信号分别为 10 mA、11 mA、9 mA，这里，如果知道温度传感器与电流之间的变换关系，则可以换算出 108 号、109 号、110 号温度传感器输出的当前温度值；XX XX 为 CRC 校验码（2 字节）。

释义：将 16 号从站的以 108 号温度传感器为起始的 3 个温度传感器的输出电流值 10 mA、11 mA 和 9 mA 发送给主站。

### 5.2.3　温度智能 PID 调节器简介

基于 MODBUS－RTU 的温度传感器配置编程（上）

基于 MODBUS－RTU 的温度传感器配置编程（下）

XMT624 仪表是综合了多项新技术研制而成的新一代智能自动调节仪表，采用先进的微电脑芯片及技术，仅需通过面板按键设定便可与各类传感器、变送器等配套使用。该调节器采用经长期使用和优化的成熟的智能 P1D 控制算法，对大多数控制对象有较强的适应能力，其新增故障控制策略进一步提高了控制系统的安全性，可广泛应用于石化、热交换、供暖、供水、冶金、食品等行业对温度、压力、液位、流量等过程参数的测量、显示、精确控制。该调节器具有变送输出和通信功能，能方便地与计算机或 PLC 连网，实现远程控制。

### 1. 技术指标

（1）供电电源：直流 24 V。

（2）显示方式：双排满 4 位 LED 数码管显示。

（3）采样速率：5 次/s。

（4）显示周期：0.6 s。

（5）主控输出：继电器输出，4～20 mA、0～10 V 模拟量输出。

（6）通信输出：接口方式为光电隔离主从异步串行 RS－485 通信接口，波特率为 1 200～9 600 bit/s。

### 2. 面板说明

XMT624 仪表面板说明如图 5－2－3 所示。

图 5－2－3　XMT624 仪表面板说明

### 3. 按键功能说明

按键功能说明见表 5－2－3。

表 5－2－3　按键功能说明

| 按键 | 状态 | | | |
|---|---|---|---|---|
| | 自动控制状态 | 参数设定状态 | 手动控制状态 | PID 自整定状态 |
| SET | 切换到参数设定状态 | 选定参数，确认修改，长按 3 s 切换到自动控制状态 | 切换到自动控制状态 | 切换到自动控制状态 |
| > | 点按查看输出百分比，长按 3 s 切换到手动控制状态 | 选择设定位 | 确认手动输出百分比 | — |
| ∧ | 直接增大设定值（SV） | 参数向下选择；<br>选定参数后，增大设定位的数值 | 增大输出百分比 | — |
| ∨ | 直接减小设定值（SV） | 参数向上选择；<br>选定参数后，减小设定位的数值 | 减小输出百分比 | — |

### 4. 指示灯说明

指示灯说明见表 5－2－4。

表 5-2-4　指示灯说明

| 指示灯 | 状态 | | | | |
|---|---|---|---|---|---|
| | 继电器 J1 报警 | 继电器 J2 报警 | 手动控制状态 | PID 自整定状态 | 控制输出 |
| AL1 | 亮 | — | — | — | — |
| AL2 | — | 亮 | — | — | — |
| AT/M | — | — | 亮 | 闪烁 | — |
| OUT | — | — | — | — | 亮 |

### 5. 仪表各状态之间的切换

1）参数设定状态

在自动控制状态下，点按 SET 键，通过 ⊳ 键、⊼ 键和 ⊻ 键，输入相应的密码，进入参数设定状态，可修改、设定各参数。

2）自动控制状态

仪表上电后，直接进入自动控制状态，如点按 ⊳ 键一次，可查看自动控制输出百分比，仪表下排左边第一位为提示符“ㄖ”，后 3 位显示控制输出百分比，再点按 ⊳ 键一次，仪表返回自动控制状态。

3）手动控制状态

在自动控制状态下，长按 ⊳ 键 3 s 仪表进入手动控制状态，AT/M 指示灯常亮，为了安全，先用 ⊼ 键和 ⊻ 键将输出百分比调整到需要的数值，再点按 ⊳ 键，仪表即可输出。点按 SET 键仪表返回自动控制状态。

4）PID 自整定状态

在自动控制状态下，点按 SET 键，输入密码“0001”，进入控制参数组，将参数“AT”设为“1”，确认并退出改组设置，仪表自动进入 PID 自整定状态。

仪表各状态的切换关系如图 5-2-4 所示。

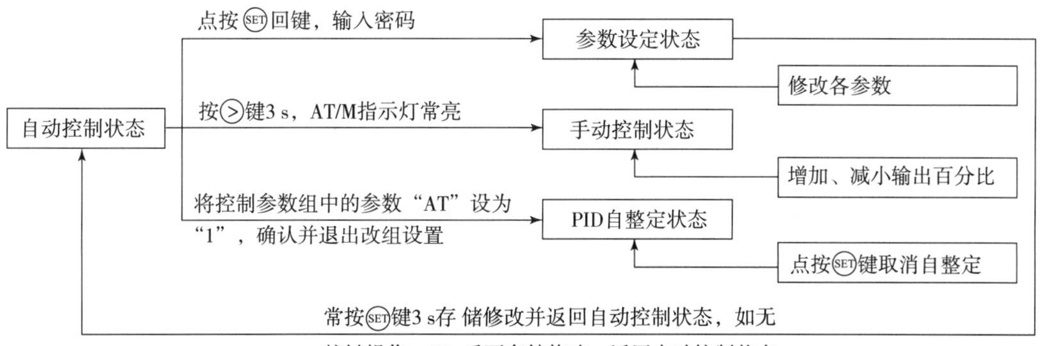


图 5-2-4　仪表各状态的切换关系

### 6. 仪表参数设定

XMT624 仪表出厂时已经设定了部分参数，但有些参数需要用户结合实际情况设定或修改。XMT624 仪表的参数共分为 3 组，3 组参数分别由 3 个密码锁存，用户输入不同的密码即可进入相应的参数设定组，如图 5－2－5 所示。

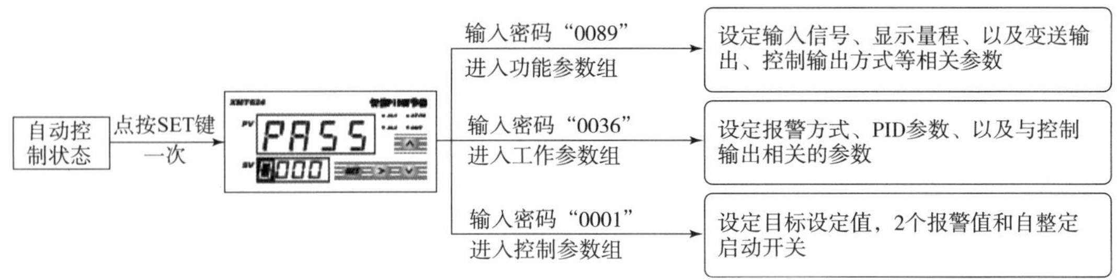


图 5－2－5　密码与参数设定组的对应关系

### 7. 功能参数设定

功能参数设定见表 5－2－5。

表 5－2－5　功能参数设定

| 参数名称 | 参数说明 | 地址 | 选项及设定范围 | 出厂值 |
|---|---|---|---|---|
| PASS | 输入密码 | — | 0089 | 0000 |
| Inty | 输入信号类型 | 2000H | Pt100、4～20 mA | Pt100 |
| PvL | 显示量程下限 | 2001H | －1 999～9 999 | 0.0 |
| PvH | 显示量程上限 | 2002H | －1 999～9 999 | 100.0 |
| dot | 小数点位置 | 2003H | 0 个位 1 十位 2 百位 3 千位 | 1 |
| rd | 正/反作用 | 2004H | 1：正作用；0：反作用 | 0 |
| obty | 变送输出类型 | 2005H | 0～10 mA，4～20 mA，0～20 mA | 0～20 |
| obL | 变送输出下限 | 2006H | －1 999～9 999 | 0 |
| obH | 变送输出上限 | 2007H | －1 999～9 999 | 100.0 |
| oAty | PID 输出方式 | 2008H | 0～10 mA，4～20 mA，0～20 mA；<br>3～100 为时间比例周期，单位为 s | 3 |
| EL | 开方功能 | 2009H | ON：开方；OFF：无开方 | OFF |
| Ss | 小信号切除 | 200AH | 0～100 | 0 |
| rEs | 上电缓启动 | 200BH | 0～120 s | 0 |
| Id | 本机通信地址 | 200CH | 1～64 | 5 |
| bAud | 通信波特率 | 2000H | 1 200，2 400，4 800，9 600 | 9 600 |
| End | 结束符 | — | 无选项 | — |

## 5.2.4　CM1241 模块简介

S7－1200 系列 PLC 作为西门子公司新一代模块化小型 PLC，具有设计紧凑、功能强大、性价比高的特点，完全能胜任很多中小型生产线的任务，在中小规模的自动化市场有着不错的应用前景。

S7－1200系列PLC可以通过通信模块（Communication Module，CM）1241和通信板（Communication Board，CB）进行串口通信。根据电气接口的不同，S7－1200系列PLC的串口通信模块CM1241可分为3种产品，CM1241－RS232、CB1241－RS485、CM1241－RS422/485。CM1241均由CPU供电，不需要提供外部电源。

可以通过LED查看通信的发送和接收。红灯闪烁：CPU没有找到CM模块，可能CPU还未上电；绿灯闪烁：CPU找到了CM模块，但尚未组态；绿灯常亮：CPU找到了CM模块，并且组态正确。CM1241－RS485模块外观如图5－2－6所示。

使用MODBUS－RTU协议通信时，最多可使用3个点对点模块（PtP）CB1241，还可使用一个通信板CB1241－RS232。使用通信模块CM 1241作为MODBUS－RTU主站时，最多允许建立与32个从站的通信连接。

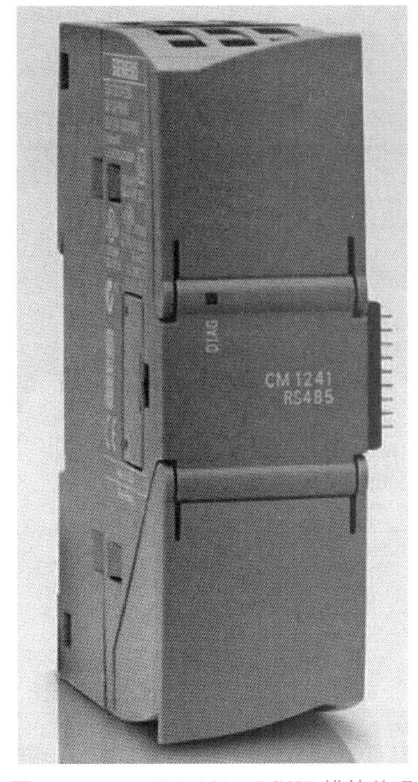


图5－2－6　CM1241－RS485模块外观

## 5.2.5　硬件标识符

硬件标识符（HW ID）是在对S7－1200/1500系列PLC或分布式I/O模块进行硬件组态时，系统自动分配的一个整数。硬件标识符的主要作用是对模块或子模块进行寻址、诊断和报警。当模块出现故障时，会在报警报文中写明硬件标识符，以便CPU快速定位。在S7－1200/1500系列PLC编程中，许多指令的寻址都需要使用硬件标识符。

硬件标识符具有如下几个特点。

（1）系统唯一性（可唯一标识一个模块或其子模块）。

（2）系统统一分配，无法修改（在组态软件中为灰色的不可修改项）。

（3）与模块的I/O地址无关（模块的I/O地址可以被修改，但不影响其硬件标识符）。

在西门子博途软件中选择“设备组态”→“拓扑视图”→“属性”→“系统常数”选项，即可查看模块名称对应的硬件标识符，如图5－2－7所示。

## 5.2.6　S7－1200 MODBUS－RTU指令

MB_COMM_LOAD指令用于组态端口使用MODBUS－RTU协议通信。组态MODBUS－RTU端口时，必须调用MB_COMM_LOAD指令一次，完成组态后，MB_MASTER或MB_SLAVE指令就可以使用该端口。如果要修改其中一个通信参数，则只需要再次调用MB_COMM_LOAD指令。每次调用MB_COMM_LOAD指令均将删除通信缓冲区中的内容。为了避免通信期间数据丢失，应避免不必要地调用该指令。MB_COMM_LOAD指令引脚参数见表5－2－6，MB_COMM_LOAD指令梯形图如图5－2－8所示。

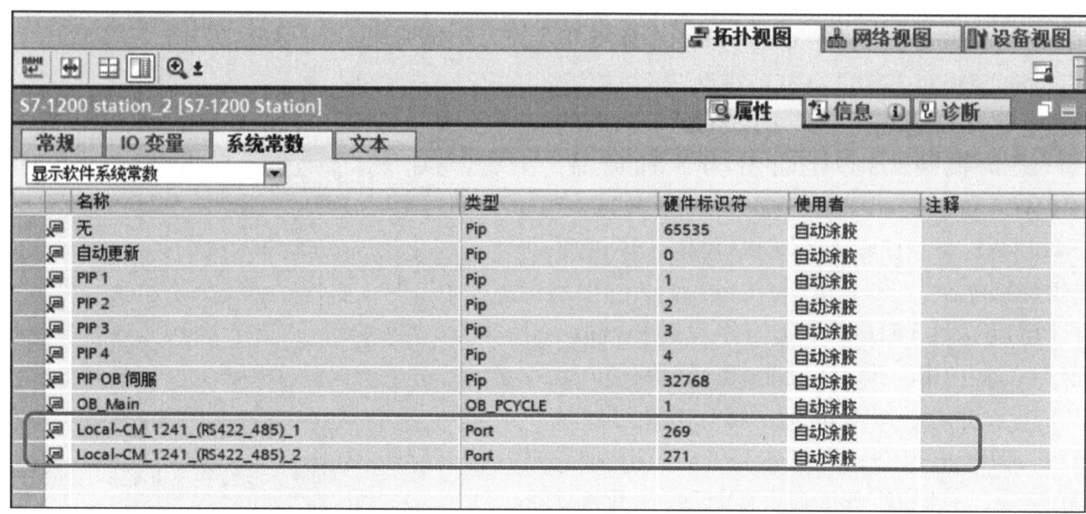


图 5-2-7　查看硬件标识符

表 5-2-6　MB_COMM_LOAD 指令引脚参数

| 参数 | 说明 |
| --- | --- |
| REQ | 在上升沿执行该指令 |
| PORT | 通信端口的 ID |
| BAUD | 波特率选择：300、600、1 200、2 400、4 800、9 600、19 200、38 400、57 600、76 800、115 200，所有其他值均无效 |
| PARITY | 奇偶校验选择：0（无）、1（奇校验）、2（偶校验） |
| MB_DB | MB_MASTER 或 MB_SLAVE 指令的背景数据块的引用 |
| DONE | 指令的执行已完成且未出错 |
| ERROR | 错误：0（未检测到错误）、1（检测到错误）。在参数 STATUS 中输出错误代码 |
| STATUS | 端口组态错误代码 |

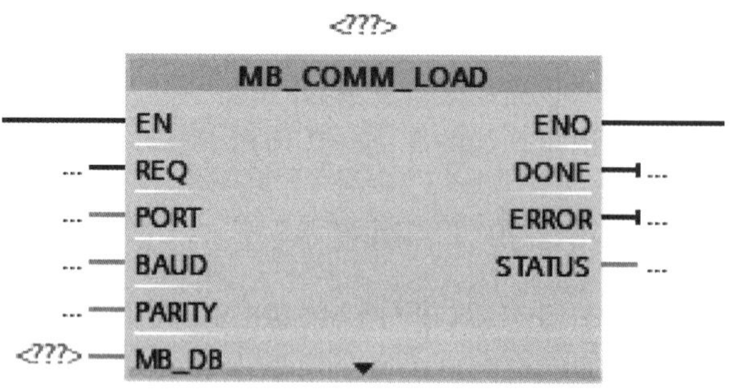


图 5-2-8　MB_COMM_LOAD 指令梯形图

MB_MASTER 指令允许程序作为 MODBUS-RTU 主站使用点对点模块或通信板上的端口进行通信。可以访问一个或多个 MODBUS 从站设备中的数据。MB_MASTER 指令引脚参数

见表 5 –2 –7，MB_MASTER 指令梯形图如图 5 –2 –9 所示。

请注意：通信指令参数需根据实际通信设置或状态来填写，否则通信无法成功。

表 5 –2 –7　MB_MASTER 指令引脚参数

| 参数 | 说明 |
|---|---|
| REQ | 在上升沿执行该指令，请求将数据发送或读取到 MODBUS – RTU 从站 |
| MB_ADDR | MODBUS – RTU 从站地址，默认地址范围：0 ~ 247 |
| MODE | 模式选择：指定请求类型 |
| DATA_ADDR | MODBUS – RTU 从站中的起始地址：指定 MODBUS – RTU 从站中将供访问的数据的起始地址 |
| DATA_LEN | 数据长度：指定要在该请求中访问的位数或字数 |
| DATA_PTR | 数据指针：指向要写入或读取的数据的通信模块或数据块地址 |
| DONE | 完成位 |
| BUSY | 0：无正在进行的 MB UASTER 操作；1：MB JLASTER 操作正在进行 |
| EEROR | 错误位 |
| STATUS | 错误代码 |

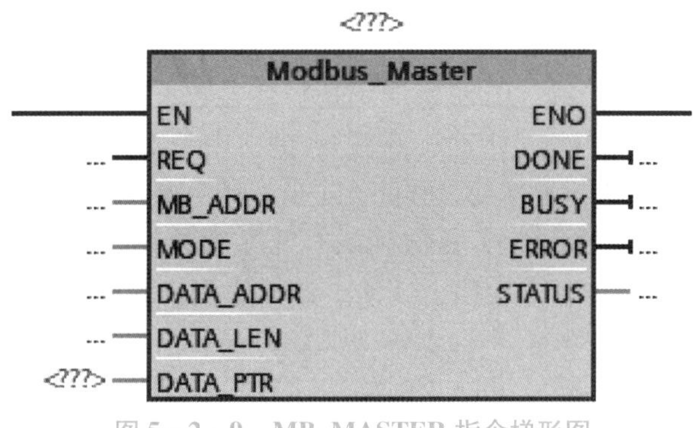


图 5 –2 –9　MB_MASTER 指令梯形图

## 任务实施

### 1. 系统硬件组成

本任务使用温度智能 PID 调节器（XMT624 仪表）和铂热电阻 PT100 检测并显示当前温度值。首先，三线制铂热电阻 PT100 连接到智能 PID 调节器的输入端；其次，温度智能 PID 调节器通过 RS –485 串口，利用 MODBUS – RTU 通信协议，使 PLC 读取到当前的温度值；最后，PLC 通过以太网与触摸屏相连，将当前温度值显示在触摸屏上。通信硬件连接如图 5 –2 –10 所示。

### 2. XMT624 仪表参数的设置

XMT624 仪表参数设置的步骤如下。

（1）在 XMT624 仪表的自动控制状态下点按 SET 键一次，显示密码提示符 PASS，此时在

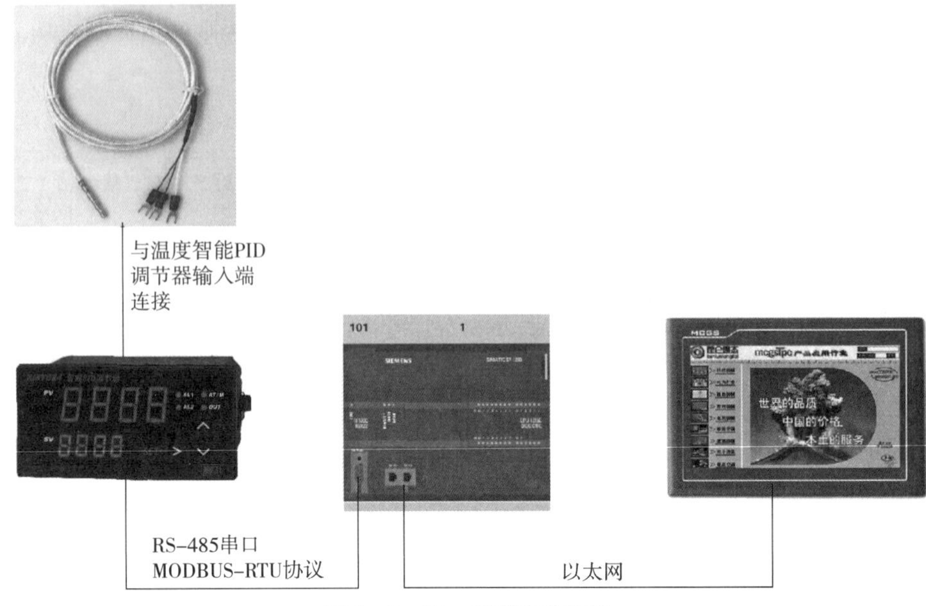


图 5-2-10　通信硬件连接

XMT624 仪表的下排输入功能参数组对应的密码“0089”，点按 SET 键对密码进行确认，即可进入参数设定状态。

（2）确认完密码后，XMT624 仪表分上、下两排按顺序显示各参数，位于上排闪烁显示的为当前参数，下排为下一参数，用 ⋀ 键向下选择各参数，用 ⋁ 键向上选择各参数。

（3）当某一参数在上排闪烁显示时，点按 SET 键，表示对此参数进行查看或修改，此时上排仍显示此参数提示符，下排显示此参数的设定值，用 > 键和 ⋀/⋁ 键对设定值进行修改。

（4）当修改完某一参数后，点按 SET 键确认对此参数的修改，此时 XMT624 仪表上排显示当前修改完的参数，再用 ⋀/⋁ 键向上或向下选择要修改的参数。

（5）重复以上步骤完成 XMT624 仪表各项参数的查看或修改。

注：在参数设定过程中长按 SET 键 3 s 可保存对参数的修改并提前退出参数设定状态，如果 60 s 内无按键操作，则 XMT624 仪表不保存任何修改并自动返回自动控制状态。

本任务中需修改及确认的参数包括 Inty（输入信号类型）：Pt100；PvL（显示量程下限）：0.0；PvH（显示量程上限）：500.0；Id（本机通信地址）：5；bAud（通信波特率）：9 600。

### 3. PLC 程序的设计

1）新建项目并进行设备组态

本任务使用的 PLC 是西门子 S7-1200 系列 PLC。打开西门子博途软件，新建工程，在进行设备组态时选择 CPU 型号：1215C/DC/DC/DC。在右侧菜单栏中选择“硬件目录”→“通信模块”→“点到点”→“CM1241（RS422/RS485）”选项，在 PLC 左侧 101 槽添加 CM1241 RS422/485 通信模块，为了便于辨识模块，修改模块名为“温度”，如图 5-2-11 所示。设置 PLC 的 IP 地址为 192.168.0.16，启用系统存储器字节和时钟存储器字节。

选择图 5-2-12 所示的 PLC 属性窗口的“常规”选项卡→“防护与安全”→“连接机制”选项，在右侧窗口中勾选“允许来自远程对象的 PUT/GET 通信访问”复选框。

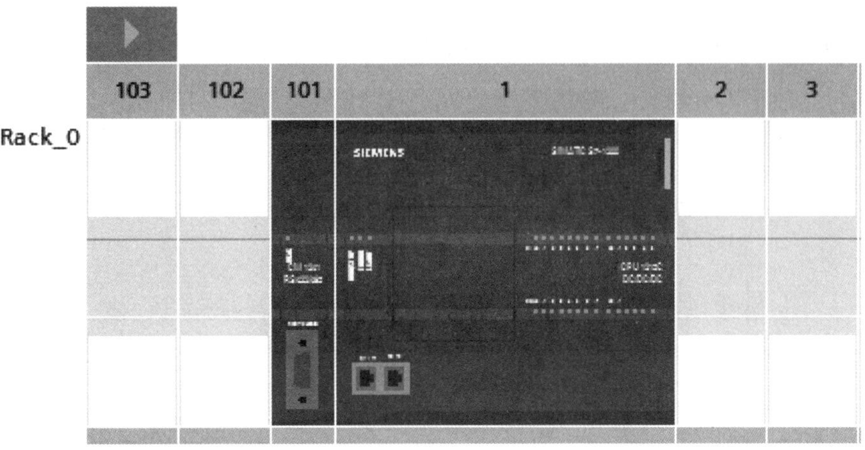


图 5-2-11　设备组态

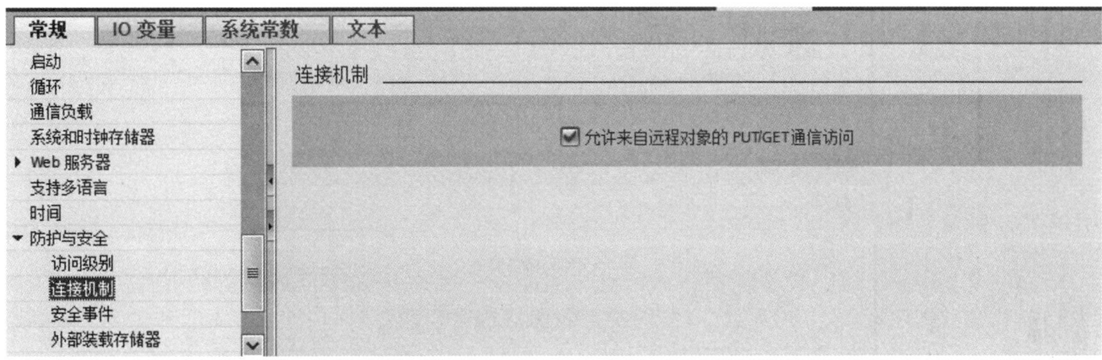


图 5-2-12　勾选“允许来自远程对象的 PUT/GET 通信访问”复选框

2）新建“温度数据块”数据块

（1）添加数据块，命名为“温度数据块”。

（2）打开该数据块的右键快捷菜单，选择“属性”选项，在出现的对话框中取消勾选“优化的块访问”复选框。

（3）添加变量，如图 5-2-13 所示。

温度数据块

| | | 名称 | 数据类型 | 偏移量 | 起始值 | 保持 |
|---|---|---|---|---|---|---|
| 1 | | ▼ Static | | | | |
| 2 | | ■ 温度PV | Int | 0.0 | 0 | |
| 3 | | ■ 温度小数点 | Int | 2.0 | 0 | |

图 5-2-13　温度数据块

3）编写 PLC 程序

（1）添加功能块，命名为“温度”。

（2）双击打开该功能块，在右侧菜单栏的“指令”→“通信”→“通信处理器”→“MODBUS”下直接调用 MB_COMM_LOAD 指令和 MB_MASTER 指令到程序编辑区域，在弹出的“调用选项”对话框中，选择“多重实例”选项，单击“确定”按钮。

（3）依次设置指令各引脚参数，如图 5－2－14 所示。

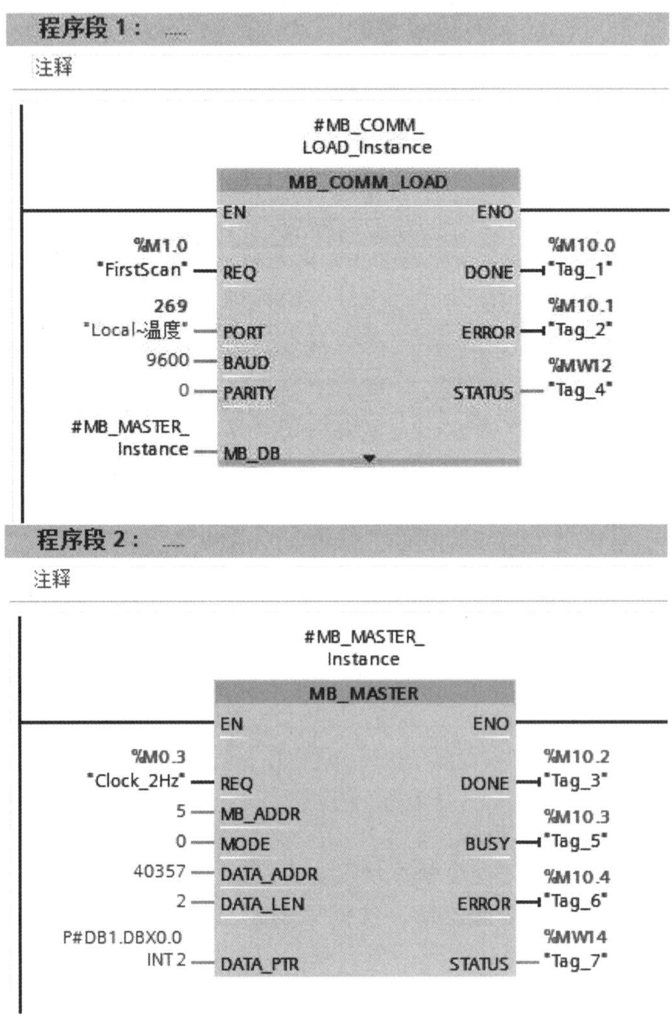


图 5－2－14 “温度”功能块［FB1］程序

MB_COMM_LOAD 指令的引脚设置如下。

①REQ：M1.0。组态端口使用 MODBUS－RTU 协议通信，需要调用该指令一次。

②PORT：单击端口右侧按钮，在列表中选择“Local～温度”选项，如图 5－2－15 所示。

③BAUD 和 PARITY：9 600 和 0。设置需与匹配 CM1241 模块的硬件端口参数，如图 5－2－16 所示。

④MB_DB：单击端口右侧按钮，在列表中选择 MB_MASTER 的背景数据块“#MB_

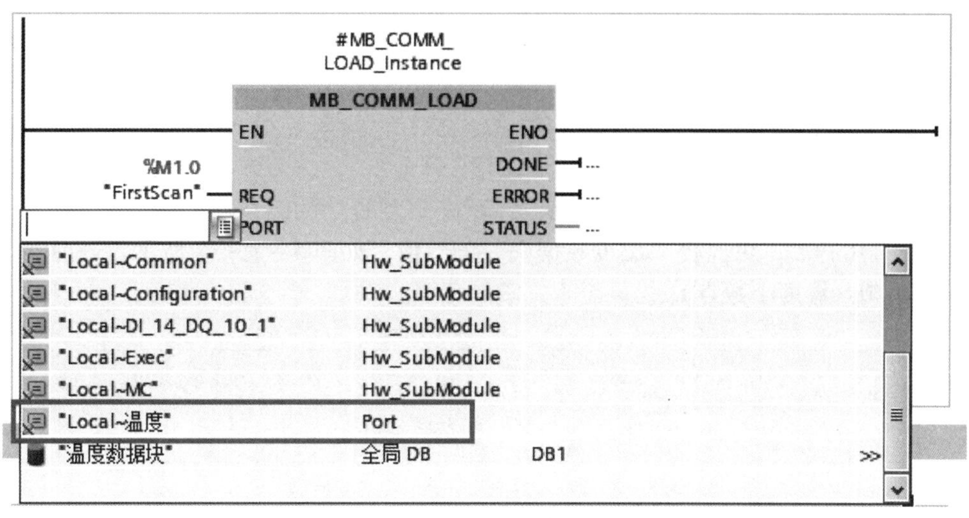


图 5－2－15　MB_COMM_LOAD 指令的 PORT 引脚设置

图 5－2－16　CM1241 模块硬件端口参数

MASTER_Instance”。

MB_MASTER 指令的引脚设置如下。

⑤REQ：M0.3。按照 2 Hz 的频率，在上升沿执行该指令。

⑥MB_ADDR：5。需与温度智能 PID 调节器设置的通信地址相同。

⑦MODE：0。0 为读取，1 为写入。

⑧DATA_ADDR：40357。读取保持寄存器的值需使用 MODBUS－RTU 地址 40001 ~

49999（参见西门子博途软件“帮助”系统），40357 为特定值。

⑨DATA_LEN：2。如图 5－2－13 所示，温度数据块中用于读取温度的变量为 2 个整数。

⑩DATA_PTR：P#DB1. DBX0. 0 INT 2。数据指针：指向要写入或读取的数据的数据块地址。

（4）在主程序中，调用“温度数据块”，完成 PLC 程序的编写。

（5）下载运行后，可监控“温度数据块”的数值，如图 5－2－17 所示。当前温度值＝温度 PV/(10. 0 × 温度小数点)。

温度数据块

| | 名称 | 数据类型 | 偏移量 | 起始值 | 监视值 | 保持 | 可从 HMI/... | 从 H... | 在 HMI ... | 设定值 |
|---|---|---|---|---|---|---|---|---|---|---|
| 1 | ▼ Static | | | | | ☐ | ☐ | ☐ | ☐ | ☐ |
| 2 | ▪ 温度PV | Int | 0.0 | 0 | 216 | ☐ | ☑ | ☑ | ☑ | ☐ |
| 3 | ▪ 温度小数点 | Int | 2.0 | 0 | 1 | ☐ | ☑ | ☑ | ☑ | ☐ |

图 5－2－17 “温度数据块”监控状态

### 4. 上位机 MCGS 系统设计

新建工程及设置设备窗口

（1）打开 MCGSE 组态环境，新建工程。“TPC 类型”选择“TPC7062Ti”。

（2）在设备窗口中双击“设备窗口”图标。

（3）在右键快捷菜单中选择“设备工具箱”选项。

（4）双击设备工具箱和“Siemens_1200”，将其添加到设备窗口，如图 5－2－18 所示。

（5）双击“Siemens_1200”，进入“设备编辑窗口”窗口，进行“基本属性”设置，参数设置如图 5－2－19 所示。

图 5－2－18 MCGS 中设备通信的选择

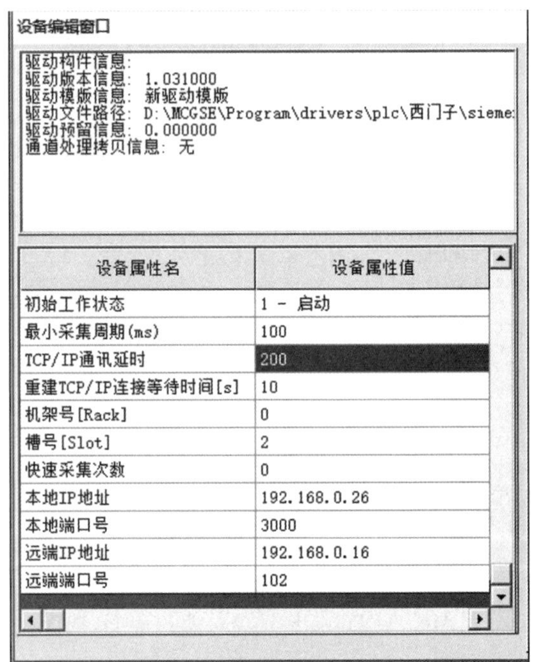
设备编辑窗口

驱动构件信息:
驱动版本信息: 1.031000
驱动模版信息: 新驱动模版
驱动文件路径: D:\MCGSE\Program\drivers\plc\西门子\sieme
驱动预留信息: 0.000000
通道处理拷贝信息: 无

| 设备属性名 | 设备属性值 |
|---|---|
| 初始工作状态 | 1 - 启动 |
| 最小采集周期(ms) | 100 |
| TCP/IP通讯延时 | 200 |
| 重建TCP/IP连接等待时间[s] | 10 |
| 机架号[Rack] | 0 |
| 槽号[Slot] | 2 |
| 快速采集次数 | 0 |
| 本地IP地址 | 192.168.0.26 |
| 本地端口号 | 3000 |
| 远端IP地址 | 192.168.0.16 |
| 远端端口号 | 102 |

图 5－2－19 设备通道设置

①本地 IP 地址：192. 168. 0. 26。

②本地端口号：3000。

③远程 IP 地址：192. 168. 0. 16。

④远程端口号：102。

(6) 制作工程画面。

在用户窗口新建“窗口 0”。工程画面包含 3 个标签，按图 5 - 2 - 20 所示画面进行绘制，修改标签颜色并添加文字。

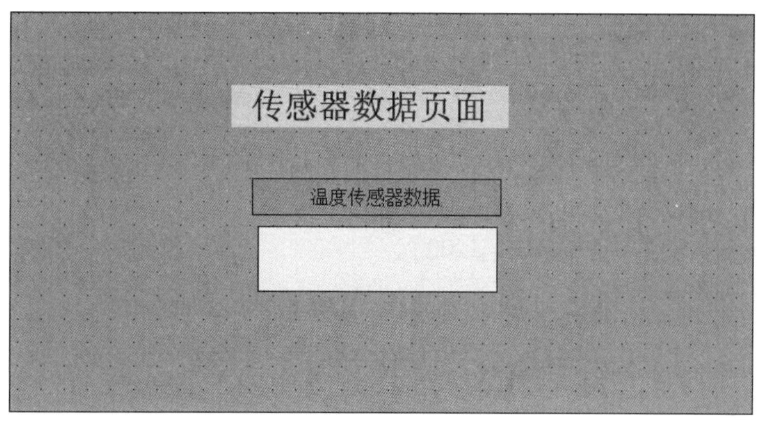


图 5 - 2 - 20　工程画面

(7) 设置数值显示标签。

当前温度值的数据来自 PLC 的“温度数据块”(DB1)，如图 5 - 2 - 13 所示，当前温度值 = 温度 PV/(10. 0 × 温度小数点)。在 MCGS 嵌入版组态软件中，“标签动画组态属性设置”对话框如图 5 - 2 - 21 所示，“表达式”为“设备 0_只读 DB1_WB000/(10. 0 * 设备 0_只读 DB1_WB002)”。

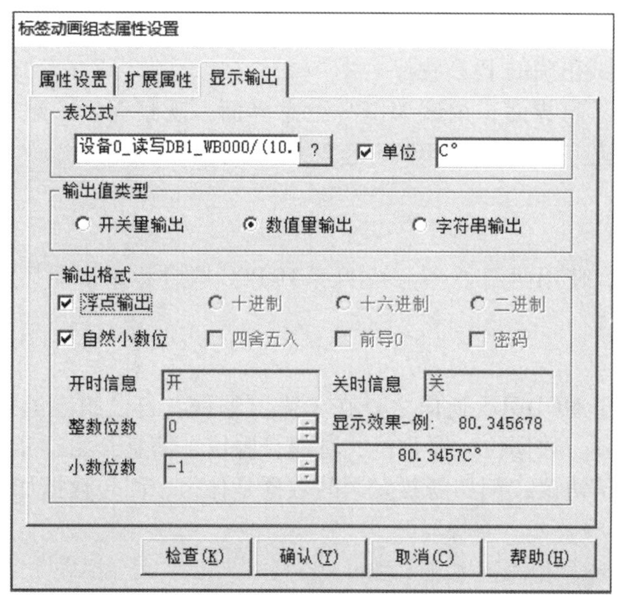


图 5 - 2 - 21　“标签动画组态属性设置”对话框

双击最下方温度显示标签，打开“标签动画组态属性设置”对话框，在“属性设置”标签中勾选“显示输出”复选框。打开“显示输出”标签，单击“表达式”文本框右侧的问号按钮，打开“变量选择”对话框，如图 5-2-22 所示，进行变量选择。

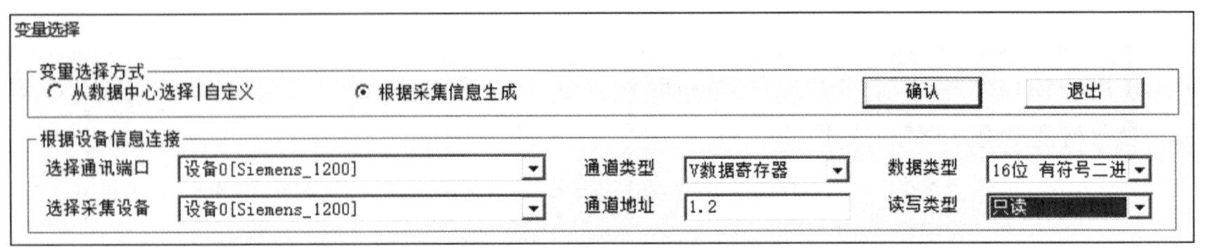


图 5-2-22 “变量选择”对话框

变量选择方式：根据采集信息生成。

选择通讯端口：设备 0 [Siemens_1200]。

选择采集设备：设备 0 [Siemens_1200]。

通道类型：V 数据寄存器。

通道地址：1.0。

数据类型：16 位 有符号二进制数。

读写类型：只读。

单击“确认”按钮，将“设备 0_读写 DB1_WB000”添加进标签表达式，以相同的方法，单击“表达式”文本框右侧的问号按钮，添加另一个变量“设备 0_只读 DB1_WB002”。设置“通道地址”为“1.2”，其余设置不变。

（8）单击“确认”按钮，设备编辑完毕。

### 5. 系统调试

1. PLC 程序调试

反复运行及调试 PLC 程序，直到能达到下位机控制要求为止。

2. MCGS 组态界面调试

（1）运行初步调试正确的 PLC 程序。

（2）进入 MCGS 运行界面，调试 MCGS 组态界面，观察 MCGS 组态界面是否能达到系统控制要求，根据系统控制要求对 MCGS 组态界面进行相应修改。

## 拓展提升

利用自由口通信，使用西门子 S7-1200 系列 PLC 联合称重智能显示控制仪来采集当前的称重数值。

### 1. 自由口通信基本知识

自由口通信不同于 MODBUS 通信之处在于需要编程者自己组态通信端口，通信端口的组态包括通信的波特率、数据位、停止位、奇偶校验位、信息开始位和结束位等。同时，需要编程者自主分析通信协议，例如需要发送的数据是什么、回传数据如何提取和转换成实际值等。

### 2. 称重智能显示控制仪 BSCC 硬件简介

1）技术参数

输入方式：mV 信号、标准变送信号或频率信号；测量精度：±0.1%（FS）/(23℃ ± 5℃)；采样速度：慢速（10SPS）、快速（40SPS）；显示范围：-9 999 ~ +9 999；模拟量输出：0 ~ 5 V、1 ~ 5 V、4 ~ 20 mA；通信接口：RS - 485 双向接口；多机地址范围：0 ~ 99；波特率：2 400 ~ 38 400 bit/s。

2）面板说明

称重智能显示控制仪面板如图 5 - 2 - 23 所示。

图 5 - 2 - 23　称重智能显示控制仪面板

（1）测量值显示窗口：显示实时测量值或正的峰值。

（2）设定值显示区域：当测量方式为连续检测时，显示 L；当测量方式为峰值检测时，PV 窗口显示正的峰值，SV 窗口显示负的峰值。

（3）指示灯区域：当 ALM1 ALM3 继电器动作时，对应的指示灯亮；当通信功能打开时，COM 指示灯亮。

（4）按键区：SET 为设置键；O 为移位清零键；▲ 为增加键；▼ 为减少键。

3）安装与接线

称重智能显示控制仪的接线端子如图 5 - 2 - 24 所示。S +：传感器信号正；S -：传感器信号负；E +：传感器电源正；E -：传感器电源负；L：220VAC 电源 L 相或 24VDC 电源正；N：交流电源 N 相或 24VDC 电源负。

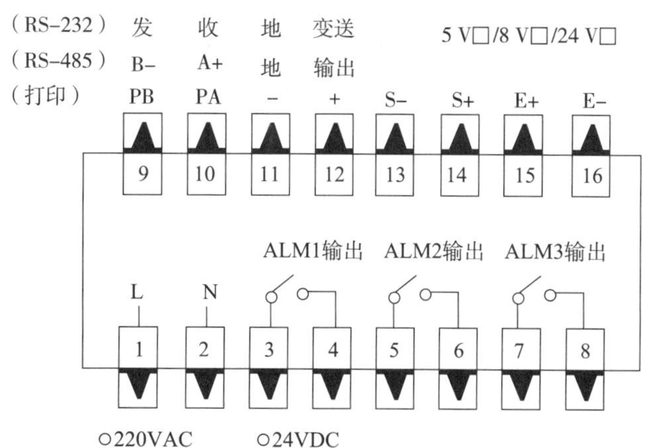


图 5 - 2 - 24　称重智能显示控制仪接线端子

4）称重智能显示仪参数设置

通信参数设置见表 5 -2 -8（菜单：dSPA；密码：12）

表 5 -2 -8　通信参数设置

| 名称 | 内容 | 取值范围及功能 |
|---|---|---|
| RS | 通信方式 | no：通信关闭；<br>td：连续发送；<br>rdtd：接收应答方式 |
| Addr | 仪表通信地址 | 0 ~ 99 |
| baud | 通信波特率 | 2 400，4 800，9 600，19 200，38 400 |
| Prot | 通信协议 | Jn：金诺协议；<br>mbuS：MODBUS 协议 |

3. 称重智能显示控制仪与 S7 -1200 系列 PLC 的通信配置

1）组态通信模块

在硬件目录下依次展开“通信模块”→“点到点”→“CM 1241（RS422/485）”；在 CPU 设备视图中双击对应的模块或将其拖拽至 CPU 左侧完成组态设置，双击添加的通信模块，在通信模块“属性”对话框的“常规”标签中，修改名称为“称重”，如图 5 -2 -25 所示。

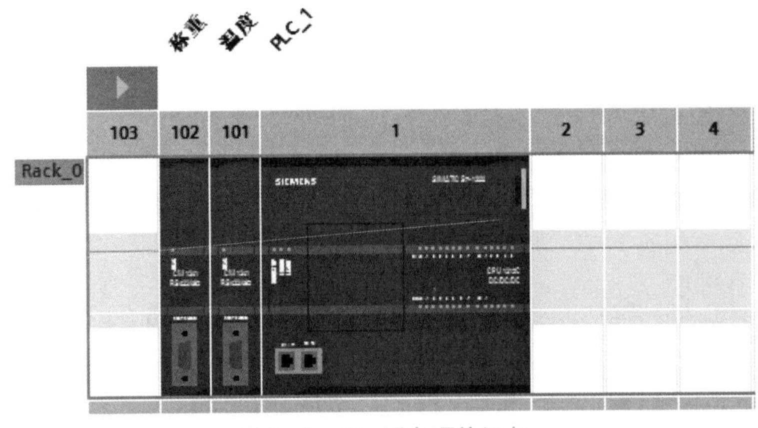


图 5 -2 -25　设备硬件组态

2）通信组态参数设置

在“设备视图”中选中 CM1241（RS485）模块，在“属性”→“端口组态”中配置此模块硬件端口参数。设置“波特率”为“9.6 kbps”，“奇偶校验”为“无”，“数据位”为“8 位/字符”，“停止位”为“1”，如图 5 -2 -26 所示，其他保持默认。

3）新建数据块

建立“称重数据块”的数据块，并取消优化的块访问。建立元素个数为 9、数据类型为 Byte 的数组“称重数据”作为接收数据的缓冲区，根据设置，其中称重数据［4］用于存储实时称重数值，如图 5 -2 -27 所示。

图 5-2-26 通信组态参数设置

称重数据块

|  | 名称 | 数据类型 | 起始值 |
|---|---|---|---|
| 1 | ▼ Static |  |  |
| 2 | ▼ 称重数据 | Array[0..8] of Byte |  |
| 3 | 称重数据[0] | Byte | 16#0 |
| 4 | 称重数据[1] | Byte | 16#0 |
| 5 | 称重数据[2] | Byte | 16#0 |
| 6 | 称重数据[3] | Byte | 16#0 |
| 7 | 称重数据[4] | Byte | 16#0 |
| 8 | 称重数据[5] | Byte | 16#0 |
| 9 | 称重数据[6] | Byte | 16#0 |
| 10 | 称重数据[7] | Byte | 16#0 |
| 11 | 称重数据[8] | Byte | 16#0 |
| 12 | 重量 | Int | 0 |

图 5-2-27 “称重数据块”的数据块

4）编写程序

新建名为“称重”的功能块，S7-1200 系列 PLC 与称重智能显示控制仪通过自由口通信，通信方式为点到点，在“指令”→“通信”→“通信处理器”→“点到点”下 PLC 读取传感器数据，调用 RCV_PTP 指令。“称重”功能块的程序如图 5-2-28 所示。

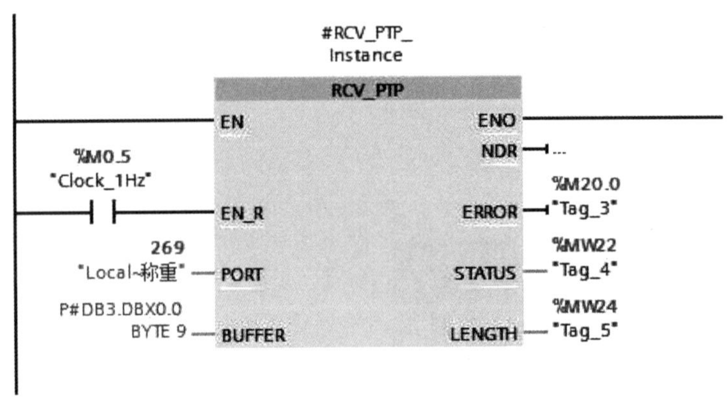


图 5-2-28 "称重"功能块［FB］程序

## 练习提高

请解析以下 MODBUS-RTU 协议报文。

（1）主站请求：11 02 00 13 00 25 XX XX；从站应答：11 02 05 CD 6B B2 0E 1B XX XX。

（2）主站请求：11 03 00 6B 00 03 XX XX；从站应答：11 03 06 00 DC 00 DC 00 DC XX XX。

## 任务评价

任务评价见表 5-2-9。

表 5-2-9 "基于 MODBUS-RTU 的温度传感器控制"任务评价

| 学习成果 | | | 评分表 | | |
|---|---|---|---|---|---|
| 学习内容 | 出现的问题 | 解决方法 | 学生自评 | 小组互评 | 教师评分 |
| 硬件连线（10%） | | | | | |
| 温度智能 PID 调节器设置（15%） | | | | | |
| PLC 程序设计（15%） | | | | | |
| PLC 功能调试（10%） | | | | | |
| 动画、动作控制连接（5%） | | | | | |
| 上下位机通信设置（15%） | | | | | |
| 工程下载与通信测试（15%） | | | | | |
| 系统功能调试（15%） | | | | | |

# 项目六 基于 PROFINET 通信的 TPC7022Nt 智能物联网触摸屏工程实例

## 引导语

随着互联网技术的发展，工业以太网持续推动工厂的工业互连，根据 HMS 的报告，其市场份额超过了现场总线，已经成为主流。PROFINET 由 PROFIBUS 国际组织（PROFIBUS International，PI）推出，是基于工业以太网技术的自动化总线标准的新一代现场总线。作为 PROFIBUS 的升级换代现场总线，PROFINET 在自动化通信领域中提供了一个完整的网络和自动化解决方案，借助现有网络和设备，能非常廉价和方便地满足连网、组网、光纤、无线数传需求。近年西门子推出的 S7－1200、S7－1500 系列 PLC，皆把通信接口升级换代为 PROFINET，其主机已经取消 PROFIBUS DP 接口，这为下一步 PROFINET 联网和扩展现场 I/O 提供了便利。为了更好地了解和熟悉 PROFINET 应用，本项目结合物联网技术，借助 TPC7022Nt 智能物联网触摸屏对 PROFINET 模块的简单使用进行介绍，抛砖引玉，以丰富工程应用。

## 任务 6.1 PFROFINET 通信协议及 TPC7022Nt 智能物联网触摸屏初识

### 任务目标

知识目标：

（1）了解 PROFINET 通信原理；

（2）了解 MCGSTPC N 系列的分类；

（3）了解 MCGSPRO 软件的组态设计的特点。

技能目标：

（1）能对 MCGSPRO 软件进行安装和工程下载；

（2）对 TPC7022Nt 智能物联网触摸屏进行硬件连接。

素养目标：

（1）培养学生爱岗敬业、细心踏实、精益求精的工匠精神；

（2）培养学生勇于创新的职业精神。

## 任务描述

随着现场设备智能程度的不断提高，控制变得越来越分散，分布在工厂各处的智能设备之间以及智能设备和工厂控制层之间需要连续地交换控制数据，导致现场设备之间数据的交换量飞速增长。

企业希望能够将底层的生产信息整合到统一的全厂信息管理系统中，于是企业的信息管理系统需要读取现场的生产数据，并通过工业通信网络实现远程服务和维护，因此纵向一致性成为热门的话题，客户希望管理层和现场级能够使用统一的、与办公自动化技术兼容的通信方案，这样可以大大地简化工厂控制系统的结构，节约系统实施和维护的成本。基于这样的需求，PROFINET 通信技术开始逐渐从工厂和企业的信息管理层向底层渗透，PROFINET 通信技术开始广泛应用于工厂的控制级通信。在自动化世界中使用以太网解决方案有几个显著的优势：统一的架构、集成的通信以及强大的服务和诊断功能。从目前工业自动化控制领域的情况来看，PROFINET 通信技术取代现场总线是工业控制网络发展的必然趋势。

在本任务中，需要掌握 PROFINET 通信技术原理以及 TPC7022Nt 智能物联网触摸屏编程软件（MCGSPRO）的安装和使用方法。

## 知识储备

### 6.1.1 PROFINET 概述

PROFINET 是由 PI 推出的一种开放式的工业以太网标准，主要用于工业自动化和过程控制领域，符合 IEEE 802.3 规范下的内容，具备自动协商、自动交叉的功能。

PROFINET 概述

PROFINET 是一种基于以太网的技术，因此具有和标准以太网相同的特性，如全双工、多种拓扑结构等，其速率可达百兆或千兆。另外它也有自己的独特之处，如：能实现实时的数据交换，是一种实时以太网；与标准以太网兼容，可一同组网；能通过代理的方式无缝集成现有的现场总线等。

PROFINET 使用了物理层、链路层、网络层、传输层与应用层协议，其中物理层规定了百兆或千兆的传输速率，网络层与传输层则沿用 TCP/IP 协议族的标准，而其独到之处在于数据链路层与应用层的规范。

（1）PROFINET 链路层：参考了 IEEE 802.3、IEEE 802.1Q、IEC 61784－2 等标准，分别保证了全双工、优先级标签、实施扩展的能力，从而能够实现实时通信（RT）、等时实时通信（IRT）、时间敏感网络（TSN）等通信形式。

（2）PROFINET 应用层：有多种应用层的协议标准，如 IEC 61784、IEC 61158 确保了 PROFINET I/O 服务，IEC 61158 Type 10 确保了 PROFINET CBA 服务等。

PROFINIET 通信架构如图 6－1－1 所示。

#### 1. PROFINET 协议结构

PROFINET 有两种通信堆栈结构——标准以太网通信堆栈与实时以太网通信堆栈，用以

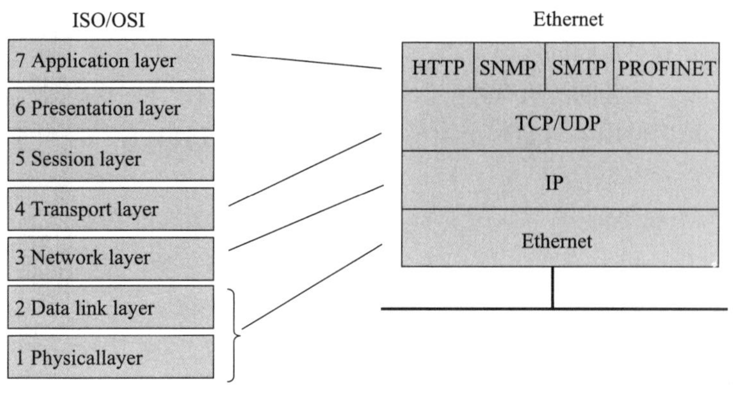


图 6-1-1　PROFINIET 通信架构

满足标准与实时的数据传输需求，既实现了实时的数据传输，也兼容了已有的标准以太网。在需要实时数据传输的情况下，PROFINET 对通信堆栈结构进行了修剪；在网络层与传输层部分进行了删减，并在数据链路层开辟了专用的数据通道和通信机制，实现了实时通信、等时实时通信的功能，满足了实时数据传输的需求。PROFINET 有模组化的结构，使用者可以依其需求选择层叠的机能。各机能的差异在于为了满足高速通信的需求，对应数据交换的种类不同。为了达到上述通信机能，定义了以下 3 种的通信协定等级，如图 6-1-2 所示。

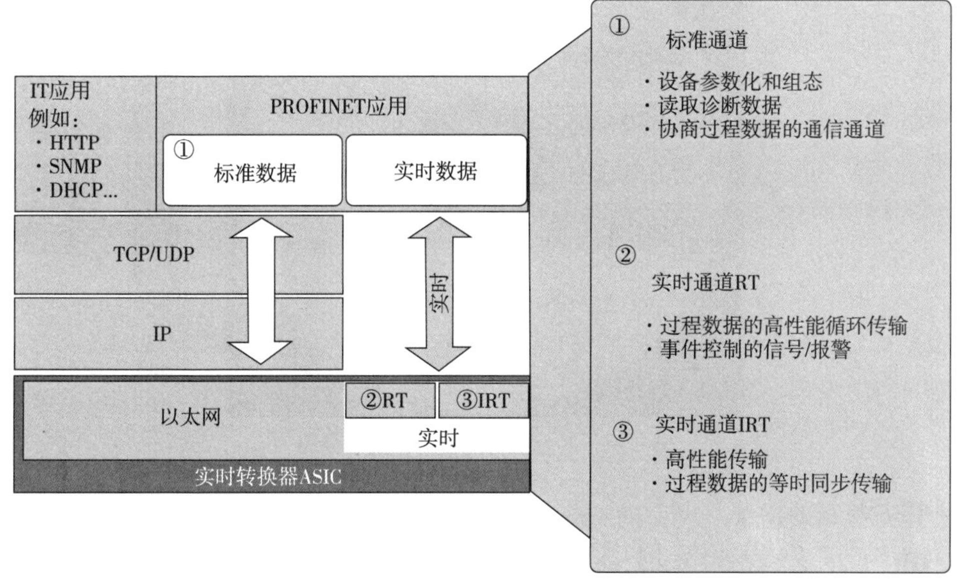


图 6-1-2　PROFINET 协议结构

（1）TCP/IP 用于 PROFINET CBA 及工厂调试，其反应时间约为 100 ms。

（2）实时通信协定是针对 PROFINET CBA 及 PROFINET I/O 的应用，其反应时间小于 10 ms。

（3）等时实时通信协定是针对驱动系统的 PROFINET I/O 通信，其反应时间小于 1 ms。

实时通信不仅使用了带有优先级的以太网报文帧，而且优化掉了 OSI 协议栈的 3 层和 4 层。这样大大缩短了实时报文在协议栈中的处理时间，进一步提高了实时性能。由于没有

TCP/IP 的协议栈，所以实时通信的报文不能路由。

等时实时通信是满足最高的实时要求，特别是针对等时同步的应用。等时实时通信是基于以太网的扩展协议栈，能够同步所有通信伙伴并使用调度机制，等时实时通信需要在等时实时通信应用的网络区域内使用等时实时交换机，在等时实时域内也可以并行传输 TCP/IP 包。

2. PROFINET 的功能范围

PROFINET 是一种 100% 的工业以太网，其已包括数字化程度日益提高的生产环境所需的必要元素。数字化从根本上改变了工业，使大规模的定制化生产成为可能。通过所有自动化层级的联网，实现以前所未有的速度更好地组织和优化所有设计、生产及维护的过程。工业通信是这个联网世界的“神经系统”。作为自动化领域的工业以太网标准，PROFINET 在数字化进程中扮演着不可或缺的角色。由于具有开放性、供应商中立性以及确定性通信和硬实时能力等特点，PROFINET 已为工业领域的数字化转型做好准备，无论是集成像 OPC UA 这样的新通信标准，还是将 IT 网络和生产网络进行合并，抑或是更加快速地调整生产条件以满足新的需求。

PROFINET 符合 IEEE 标准，具备开放式标准、供应商中立性、实时以太网、协调集成等特点，如图 6－1－3 所示。

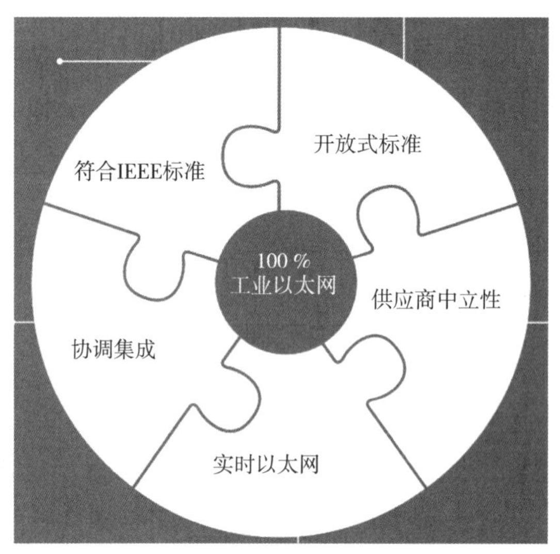


图 6－1－3　PROFINET 的功能范围

1）IEEE 标准的特点

（1）未来的趋势是采用基于以太网的网络；

（2）PROFINET 将持续从未来所有以太网的创新发展中获益。

2）开放式标准的特点

（1）具有连通性和互操作性，集成到西门子所有新一代自动化系统中；

（2）具有标准的行业规范（PROFisafe、PROFienergy、PROFidrive）；

（3）符合数据和网络安全要求。

3）供应商中立性的特点

（1）针对任何控制器类型，均可实现理想配置；

（2）具备连通性和互操作性。

4）实时以太网的特点

（1）循环时间短至 31.25 μs；

（2）通过等时实时通信实现确定性通信；

（3）抖动时间≤1 μs；

（4）可应用于运动控制的时钟同步。

5）协调集成的特点

（1）并行运行 HTTP、TCP/IP 和 OPC UA——从现场层到 ERP 系统的垂直集成通信的新标准；

（2）在 PROFINET 和 OPC UA 之间实现理想协同。

PROFINET 和 OPC UA 之间的通信方式是 PROFINET 的功能范围中使用最广汽的一种方式，OPC UA 已成为数字化制造领域中的一个通信标准。OPU UA 与 PROFINET 的结合提供了极大的优势：在现场层和控制器层，PROFINET 在确定性、适合越来越多信号的高带宽应用以及适合高速应用的硬实时能力等方面具有理想性能。而得益于开放的接口，OPC UA 则非常适合将通信延伸到更高层级：从控制器直至 ERP 层和云端（MindSphere）。PROFINET 和 OPC UA 的结合铺平了未来自动化和 IT 环境中端到端垂直通信的道路，由于采用标准以太网，全部通信只需一根电缆即可满足需求，如图 6－1－4 所示。

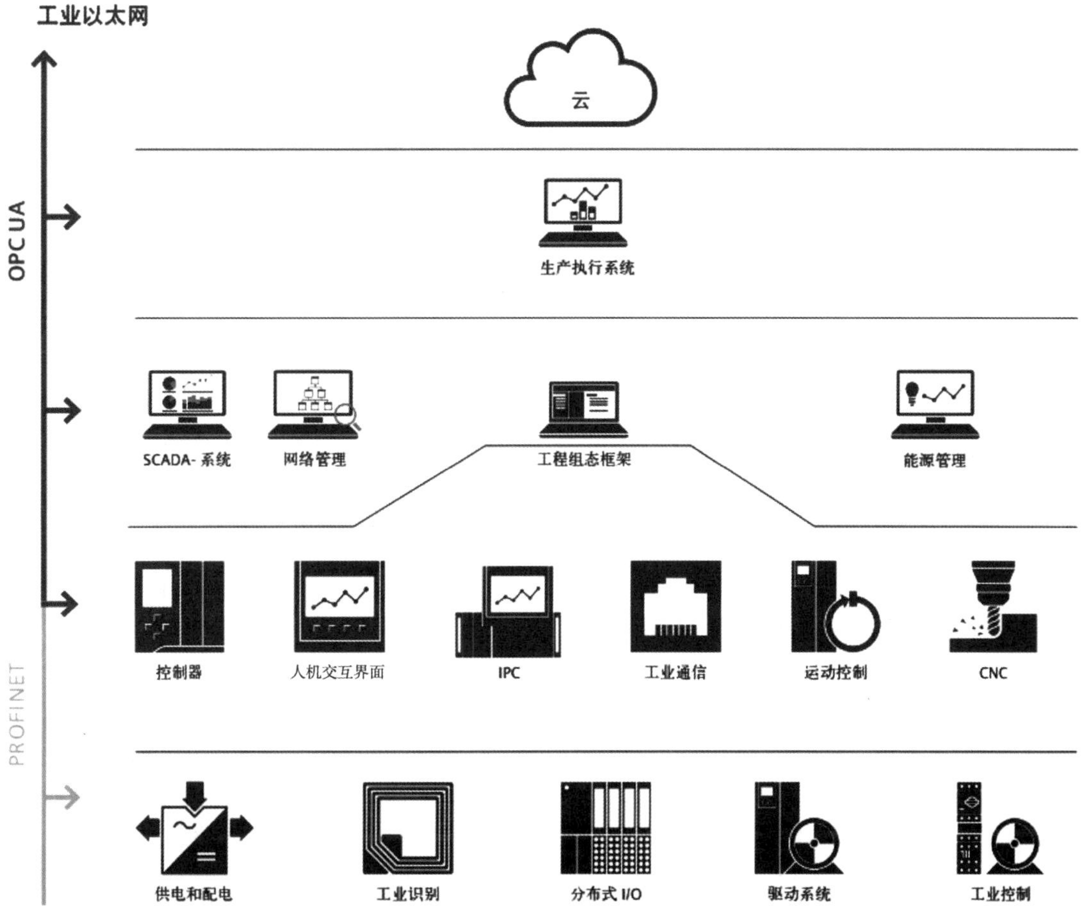

图 6－1－4　PROFINET 和 OPC UA 的应用

### 6.1.2 初识 MCGSPRO 软件

MCGSPRO 软件与 MCGS 嵌入版组态软件的不同点如下。

1. 文件后缀名不同

MCGSPRO 软件支持打开以前 MCGS 组态的程序，即 MCE 后缀的文件，不过需要在打开的时候选择所有文件，打开后有可能有部分出错，出错部分需更正，如 MCGSPRO 不支持原来的“!SetNumPanelSize”。

MCGSPRO 软件打开 MCE 后缀的文件保存之后该文件会变成 MCP 格式的文件，MCP 格式的文件只能在 MCGSPRO 软件中打开，不能在 MCGSE 组态环境中打开。

2. 开机画面的设置

MCGSPRO 软件可以设置开机启动画面，但必须使用昆仑通泰专用的配置软件放到 U 盘里插到触摸屏上更新。这是比 MCGS 嵌入版组态软件更麻烦的地方。

3. 支持透明图片设置

MCGSPRO 软件的图片控件支持 PNG 格式图片，这意味着可以使用透明背景图片。

4. 新增子窗口功能

MCGSPRO 软件新增子窗口功能，可以将画面定义为子窗口，子窗口可以自由定义大小及打开位置，定义好之后在打开子窗口按钮处不用再另外定义大小及打开位置，打开弹窗更为方便。

5. 新增按钮不可用功能

在 MCGSPRO 软件的按钮安全属性处除可定义可见性之外，还可以定义按钮变灰，也可以定义在原有按钮上加禁用图标以及将按钮设置成长按有效或者弹窗确认有效。

### 6.1.3 TPC7022Nt 智能物联网触摸屏的初识

MCGSTPC N 系列智能物联网触摸屏是昆仑通态 2021 年全新推出的系列产品，该系列产品新增支持 4G 和 WiFi 联网方式，将设备接入互联网，更方便地进行远程维护。MCGSTPC N 系列智能物联网触摸屏支持的功能如图 6-1-5 所示。

MCGSPRO 的初识

全系列产品采用效率极高的四核处理器，基于 Cortex-A7 CPU 架构，内置 Mali400MP2-GPU 图形处理单元，主频高达 800 MHz。

MCGSTPC N 系列智能物联网触摸屏按大小分为 7 寸和 10 寸，7 寸产品型号有 TPC7022Nt、TPC7022Ni，10 寸产品型号有 TPC1021Nt；按联网方式分为 4G 版和 WiFi 版。具体分类如图 6-1-6 所示。

TPC7022Nt 产品外观和外部接口

TPC7022Nt 是以 ARM CPU 为核心、主频为 800 MHz 的智能物联网触摸屏，该产品设计采用 7 英寸 TFT 液晶显示屏，分辨率为 800 像素 × 480 像素，是四线电阻式触摸屏，同时还预装了 MCGSPRO 软件（运行版）。TPC7022Nt 产品外观及外部接口如图 6-1-7 所示。

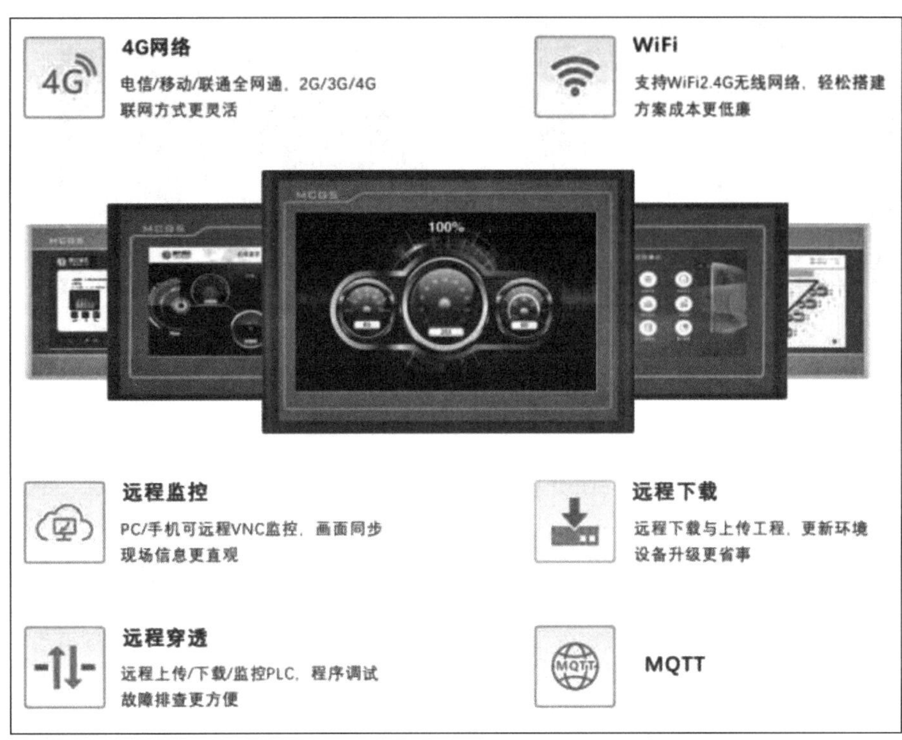


图 6－1－5　MCGSTPC N 系列智能物联网触摸屏支持的功能

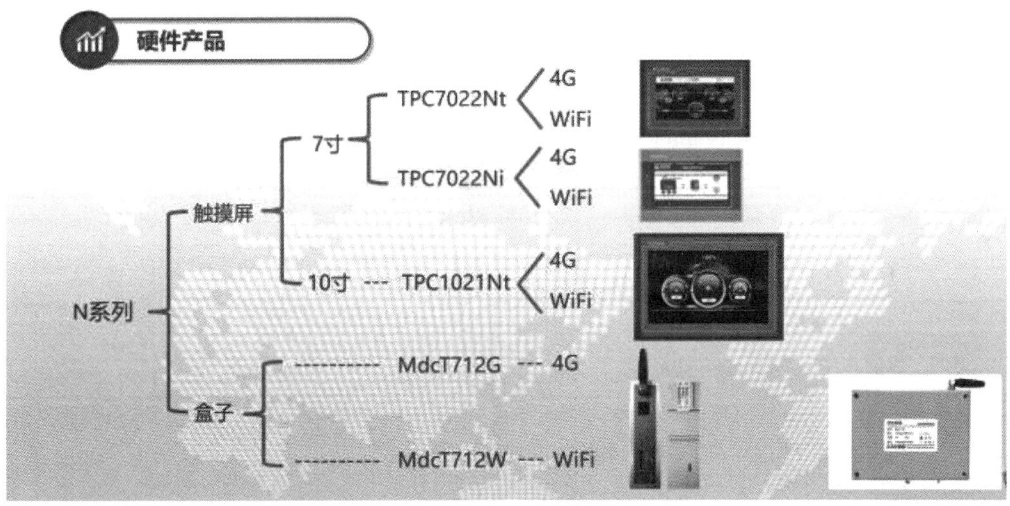


图 6－1－6　MCGSTPC N 系列家族

## 任务实施

### 1. MCGSPRO 软件的安装

在 MCGS 昆仑通态官网上下载 MCGSPRO 软件安装包，打开安装包，运行安装程序“Setup. exe”文件，弹出 MCGSPRO 软件安装界面，如图 6－1－8 所示。在安装界面中单击

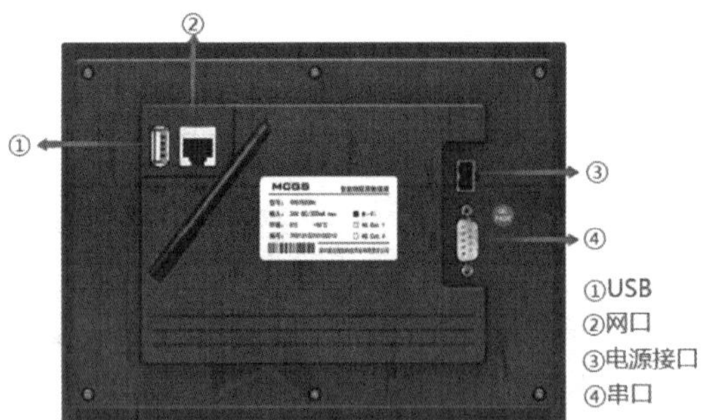


图 6-1-7　TPC7022Nt 产品外观及外部接口

“下一步”按钮，随后安装程序提示指定安装目录，用户不指定时，系统默认安装到“D:\MCGS”目录下，单击“确定”按钮开始安装，安装过程大约要持续几分钟，安装完成后，在弹出的对话框中（如图 6-1-9 所示）单击“完成”按钮，Windows 操作系统的桌面上添加了图 6-1-10 所示的两个图标，分别用于启动 MCGSPRO 组态环境和模拟运行环境。

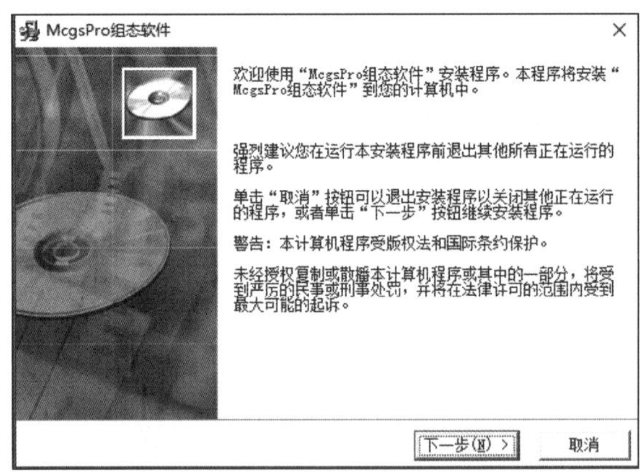


图 6-1-8　MCGSPRO 软件安装界面

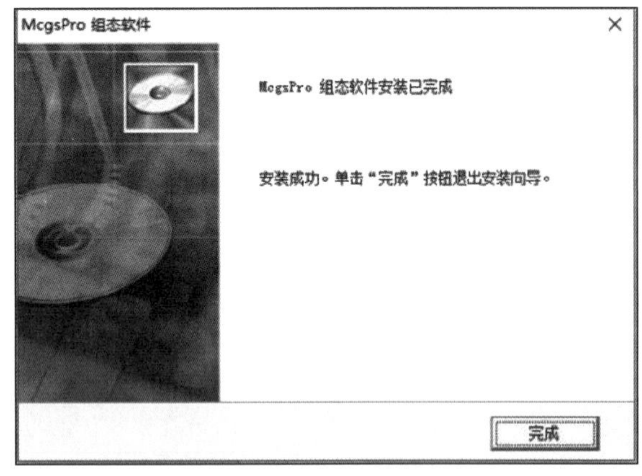


图 6-1-9　安装完成对话框

图 6-1-10　MCGSPRO 桌面图标

### 2. MCGS 调试助手的安装

第一步：启动计算机操作系统。

第二步：登录昆仑通态自动化软件科技有限公司网站（http://www. mcgs. com. cn/）下载最新版本的 MCGS 调试助手软件，单击 MCGS 调试助手安装包进行解压，进入安装目录，直接运行"MCGS 调试助手_V1. 6"应用程序，安装完成后在桌面产生 MCGS 调试助手快捷方式，如图 6－1－11 所示。

手机端安装说明如下。MCGS 调试助手暂时只支持安卓手机用户。将需要安装的 APK 文件发送到手机上，在手机上安装应用，安装成功后，手机桌面图标如图 6－1－12 所示。注意：安装后需要在手机权限设置处允许后台运行，VPN 的 App 在部分手机界面上不会显示，如图 6－1－13 所示。

图 6－1－11　MCGS 调试助手快捷方式

图 6－1－12　手机桌面图标

图 6－1－13　手机后台权限设置

## 练习提高

（1）实时通信与等时实时通信的区别是什么？

（2）MCGS 嵌入版组态软件由哪几部分组成？

（3）MCGSTPC N 系列可以分为几类？

（4）实际操作：安装 MCGSPRO 软件。

## 任务评价

任务评价见表 6－1－1。

表 6－1－1　"PFROFINET 通信协议及 TPC7022Nt 智能物联网触摸屏初识"任务评价

| 学习成果 | | | 评分表 | | |
|---|---|---|---|---|---|
| 学习内容 | 出现的问题 | 解决方法 | 学生自评 | 小组互评 | 教师评分 |
| MCGSPRO 软件新增功能及其组成（20%） | | | | | |

续表

| 学习成果 | | | 评分表 | | |
|---|---|---|---|---|---|
| 学习内容 | 出现的问题 | 解决方法 | 学生自评 | 小组互评 | 教师评分 |
| MCGSPRO 软件的组态开发环境和模拟运行环境（20%） | | | | | |
| PROFINET 的功能特点（20%） | | | | | |
| MCGSPRO 软件的安装（40%） | | | | | |

## 任务 6.2　基于 PROFINET 的 V90 伺服控制

### 任务目标

知识目标：

（1）掌握 TPC7022Nt 触摸屏物联网功能的配置使用；

（2）掌握基于 PROFINET 的 V90 伺服控制程序；

（3）了解物联网触摸屏的物联网功能。

技能目标：

（1）能对 TPC7022Nt 触摸屏进行物联网配置；

（2）能对工程进行远程上传/下载；

（3）能使用 TPC7022Nt 触摸屏的远程穿透功能对 PLC 程序进行远程上传/下载；

（4）能对 V90 伺服进行组态。

素养目标：

（1）培养学生爱岗敬业、细心踏实、精益求精的工匠精神；

（2）培养学生勇于创新的职业精神。

### 任务描述

在自动化加工生产线上，自动上料机是必不可少的，其免除了人工上料的麻烦，使上料工作变得更安全、更省时、更省力。自动上料机一般包含进料台、储料仓、出料台、滑台和机械抓手等部件，可实现自动进料抓取、料仓缓冲储料和自动抓取出料等功能。自动上料机软件程序可分为 PLC 主程序、伺服定位程序、位置计算程序及触摸屏组态程序等模块，各个模块之间相互独立，互不影响。PLC 主程序能够有效地协调各个模块之间的工作，完成自动上料和自动上料缓存的过程。

本任务利用 TPC7022Nt 触摸屏、西门子 S7－1200 系列 PLC 及伺服系统，实现自动上料机的核心部分（伺服定位功能），并通过 TPC7022Nt 触摸屏在 PC 端和手机端远程修改定位参数，如图 6－2－1 和图 6－2－2 所示。

图 6-2-1　PC 端自动上料机伺服画面

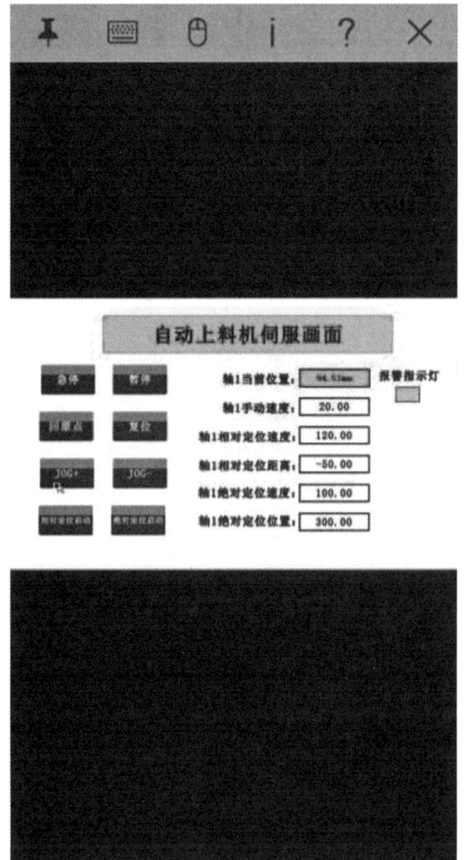


图 6-2-2　手机端自动上料机伺服画面

## 知识储备

### 6.2.1 TPC7022Nt 触摸屏物联网功能设置

TPC7022Nt 触摸屏上电后，连续点击触摸屏面板，进入触摸屏设置界面，如图 6－2－3 所示，点击“系统参数设置”按钮，进入 TPC 系统设置界面，如图 6－2－4 所示。

TPC7022Nt 智能物联网触摸屏的初识

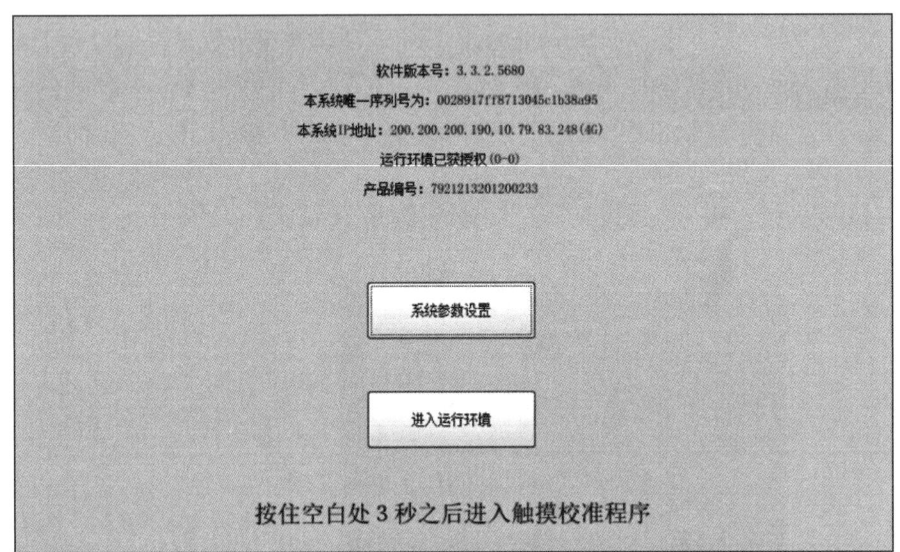


图 6－2－3　触摸屏设置界面

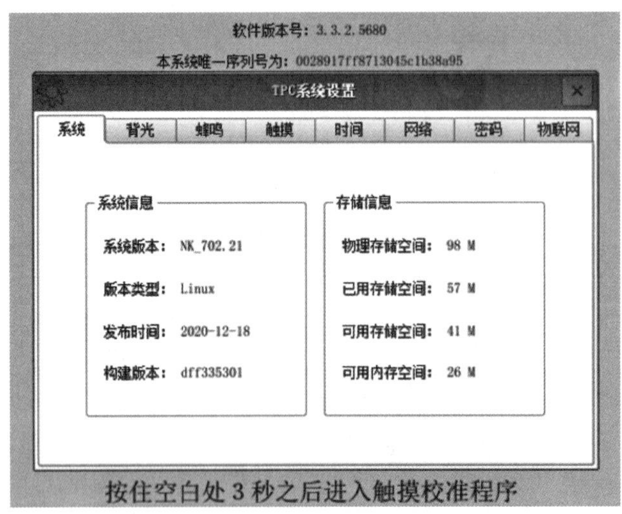


图 6－2－4　TPC 系统设置界面

#### 1. WiFi 版 TPC7022Nt 触摸屏设置

TPC7022Nt 触摸屏可分为 4G 版和 WiFi 版，若为 4G 版则跳过此步骤，直接进入下一步，若为 WiFi 版则进行以下操作。点击“网络”标签，在“网卡”下拉列表中选择“WiFi”选

项，然后点击“配置”按钮，弹出“WiFi 配置”窗口，如图 6－2－5 所示。

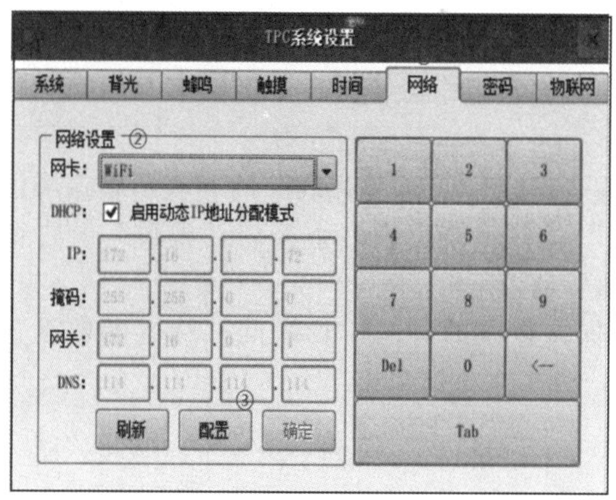


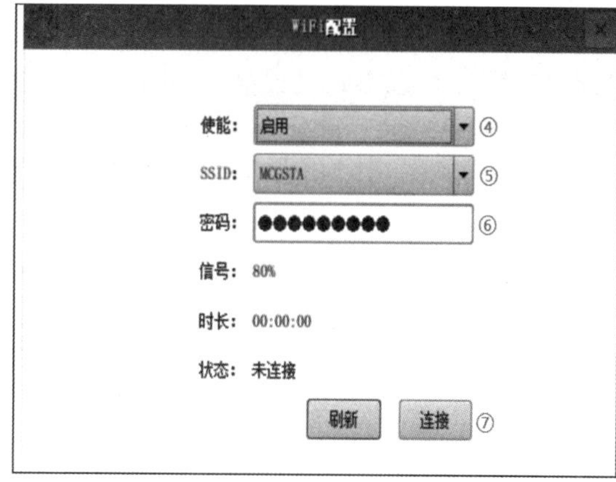


图 6－2－5　网络设置界面

在“WiFi 配置”窗口中，“使能”选择“启用”，在“SSID”下拉列表中选择要连接的无线网络名称，然后输入密码，点击“连接”按钮，连接成功后，状态由“未连接”变成“已连接”，如图 6－2－6 所示，然后关闭“WiFi 配置”窗口。

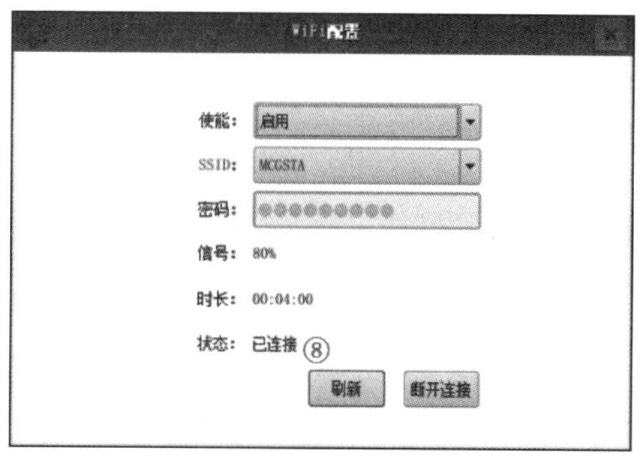


图 6－2－6　“WiFi 配置”窗口

## 2. 物联网设置

点击“物联网”标签，分别设置好“服务地址”“设备名称”“用户名”“密码”和“VNC 密码”，设置完成后如图 6－2－7 所示。

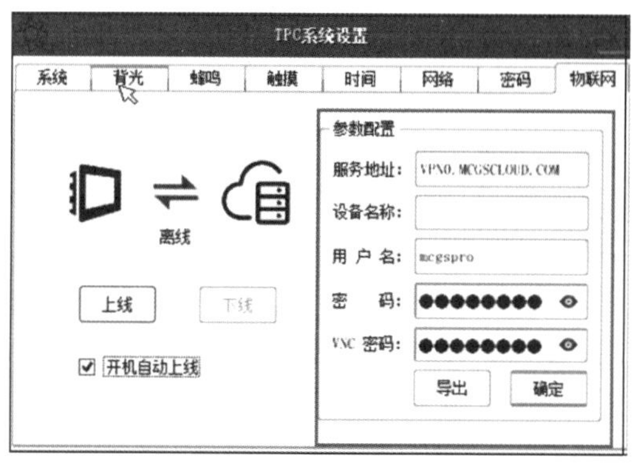


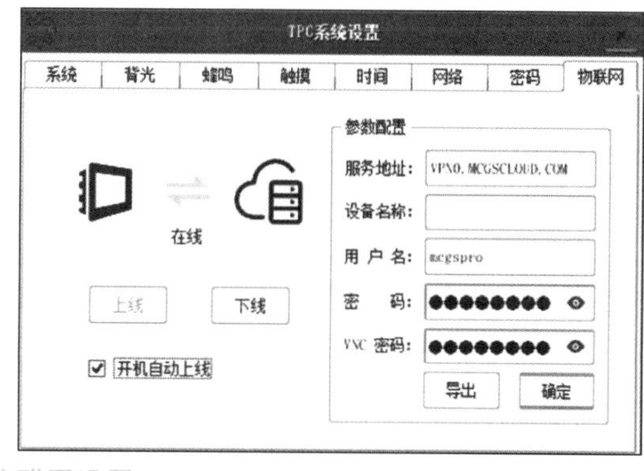


图 6－2－7　物联网设置

物联网设置说明如下。

（1）“服务地址”是 VPN 的服务器地址，默认是公共测试服务器，用户也可以用自己的服务器。

（2）“设备名称”用于标识此设备，默认为空，也可以根据需求设置。

（3）“用户名”和“密码”是在登录 MCGS 调试助手时用到的用户名和密码，默认均为空。用户名由 6 ~ 32 位的大/小写字母组成；密码由 6 ~ 32 位大/小写字母、数字组成。

（4）“VNC 密码”是手机或 PC 通过 VNC 连接到触摸屏时需要使用的密码，默认均为“11111111”，可以自定义设置。注意：如果想同时绑定多个触摸屏，则需要多个触摸屏的用户名和密码一致。

（5）点击“上线”按钮，当触摸屏的状态从“离线”变成“在线”时，表示触摸屏已经成功连接到 VPN 服务器。注意：点击“上线”按钮，若出现“上线启动失败”警告窗口，请检查 4G 卡是否安装正确、当前环境 4G 信号是否正常。

（6）默认勾选“开机自动上线”复选框，保持默认即可，“物联网”标签参数设置完成。

### 6.2.2 MCGS 服务器设置

双击 PC 端 MCGS 调试助手软件，在弹出的“MCGS 调试助手”对话框中，单击右上角设置按钮，在弹出的下拉菜单中，选择“设置”选项，打开“设置”对话框，在该对话框中可以进行设备信息的导入和导出、服务器地址和密码的输入。注意：服务器地址要与触摸屏“物联网”标签中的服务器地址一致，如图 6－2－8 所示。

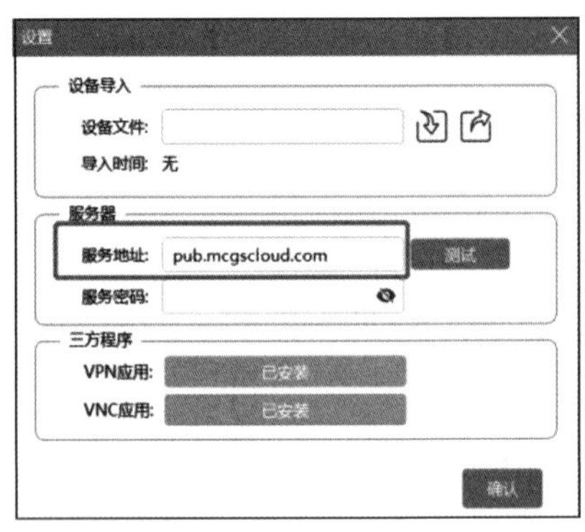


图 6－2－8　MCGS 服务器设置

#### 1. PC 端用户登录方式

双击 PC 端 MCGS 调试助手软件，在弹出的“MCGS 调试助手”对话框中，输入之前在触摸屏上设置好的用户名、密码，登录后进入设备列表显示页面，如图 6－2－9 所示。注意：勾选“记住密码”复选框，成功登录后，下次登录时将不用输入密码。

设备列表显示页面中按钮的定义如下。

（1）联机：联机后可对触摸屏进行远程操作。

（2）VNC：VNC 连接后，可实时监测触摸屏。

（3）穿透：单击“穿透”按钮，可以下载/上传/监控 PLC。

（4）刷新：刷新设备状态。

（5）注销：退出当前用户登录。

（6）搜索：输入关键字，设备列表将以设备名称、设备编号、ICCID 进行关键字匹配，检索出符合条件的设备进行展示。

图 6－2－9　PC 端 MCGS 调试助手设备列表显示页面

### 2. 手机端用户登录方式

点击手机端 MCGS 调试助手软件，用同样的方法，在弹出的“MCGS 调试助手”对话框中输入之前在触摸屏上设置好的用户名、密码，登录后进入设备列表显示页面，如图 6－2－10 所示。注意：勾选“记住密码”复选框，成功登录后，下次登录时将不用输入密码。

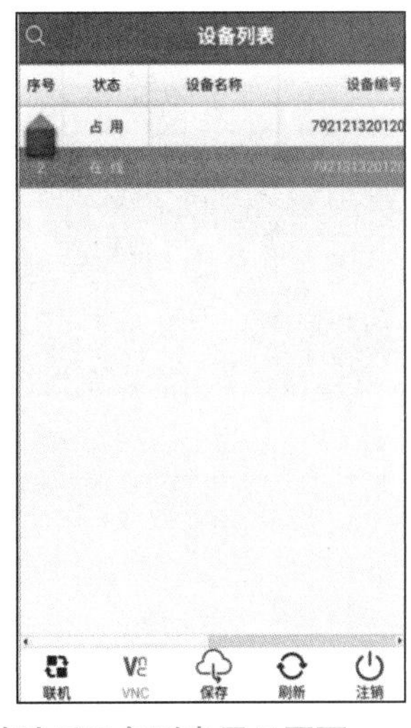


图 6－2－10　手机端 MCGS 调试助手设备列表显示页面

## 任务实施

### 1. 系统硬件组成

自动上料装置控制系统由上位机（MCGS 系统）、下位机 S7－1200 系列 PLC（CPU1214C）和伺服系统（SINAMICS－V90－PN）构成。

## 2. PLC 程序的设计

1）新建项目并进行设备组态

本任务使用的 PLC 是西门子 S7－1200 系列 PLC。打开西门子博途软件，新建工程，在进行设备组态时选择 CPU 型号“1214C/DC/DC/DC”，启用系统存储器字节和时钟存储器字节，并在“连接机制”区域中勾选“允许来自远程对象的 PUT/GET 通信访问”复选框，并在“设备和网络”中添加“SINAMICS－V90－PN”设备（以下简称 V90 伺服），进行组态连接，如图 6－2－11 所示。

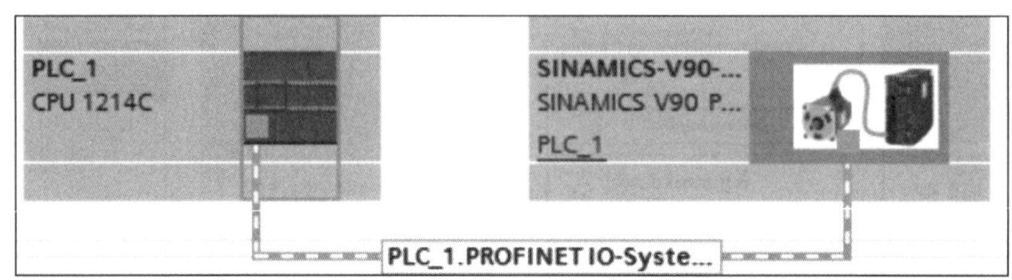


图 6－2－11　设备组态

2）新建 V90 伺服报文

双击 V90 伺服，在“设备概览”标签中添加“标准报文 3，PZD－5/9”，如图 6－2－12 所示。

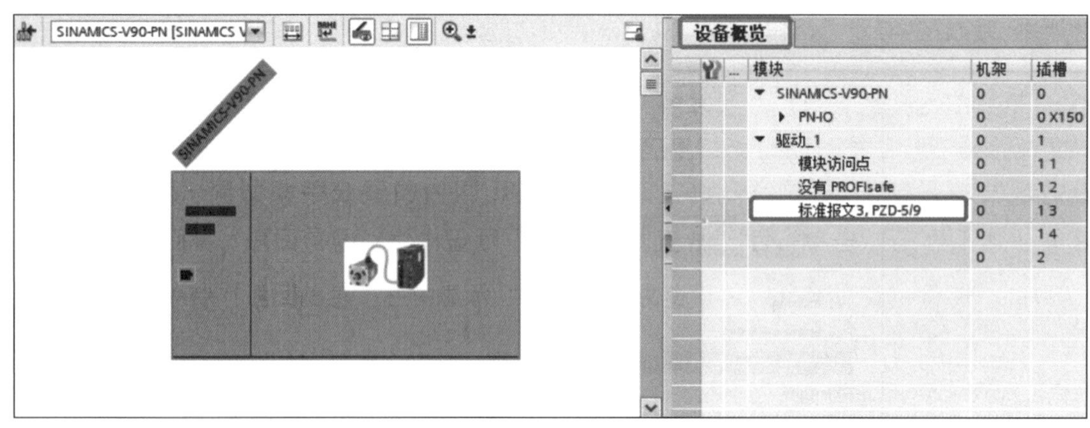


图 6－2－12　新建 V90 伺服报文

3）组态运动控制对象

（1）添加工艺对象。选择“运动控制”，并命名为“轴 1”，单击“确定”按钮，如图 6－2－13 所示。

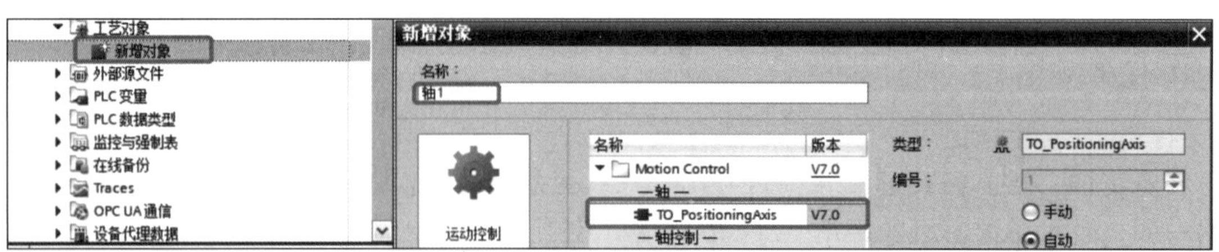


图 6－2－13　添加工艺对象

（1）双击“轴1”中的“组态”，进入“组态”画面，选择“基本参数”→“常规”选项，进行图6－2－14所示配置。

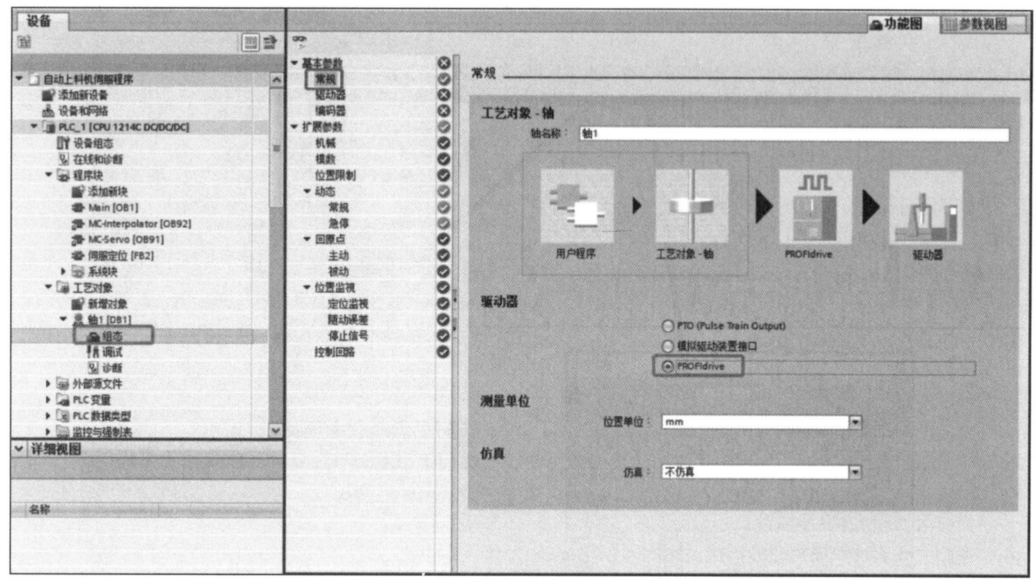


图6－2－14 工艺对象—常规组态

（3）以相同的方法配置“基本参数”下的“驱动器”，如图6－2－15所示。

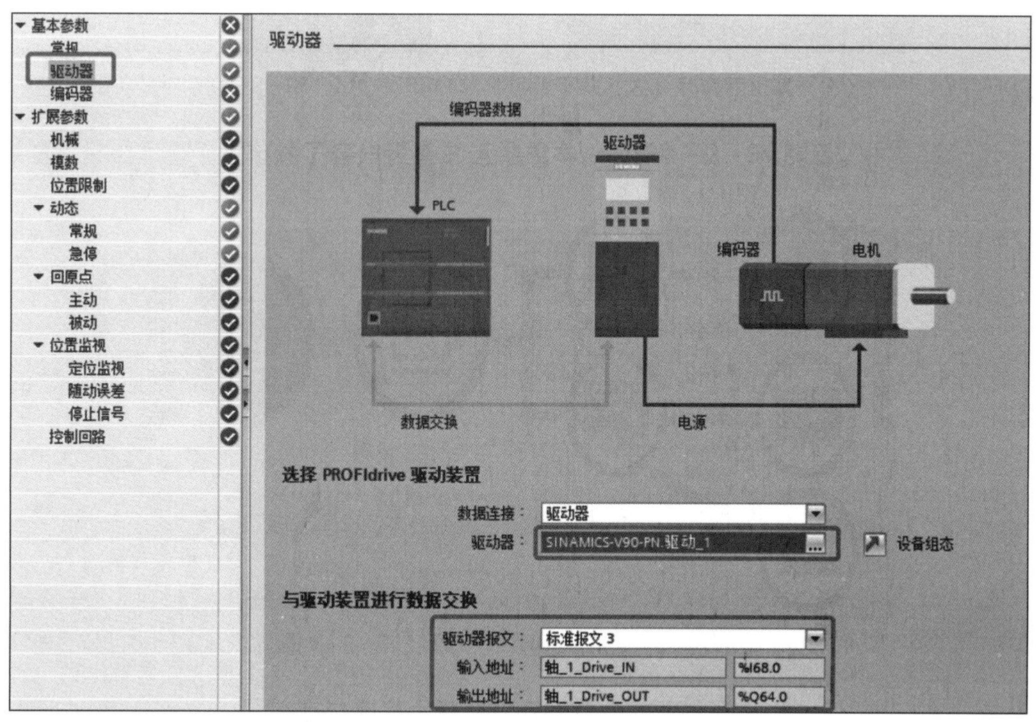


图6－2－15 工艺对象—驱动器组态

（4）以相同的方法配置“基本参数”下的“编码器”，如图6－2－16所示。

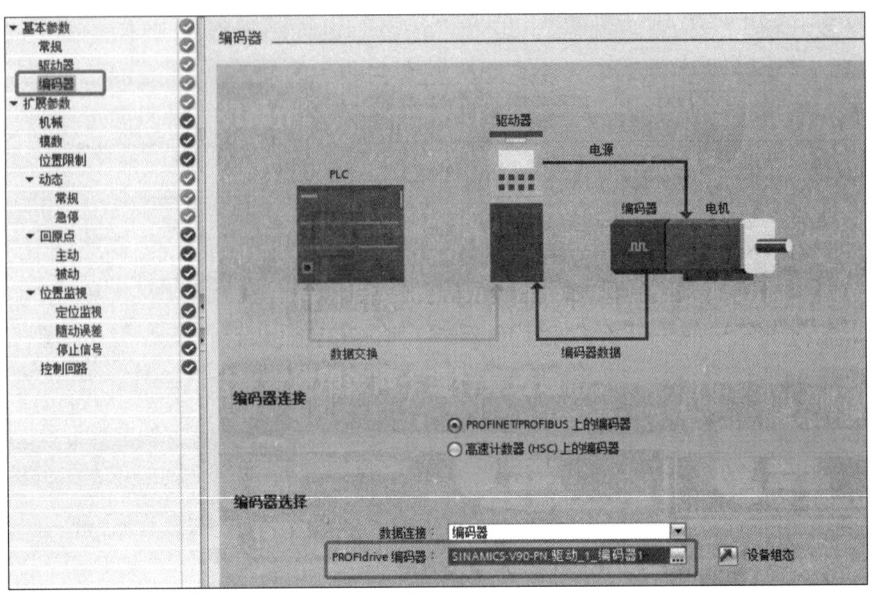


图 6-2-16　工艺对象—编码器

4）编写运动控制程序

（1）新建“伺服定位”功能块。

①添加功能块，命名为“伺服定位”。

②打开“伺服定位”功能块的背景数据块，添加变量，如图 6-2-17 所示。

伺服定位

| | 名称 | 数据类型 |
|---|---|---|
| 1 | ▼ Input | |
| 2 | ▶ 轴号 | TO_PositioningAxis |
| 3 | 急停 | Bool |
| 4 | 暂停 | Bool |
| 5 | 回原点 | Bool |
| 6 | JOG+ | Bool |
| 7 | JOG- | Bool |
| 8 | 手动速度 | Real |
| 9 | 相对定位启动 | Bool |
| 10 | 绝对定位启动 | Bool |
| 11 | 绝对定位位置 | Real |
| 12 | 绝对定位速度 | Real |
| 13 | 相对定位位置 | Real |
| 14 | 相对定位速度 | Real |
| 15 | 出错复位 | Bool |
| 16 | ▼ Output | |
| 17 | 原点完成 | Bool |
| 18 | ▼ InOut | |
| 19 | Power_Status | Bool |
| 20 | Power_Error | Bool |
| 21 | ERR_ID | Word |
| 22 | home_done | Bool |
| 23 | home_busy | Bool |
| 24 | home_err | Bool |
| 25 | ABS_done | Bool |
| 26 | ABS_busy | Bool |
| 27 | Rel_done | Bool |
| 28 | 轴报警 | Bool |
| 29 | 当前位置 | Real |

图 6-2-17　伺服定位变量设置

(2) 编写“伺服定位”梯形图程序

“伺服定位”梯形图程序如图6-2-18所示。

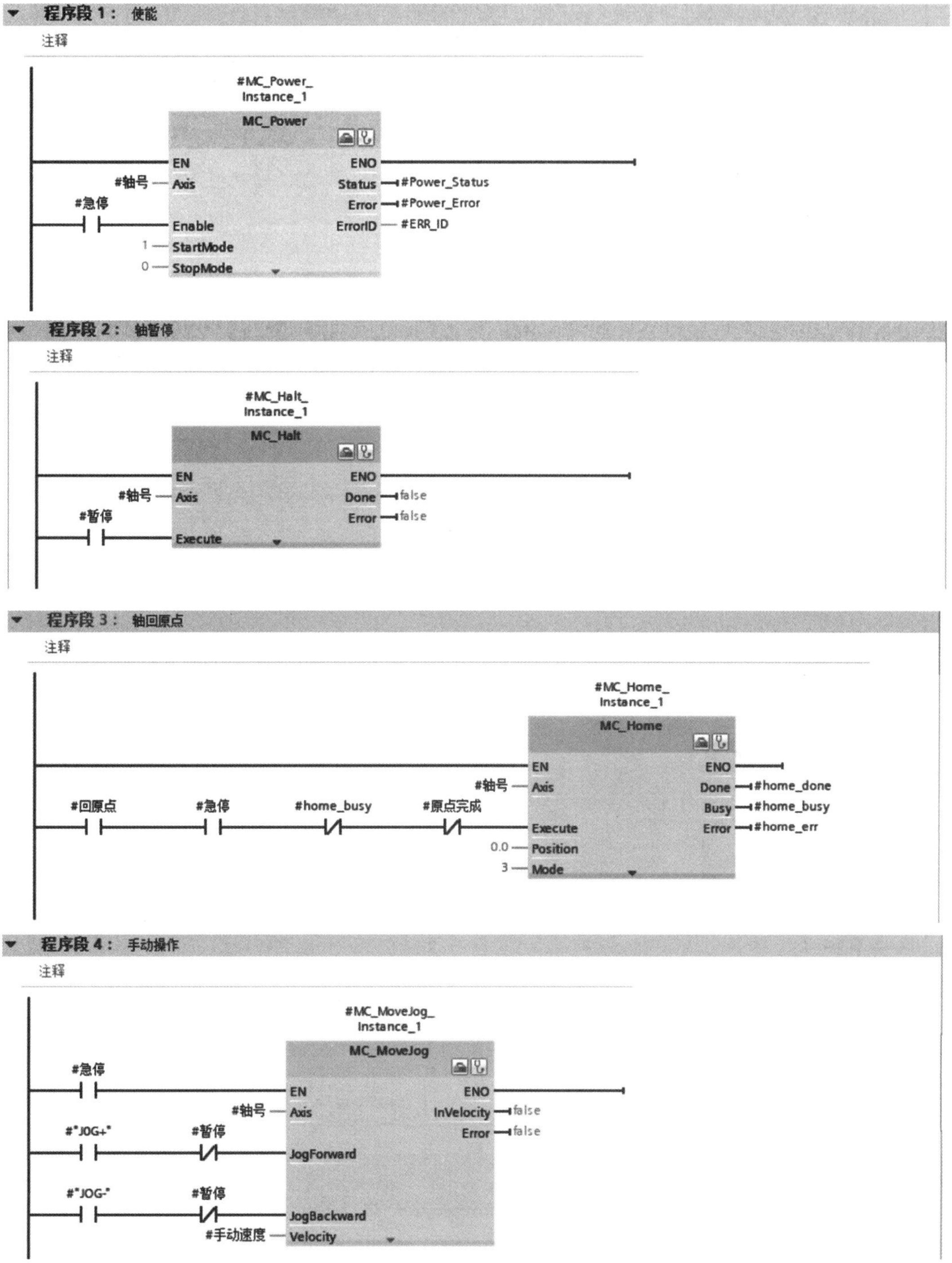

▼ 程序段1：使能

注释

#MC_Power_
Instance_1

MC_Power

EN ENO
#轴号 — Axis Status — #Power_Status
#急停 Error — #Power_Error
Enable ErrorID — #ERR_ID
1 — StartMode
0 — StopMode

▼ 程序段2：轴暂停

注释

#MC_Halt_
Instance_1

MC_Halt

EN ENO
#轴号 — Axis Done — false
#暂停 Error — false
Execute

▼ 程序段3：轴回原点

注释

#MC_Home_
Instance_1

MC_Home

EN ENO
#轴号 — Axis Done — #home_done
#回原点 #急停 #home_busy #原点完成 Busy — #home_busy
Execute Error — #home_err
0.0 — Position
3 — Mode

▼ 程序段4：手动操作

注释

#MC_MoveJog_
Instance_1

MC_MoveJog

#急停
EN ENO
#轴号 — Axis InVelocity — false
#"JOG+" #暂停 Error — false
JogForward
#"JOG-" #暂停
JogBackward
#手动速度 — Velocity

图6-2-18 “伺服定位”梯形图程序

程序段 5：绝对定位

注释

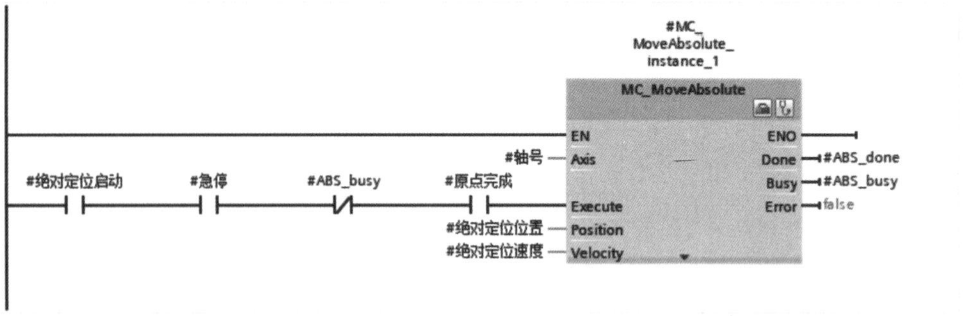

程序段 6：相对定位

注释

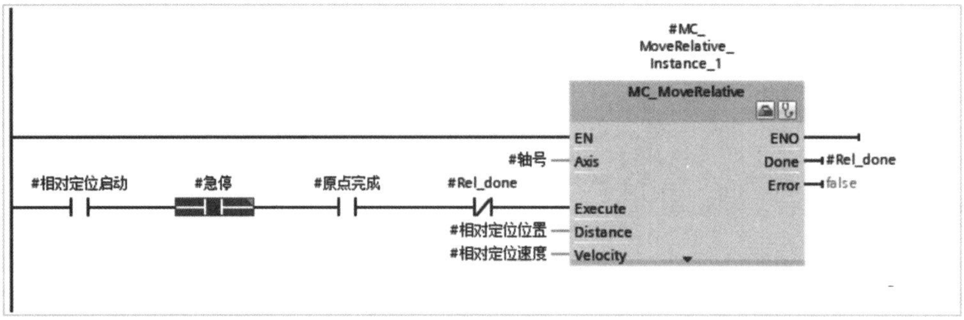

程序段 7：故障复位

注释

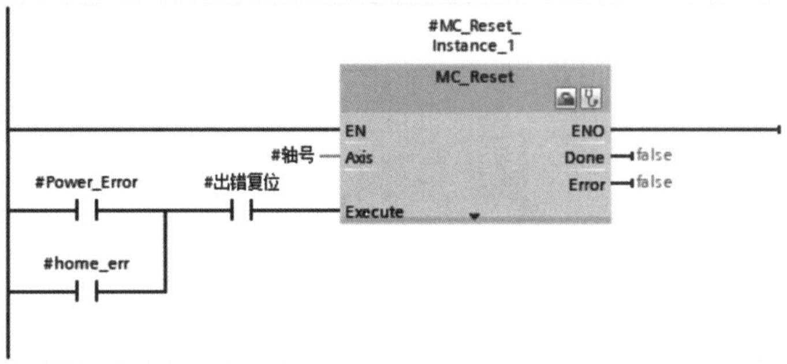

程序段 8：锁住原点完成信号

注释

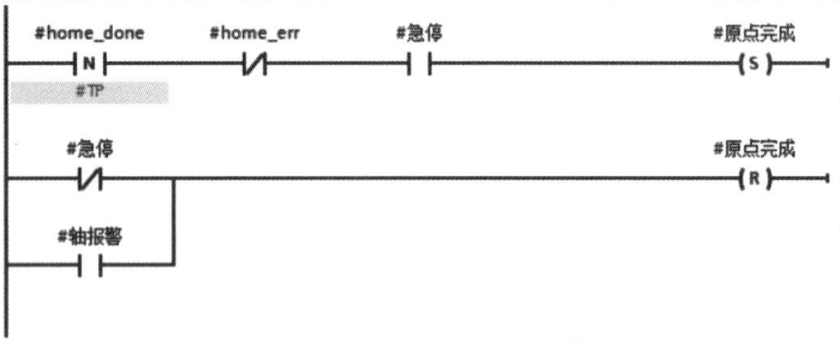

图 6-2-18 “伺服定位”梯形图程序（续）

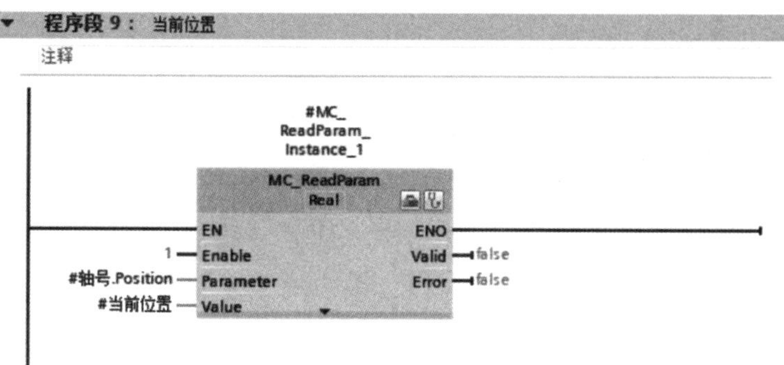


图 6－2－18　“伺服定位”梯形图程序（续）

（3）新建“HMI”数据块。

①添加数据块，命名为“HMI”，并勾选“保持”复选框，用于与触摸屏进行数据交互。

②打开该数据块的右键快捷菜单，选择“属性”选项，在出现的对话框中取消勾选“优化的块访问”复选框。

③添加变量，如图 6－2－19 所示。

HMI

| | 名称 | 数据类型 | 偏移量 | 起始值 | 保持 |
|---|---|---|---|---|---|
| 1 | ▼ Static | | | | ☐ |
| 2 | 急停 | Bool | 0.0 | false | ☑ |
| 3 | 暂停 | Bool | 0.1 | false | ☑ |
| 4 | 回原点 | Bool | 0.2 | false | ☑ |
| 5 | 复位 | Bool | 0.3 | false | ☑ |
| 6 | 轴报警 | Bool | 0.4 | false | ☑ |
| 7 | Jog+ | Bool | 0.5 | false | ☑ |
| 8 | Jog- | Bool | 0.6 | false | ☑ |
| 9 | 相对定位启动 | Bool | 0.7 | false | ☑ |
| 10 | 绝对定位启动 | Bool | 1.0 | false | ☑ |
| 11 | 当前位置 | Real | 2.0 | 0.0 | ☑ |
| 12 | 手动速度 | Real | 6.0 | 0.0 | ☑ |
| 13 | 相对定位速度 | Real | 10.0 | 0.0 | ☑ |
| 14 | 相对定位位置 | Real | 14.0 | 0.0 | ☑ |
| 15 | 绝对定位速度 | Real | 18.0 | 0.0 | ☑ |
| 16 | 绝对定位位置 | Real | 22.0 | 0.0 | ☑ |

图 6－2－19　数据块变量设置

（4）在 Main 函数中调用“伺服定位”功能块，并为其连接变量，并将程序下载到 PLC 中，如图 6－2－20 所示。

3. 上位机 MCGS 系统设计

1）新建工程及设置设备窗口

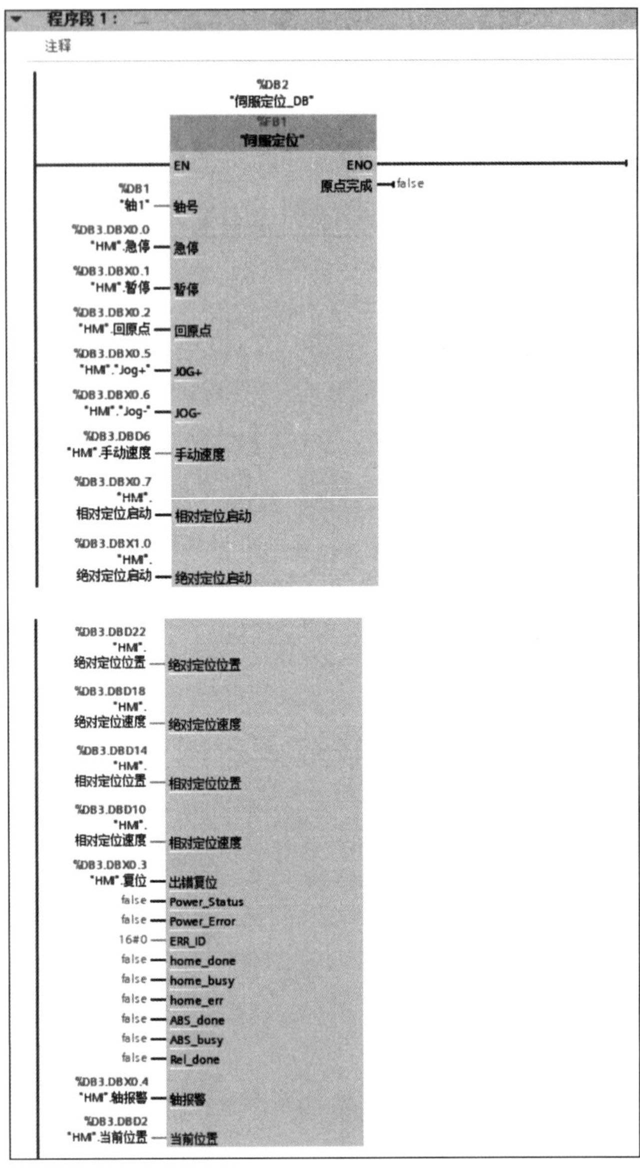

图 6-2-20 调用“伺服定位”功能块程序

(1) 打开 MCGSPRO 组态环境，新建工程。“TPC 类型”选择“TPC7022Nt”。

(2) 在设备窗口中双击“设备窗口”图标。

(3) 在右键快捷菜单中选择“设备工具箱”选项。

(4) 双击设备工具箱和“Siemens_1200”，将其添加到设备窗口，如图 6-2-21 所示。

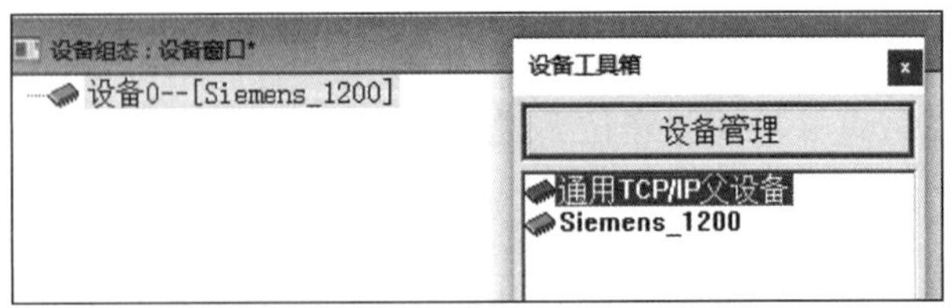


图 6-2-21 MCGS 中设备通信的选择

（5）双击“Siemens_1200”，进入“设备编辑窗口”窗口，进行“基本属性”设置，参数设置如图 6－2－22 所示。

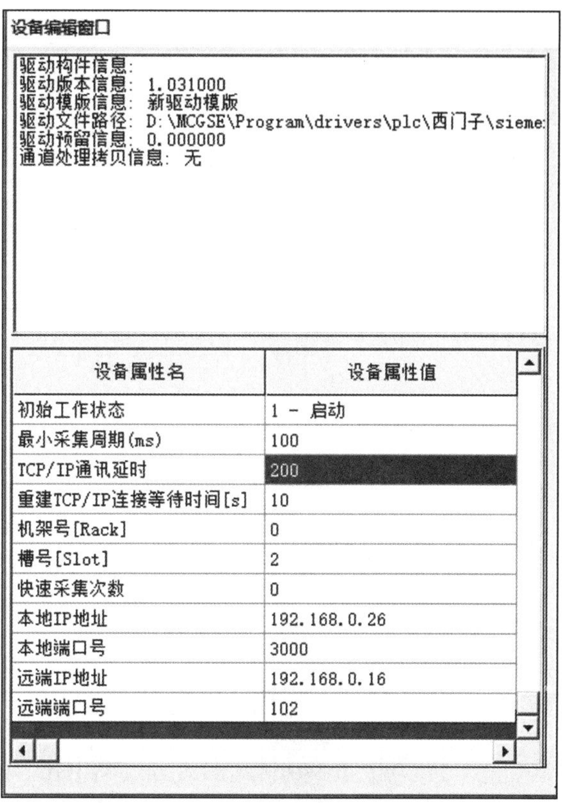


图 6－2－22　设备通道设置

①本地 IP 地址：192. 168. 0. 26。

②本地端口号：3000。

③远程 IP 地址：192. 168. 0. 16。

④远程端口号：102。

2）制作工程画面

（1）创建名为“自动上料机”的工程文件。

（2）定义数据对象。在本用户窗口中，需定义的数据对象见表 6－2－1。

表 6－2－1　数据对象

| 名称 | 类型 | 对象初值 | 注释 |
|---|---|---|---|
| 设备 0_读写 DB3_000_0 | 整型 | 0 | 急停 |
| 设备 0_读写 DB3_000_1 | 整型 | 0 | 暂停 |
| 设备 0_读写 DB3_000_2 | 整型 | 0 | 回原点 |
| 设备 0_读写 DB3_000_3 | 整型 | 0 | 复位 |
| 设备 0_读写 DB3_000_4 | 整型 | 0 | 轴报警 |

续表

| 名称 | 类型 | 对象初值 | 注释 |
|---|---|---|---|
| 设备0_读写DB3_000_5 | 整型 | 0 | JOG+ |
| 设备0_读写DB3_000_6 | 整型 | 0 | JOG- |
| 设备0_读写DB3_000_7 | 整型 | 0 | 相对定位启动 |
| 设备0_读写DB3_001_0 | 整型 | 0 | 绝对定位启动 |
| 设备0_只读DB3_DF002 | 浮点型 | 0 | 当前位置 |
| 设备0_读写DB3_DF006 | 浮点型 | 0 | 手动速度 |
| 设备0_读写DB3_DF010 | 浮点型 | 0 | 相对定位速度 |
| 设备0_读写DB3_DF014 | 浮点型 | 0 | 相对定位位置 |
| 设备0_读写DB3_DF018 | 浮点型 | 0 | 相对定位位置 |
| 设备0_读写DB3_DF022 | 浮点型 | 0 | 绝对定位速度 |
| 设备0_读写DB3_000_0 | 浮点型 | 0 | 绝对定位位置 |

（3）创建名为“自动上料机伺服画面”的用户窗口。该用户窗口包含8个标签、8个按钮、5个输入框、1个当前位置显示、1个报警显示。按图6-2-23所示画面进行绘制，修改标签颜色并添加文字。

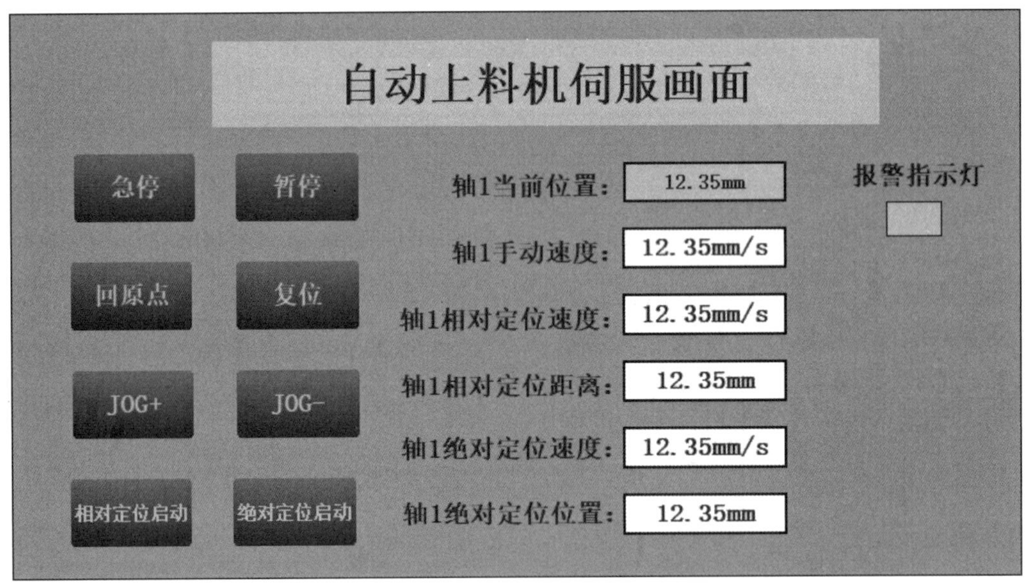


图6-2-23　自动上料机伺服画面

3）设置数值显示标签

（1）“轴1当前位置”的数据来源于PLC的“HMI”数据块块（DB3）。所示。在MCGSPRO软件中，“标签动画组态属性设置”对话框如图6-2-24所示，当前位置显示标签的“表达式”为“设备0_只读DB3_DF002”。

（2）双击“轴1当前位置”显示标签，打开“标签动画组态属性设置”对话框，在

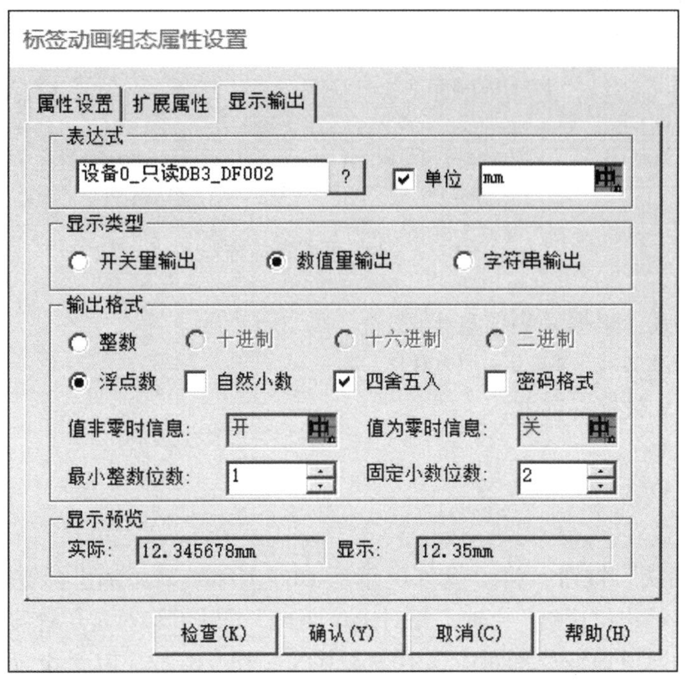

图 6－2－24　“标签动画组态属性设置”对话框

“属性设置”标签中勾选“显示输出”复选框。在“显示输出”标签中，单击“表达式”文本框右侧的问号按钮，打开“变量选择”对话框，如图 6－2－25 所示，进行变量选择。

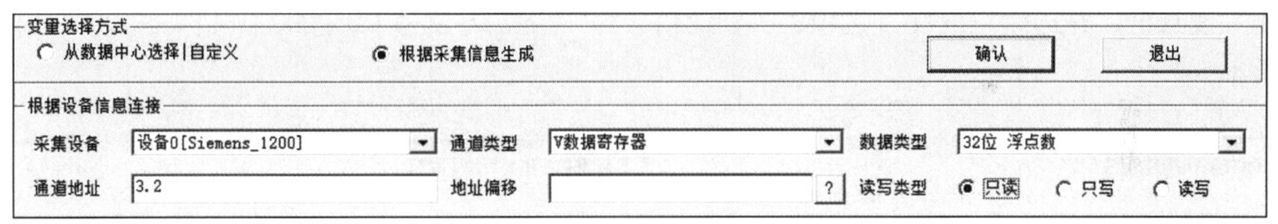

图 6－2－25　“变量选择”对话框

①变量选择方式：根据采集信息生成。

②采集设备：设备 0［Siemens_1200］。

③通道类型：V 数据寄存器；

④通道地址：3.2。

⑤数据类型：32 位浮点数。

⑥读写类型：只读。

（3）单击“确认”按钮，将“设备 0_只读 DB3_DF002”添加进标签表达式，其余设置不变。

（4）单击“确认”按钮，数值显示标签设置完毕。

4）设置数值输入框

（1）双击“轴 1 手动速度”输入框，打开“输入框构建属性设置”对话框，进入“操作属性”标签，单击“表达式”文本框右侧的问号按钮，打开“变量选择”对话框，如图

6－2－26 所示，进行变量选择。

变量选择方式
从数据中心选择|自定义　根据采集信息生成　确认　退出
根据设备信息连接
采集设备　设备0[Siemens_1200]　通道类型　V数据寄存器　数据类型　32位 浮点数
通道地址　3.6　地址偏移　?　读写类型　只读　只写　读写

图 6－2－26　变量选择窗口

①变量选择方式：根据采集信息生成。

②采集设备：设备 0［Siemens_1200］。

③通道类型：V 数据寄存器。

④通道地址：3.6。

⑤数据类型：32 位浮点数。

⑥读写类型：读写。

（2）单击“确认”按钮，将“设备 0_读写 DB3_DF006”添加进标签表达式，以相同的方法设置“轴 1 相对定位速度”“轴 1 相对定位距离”“轴 1 绝对定位速度”“轴 1 绝对定位距离”等输入框，通道地址分别对应 3.10、3.14、3.18、3.22，其余设置不变。

（3）单击“确认”按钮，数值输入框设置完毕。

5）设置按钮

双击“急停”按钮，打开“标准按钮构件属性设置”对话框，进行文本设置，在“文本”框中输入“急停”，如图 6－2－27 所示，在“操作属性”标签中勾选“数据对象值操作”复选框，并选择“取反”选项，关联的信号为“设备 0_读写 DB3_000_0”，如图 6－2－28 所示。

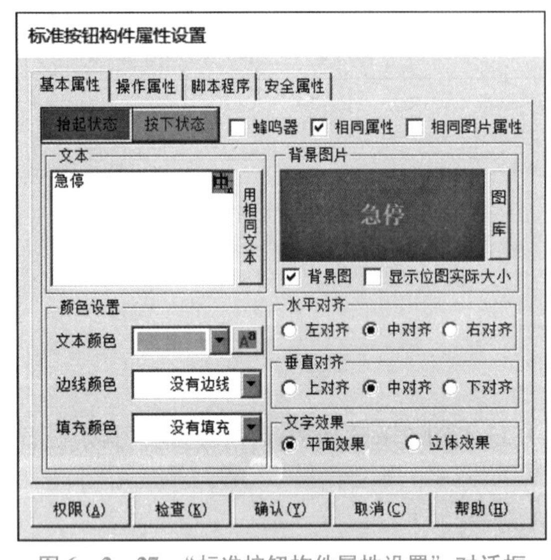


图 6－2－27　“标准按钮构件属性设置”对话框

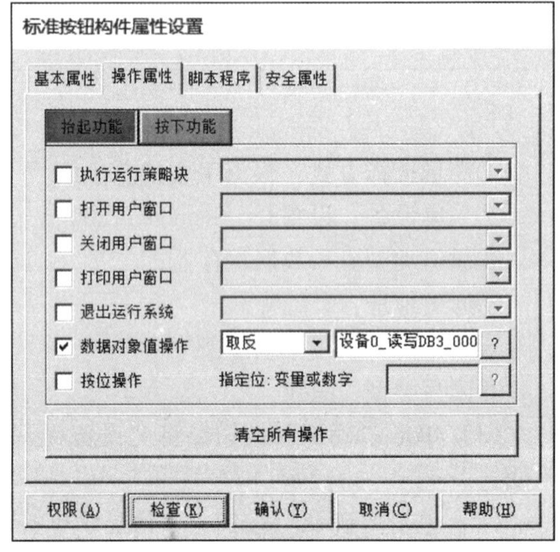


图 6－2－28　“操作属性”设置

以相同的方法设置“暂停”按钮、“回原点”按钮、“复位”按钮、“JOG＋”按钮、

“JOG -”按钮、“相对定位启动”按钮、“绝对定位启动”按钮，关联的信号分别对应“设备 0_读写 DB3_000_1”“设备 0_读写 DB3_000_2”“设备 0_读写 DB3_000_3”“设备 0_读写 DB3_000_4”“设备 0_读写 DB3_000_5”“设备 0_读写 DB3_000_6”“设备 0_读写 DB3_000_7”“设备 0_读写 DB3_001_0”，其余设置不变。

6）远程监控触摸屏

（1）PC 端远程监控操作。

进入设备列表显示页面，单击“联机”按钮联机，等待“联机”按钮显示“停止”状态停止，设备列表中“状态”栏显示“联机”状态，单击菜单栏中的“VNC”按钮，在弹出的“Encryption”对话框（如图 6－2－29 所示）中，单击“Continue”按钮Continue，打开“Authentication”对话框，在“Password”文本框中输入密码“11111111”，如图 6－2－30 所示，单击“OK”按钮，VNC 远程连接成功，此时会自动弹出触摸屏当前显示界面，如图 6－2－31 所示。

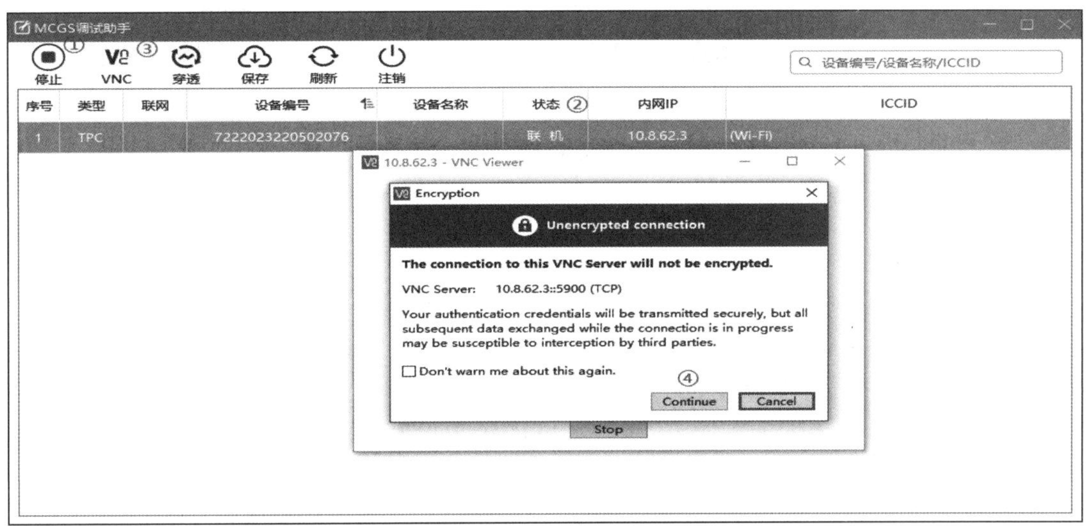


图 6－2－29　“Encryption”对话框

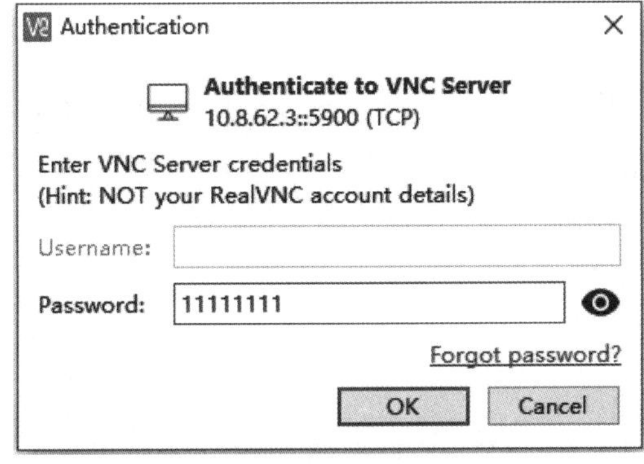


图 6－2－30　“Authentication”对话框

图 6－2－31　触摸屏当前显示界面

（2）手机端远程监控操作。

使用与 PC 端远程监控操作相同的方法，选中已联机的触摸屏，单击“VNC”按钮，再单击“OK”按钮，输入在触摸屏上设置的 VNC 密码，单击“CONTINUE”按钮后，手机显示 VNC 远程连接成功，自动弹出触摸屏当前显示界面，如图 6－2－32 所示。注意：手机端 VNC 操作属于鼠标式操作，即做点击操作时需事先移动光标，使其在目标之上，手机上光标为一个小方块的黑点。

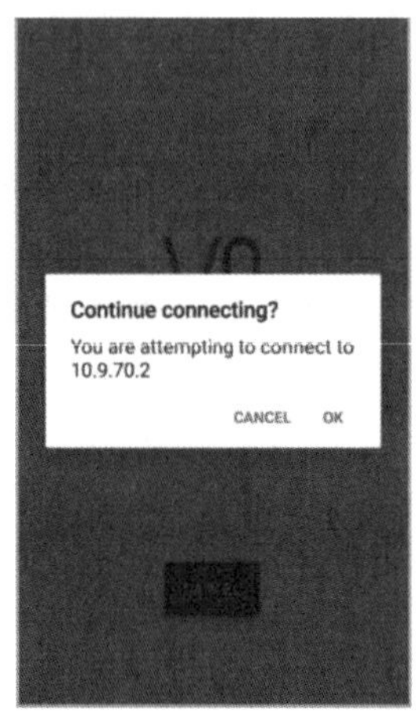

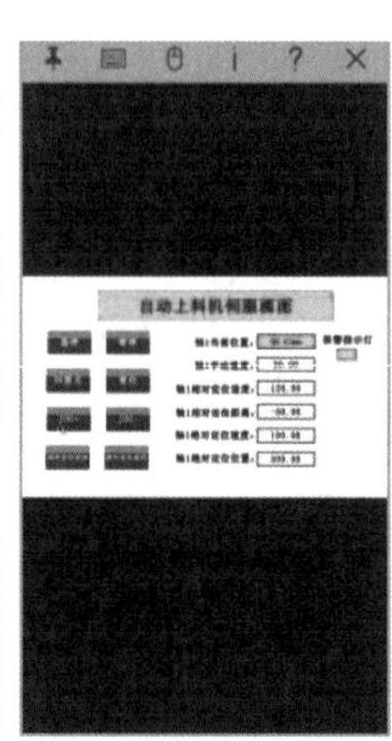

图 6－2－32　手机端远程监控操作

7）远程下载

TPC7022Nt 触摸屏和 MCGS 调试助手设置完成后，使其处于“联机”状态。打开 MCGSPRO 软件，打开“HMI”工程，按 F5 键打开“下载配置”对话框，在“目标机名”文本框中输入 MCGS 调试助手分配的内网 IP 地址（10.8.15.3），单击“通讯测试”按钮 通讯测试，观察“返回信息”栏中显示“通信测试正常”后，单击“工程下载”按钮 工程下载，等待“返回信息”栏中显示“工程下载成功”后，即完成远程下载，如图 6－2－33 所示。

8）远程上载

使用和远程下载相同的方法，配置远程联机设备，使其处于“联机”状态。打开 MCGSPRO 软件，打开“HMI”工程，按 F6 键打开“上传工程”对话框。在“目标地址”文本框中输入 MCGS 调试助手分配的内网 IP 地址（10.9.80.3），单击“通讯测试”按钮 通讯测试，观察“返回信息”栏中显示“通讯测试正常”后，单击“开始上传”按钮 开始上传，等待“返回信息”栏中显示“工程上传成功”后，即完成远程上载，如图 6－2－33 所示（如果之前工程下载到触摸屏时没有勾选“支持工程上传”复选框，则无法上传成功）。

9）远程穿透

TPC7022Nt 触摸屏配合 MCGS 调试助手（PC 端），可实现远程穿透功能，即实现远程 PLC 的固件更新、程序上传/下载、程序监控，以及人机交互界面的远程模拟运行，同一网络内人机交互界面（非物联网触摸屏）的远程上传/下载及监视等。通过一系列的远程操

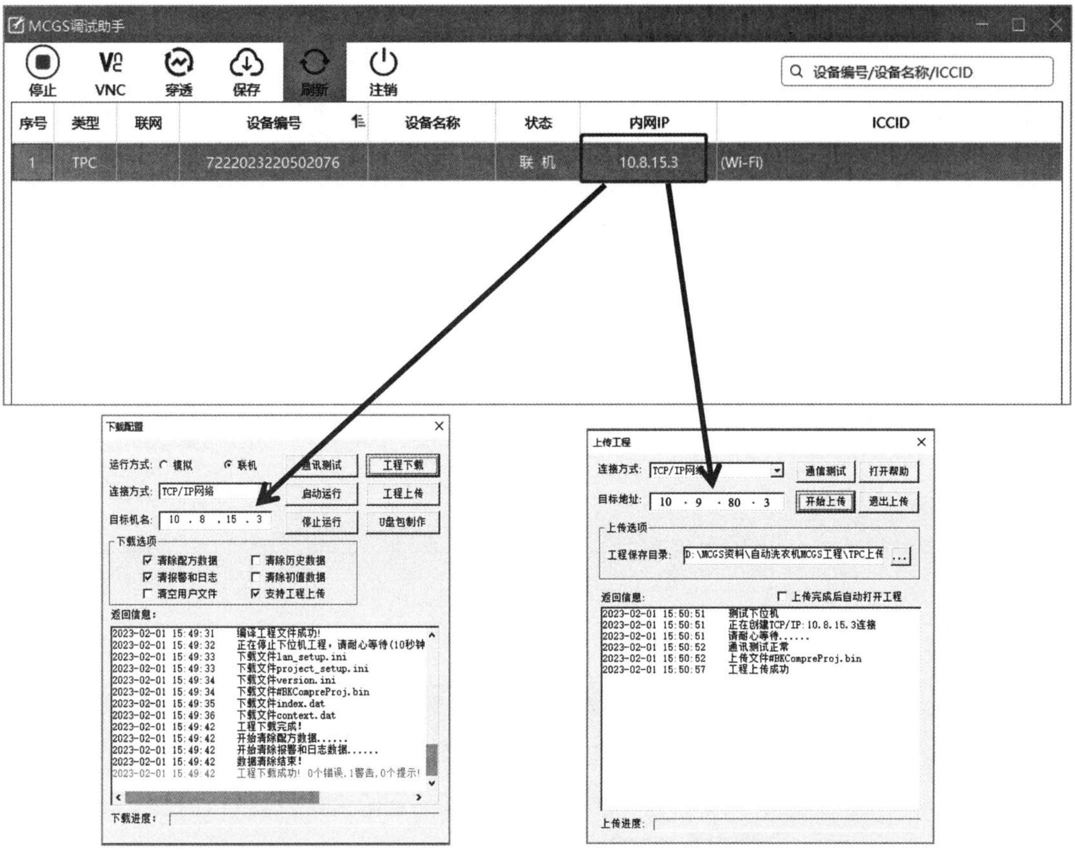

图 6－2－33　MCGSPRO 软件远程下载（左）和远程上载（右）

作，远程穿透功能大大节约了客户设备的运维成本，如图 6－2－34 所示。

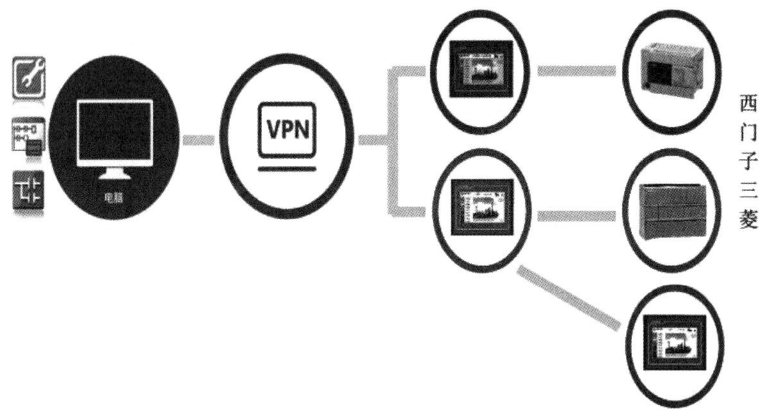


图 6－2－34　TPC7022Nt 触摸屏远程穿透示意

TPC7022Nt 触摸屏支持串口和以太网两种远程穿透方式。

远程穿透需做如下准备操作。

（1）确保现场触摸屏已上电并在线。

（2）确保触摸屏和 PLC 已进行物理连接（编程口）。

（3）MCGS 调试助手和 PLC 软件已安装完成。

（4）已对触摸屏进行联机操作。

具体操作如下：

（1）配置 MCGS 调试助手。

触摸屏联机成功后，选中已联机的触摸屏，单击“穿透”按钮，进入穿透页面，单击“开启穿透”按钮开启穿透，等待开启穿透成功。注意：开启穿透成功后，触摸屏会停止运行环境，进入系统设置画面。开启穿透通信后，通过虚拟网卡进行穿透通信，如图 6-2-35 所示。设置通信接口时注意使用该网卡进行穿透通信。

图 6-2-35　设置虚拟网卡

（2）程序远程穿透。

打开西门子博途软件，单击下载按钮，下载所需的程序文件，在弹出的“下载”对话框中，单击“PC/PG 接口”下拉按钮，选择上述步骤中 MCGS 调试助手所生成的虚拟网卡，然后单击“开始搜索”按钮开始搜索(S)，西门子博途软件将自动搜索 PLC，搜索完成后单击“下载”按钮下载(L)，将程序下载到 PLC 中，下载完成后，便可远程在线监控 PLC 程序，如图 6-2-36 所示。

自动上料机伺服程序 ▸ PLC_1 [CPU 1214C DC/DC/DC] ▸ 程序块 ▸ HMI [DB3]

| | 名称 | 数据类型 | 偏移量 | 起始值 | 监视值 |
|---|---|---|---|---|---|
| 1 | Static | | | | |
| 2 | 急停 | Bool | 0.0 | false | TRUE |
| 3 | 暂停 | Bool | 0.1 | false | FALSE |
| 4 | 回原点 | Bool | 0.2 | false | TRUE |
| 5 | 复位 | Bool | 0.3 | false | FALSE |
| 6 | 轴报警 | Bool | 0.4 | false | FALSE |
| 7 | Jog+ | Bool | 0.5 | false | FALSE |
| 8 | Jog- | Bool | 0.6 | false | FALSE |
| 9 | 相对定位启动 | Bool | 0.7 | false | FALSE |
| 10 | 绝对定位启动 | Bool | 1.0 | false | FALSE |
| 11 | 当前位置 | Real | 2.0 | 0.0 | 100.0 |
| 12 | 手动速度 | Real | 6.0 | 0.0 | 20.0 |
| 13 | 相对定位速度 | Real | 10.0 | 0.0 | 120.0 |
| 14 | 相对定位位置 | Real | 14.0 | 0.0 | -50.0 |
| 15 | 绝对定位速度 | Real | 18.0 | 0.0 | 120.0 |
| 16 | 绝对定位位置 | Real | 22.0 | 0.0 | 100.0 |

图 6-2-36　远程监控 PLC 程序

## 4. 系统调试

进入 MCGS 运行界面，调试 MCGS 组态界面，观察 MCGS 组态界面是否能达到系统控制

要求，根据系统控制要求对 MCGS 组态界面进行相应修改。

使用三菱 PLC 进行远程穿透－上

## 拓展提升

### 案例 1　三菱 FX3U PLC 远程穿透

步骤 1：触摸屏联机成功后，选中已联机的触摸屏，如图 6－2－37 所示，单击“穿透”按钮，弹出的“串口穿透”对话框主要分为 3 个部分，如图 6－2－38 所示。

MCGS调试助手

停止　VNC　穿透　保存　刷新　注销　　设备编号/设备名称/ICCID

| 序号 | 类型 | 联网 | 设备编号 | 设备名称 | 状态 | 内网IP | ICCID |
|---|---|---|---|---|---|---|---|
| 1 | TPC | 4G | 1921203210100009 | MCGS_N03_G1 | 离 线 | | 89860402102080095576 |
| 2 | TPC | 4G | 1921203210100018 | MCGS_N01_G1 | 联 机 | 10.8.37.3 | 89860402102080095622 |
| 3 | TPC | 4G | 1921203210100038 | MCGS_N00_102... | 离 线 | | 89860403102090212008 |
| 4 | TPC | Wi-Fi | 1921303210100058 | MCGS_N02_W2 | 在 线 | | |
| 5 | TPC | Wi-Fi | 1921303210100073 | MCGS_N00_102... | 离 线 | | |
| 6 | TPC | Wi-Fi | 1921303210100083 | MCGS_N02_W1 | 在 线 | | |
| 7 | Mdc | 4G | 3020200210100001 | MCGS_N01_712G | 在 线 | | 89860402102080081965 |
| 8 | Mdc | 4G | 3020200210100002 | MCGS_N05_712G | 在 线 | | 89860402102080081968 |
| 9 | Mdc | 4G | 3020200210100003 | MCGS_N03_712G | 离 线 | | 89860402102080081967 |
| 10 | Mdc | 4G | 3020200210100010 | MCGS_N00_712G | 离 线 | | 89860402102080081961 |
| 11 | Mdc | 4G | 3020200210100019 | MCGS_N04_712G | 在 线 | | 89860402102080081963 |

图 6－2－37　MCGS 调试助手联机界面

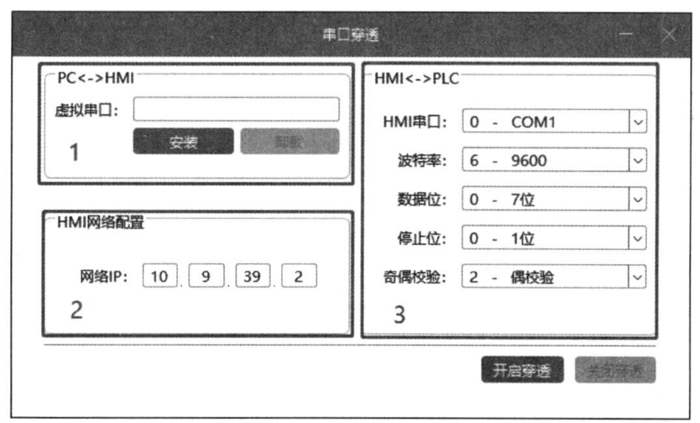


图 6－2－38　“串口穿透”对话框

（1）部分 1：安装及卸载虚拟串口，可查看虚拟串口编号。

（2）部分 2：默认即可。

（3）部分 3：HMI 和 PLC 通过串口穿透时，通信参数设置注意和 PLC 保持一致。

步骤 2：和三菱 PLC 通信。单击“安装”按钮，进行虚拟串口安装，如图 6－2－39 所示。安装完成后会显示虚拟串口的编号，在 PC 的设备管理器中也可进行查看，如图 6－2－40 所示。

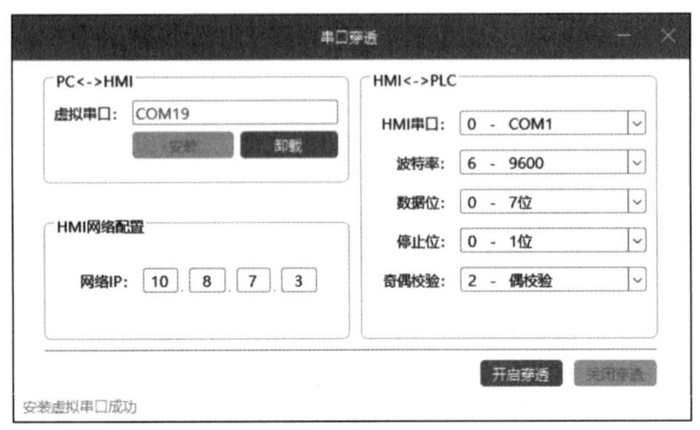


图 6－2－39　安装虚拟串口

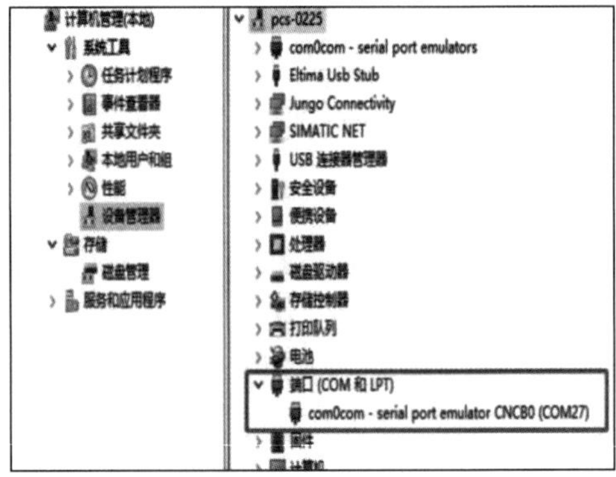


图 6－2－40　查看虚拟串口

步骤 3：选择 HMI 和 PLC 之间物理连接的串口编号。设置好通信参数（与 PLC 保持一致）后，单击“开启穿透”按钮，等待开启穿透成功，如图 6－2－41 所示。注意：开启穿透成功后，触摸屏会停止运行环境，进入系统设置界面。

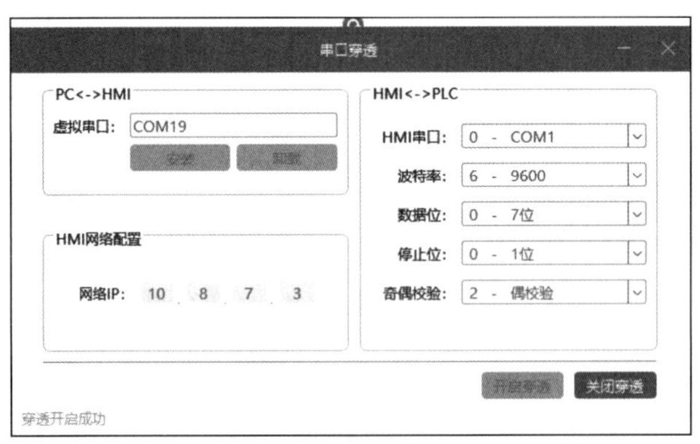


图 6－2－41　开启穿透

步骤 4：打开三菱 PLC 编程软件，打开“连接目标设置”窗口，按照图 6－2－42 所示步骤，设置虚拟串口。测试通信连接状态，如测试成功，则后续即可进行远程操作，如上传、下载、监控等。

### 案例 2　西门子 S7－200 Smart PLC 远程穿透

使用 S7－200Smart PLC 远程穿透

步骤 1：使用与案例 1 中三菱 FX3U 远程穿透相同的方法，配置 MCGS 调试助手，开启穿透通信后，通过虚拟网卡进行穿透通信。设置通信接口时注意使用该虚拟网卡进行穿透通信。

步骤 2：打开 S7－200 Smart PLC 编程软件，单击“下载”按钮，下载所需的程序文件，在弹出的“通信”对话框中，单击“通信接口”下拉按钮，选择步骤 1 中 MCGS 调试助手所生成的虚拟网卡，然后单击“添加

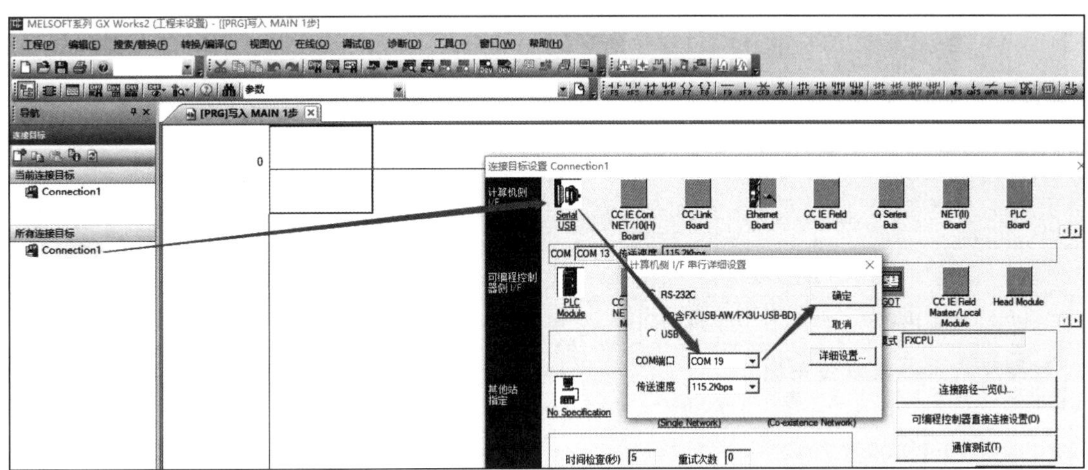

图6-2-42　三菱PLC串口设置

CPU”按钮 添加CPU... ，在弹出的“添加CPU”对话框中，输入IP地址，其为CPU实际IP地址，如图6-2-43所示。新增PLC完成后，用户可以进行远程操作——上传、下载、监控、启停等。注意：请勿通过“查找CPU”方式进行CPU查找，该方式适用于有线连接时的本地访问方式。

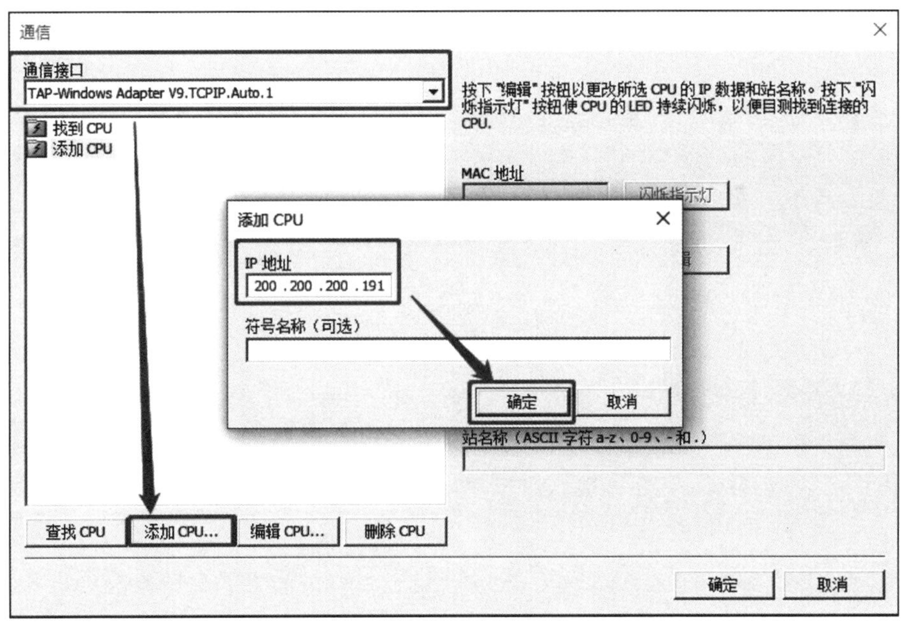


图6-2-43　ST-200 Smart PLC通信设置

## 练习提高

（1）MCGS调试助手软件登录的用户名和密码在何处查看？

（2）VNC连接显示页面未查找到设备是什么原因？

（3）尝试将相对定位距离修改成负数，执行相对定位后观察轴运动的方向。

（4）尝试说明串口穿透和网口穿透所适用的场合。

## 任务评价

任务评价见表6－2－2。

表6－2－2 “基于PROFINET的V90伺服控制”任务评价

| 学习成果 | | | 评分表 | | |
|---|---|---|---|---|---|
| 学习内容 | 出现的问题 | 解决方法 | 学生自评 | 小组互评 | 教师评分 |
| 触摸屏基本参数设置正确（10%） | | | | | |
| PC端参数设置正确（20%） | | | | | |
| 实现伺服回原点功能（25%） | | | | | |
| 实现伺服定位功能（25%） | | | | | |
| 实现远程穿透功能（20%） | | | | | |

# 参 考 文 献


[1] 魏小林. 工业网络与组态技术 [M]. 北京：北京理工大学出版社，2021.

[2] 刘长国、黄俊强. MCGS 嵌入版组态应用技术 [M]. 北京：机械工业出版社，2017.

[3] 陈志文. 组态控制实用技术 [M]. 2 版. 北京：机械工业出版社. 2015.

[4] 戴花林. S7 -1200 PLC 应用技术项目式教程 [M]. 北京：北京理工大学出版社，2022.

[5] 赵新秋. 工业控制网络技术 [M]. 北京：机械工业出版社，2022.